国家级一流本科课程配套教材
国家精品在线开放课程配套教材
国家级教学团队·科学素质教育丛书

科研方法导论
（第四版）

张伟刚　张严昕 ◎ 著

科学出版社
北　京

内 容 简 介

本书是南开大学与科学出版社合作的"国家级教学团队·科学素质教育丛书"中的一种。本书分五篇——科研基础知识篇、科研方法技能篇、科研实践应用篇、科研学习结合篇和科研素质培养篇；以科研方法为核心，结合科研工作实际，系统地阐述了科研基本概念、科研工作规程、典型科研方法、科学思维方式、基本科研技能、课题组及其管理、科研素质培养，体现了"体系创新，篇章独立，研学结合，学以致用"的特色。

本书可作为综合院校、理工类和师范类院校研究生、本科生科研方法课程的教材，特别适合科研初学者学习和实践，也可作为教师、科技工作者和科技管理干部的参考用书。本书各章内容独立，读者可根据学习和工作需要进行选读或选学。

图书在版编目(CIP)数据

科研方法导论/张伟刚，张严昕著. —4版. —北京：科学出版社，2024.1
（国家级教学团队·科学素质教育丛书）
国家级一流本科课程配套教材　国家精品在线开放课程配套教材
ISBN 978-7-03-076148-4

Ⅰ. ①科… Ⅱ. ①张… ②张… Ⅲ. 科学研究-研究方法-高等学校-教材 Ⅳ. ①G312

中国国家版本馆 CIP 数据核字（2023）第 152586 号

责任编辑：方小丽 / 责任校对：贾娜娜
责任印制：张　伟 / 封面设计：蓝正设计

科 学 出 版 社 出版
北京东黄城根北街 16 号
邮政编码：100717
http://www.sciencep.com

三河市宏图印务有限公司印刷
科学出版社发行　各地新华书店经销

*

2009 年 3 月第　一　版　开本：787×1092　1/16
2015 年 1 月第　二　版　印张：18 1/2
2020 年 4 月第　三　版　字数：439 000
2024 年 1 月第　四　版　2024 年 11 月第 32 次印刷

定价：48.00 元

（如有印装质量问题，我社负责调换）

第四版前言

《科研方法导论》自 2020 年 4 月第三版印刷以来,作为国家级线上一流本科课程"科研方法论"的教材使用,得到广大高等院校师生、科研机构专家、专业技术人员、管理部门干部以及企事业单位职工的热情支持和鼓励,已被国内数百所高校选作教材、参考书及馆藏。笔者通过线上与线下及混合式教学交流、受邀高校和企事业单位讲学、创办教学学术论坛和名师工作室、开设研究性教学工作坊、组织京津冀和全国高校研究性教学会议等多种途径,建立了良好的交流平台和渠道。广大读者在教材建设、课程改革、教学研究、人才培养等方面建言献策,对笔者及本书都给予了很多帮助,促进了教材不断更新与完善,课程教学质量持续提升,相关教学成果的适用面越来越宽广,课程的示范辐射作用也在不断扩大。

笔者应科学出版社的邀请,在党的二十大报告"必须坚持守正创新""以新的理论指导新的实践"[①]精神指导下,根据教学实际需求并吸纳相关的意见和建议,对《科研方法导论》进行第四版修改。在保持原篇章结构的同时,进行了如下修改和补充,以使本书更适应教学改革和课程创新的新需求。

(1)题记修改:对第一章、第二章、第四章中的笔者题记做了修改和补充,以更准确地契合篇章主题。

(2)图片更新:基于最新研究成果,删除部分旧图片,补充新图片,如技术科学研究流程、实用新型专利证书、研究性学习模型、研究性学习科研模型、P-MASE 模型、科研及教学荣誉等图片。

(3)案例更新:对部分典型案例进行了更新,如自然科学研究示例、期刊论文示例、学术论著示例等。

(4)内容增补:根据科技进步和社会发展形势,修改和增补了部分内容,如非线性方法及应用、中国"神舟"系列飞船最新成果(十一号至十四号)、研究性学习内涵、P-MASE

---

① 引自 2022 年 10 月 26 日《人民日报》第 1 版的文章:《高举中国特色社会主义伟大旗帜 为全面建设社会主义现代化国家而团结奋斗》。

模型及应用、团队教师指导本科生探究的成果、中国科学素养调查结果（2022 年）、十八种"研究性教学法"等。

（5）观点推介：在第三版的基础上，第四版又推出一些新的重要观点，如教学与科研相融合、"双能型"教师、研究性教学层次论、研究性学习层次论、基于 P-MASE 模型的"五步教学法"和"五步学习法"、"知识、方法、技能、素养四位一体"教学新理念等。

（6）文献增补：删除、增补了部分参考文献，并调整了顺序。

（7）文词修正：统一书中相近名词，修正个别不当字句及内容表述。

本书的修订和增补工作全部由笔者负责，其中补充的内容和案例等，源于笔者近年来承担的国家自然科学基金项目（11874226）、教育部产学合作协同育人项目（201802282092，202102094007）、教育部高等学校电子信息类专业教学指导委员会"重大、热点、难点问题"研究课题（2016-Z6）、天津市一流本科课程"科学素养培育及提升"建设、南开大学研究性教学团队建设等项目，充分体现了党的二十大报告"以科学的态度对待科学、以真理的精神追求真理"的"科学思想方法"[①]。在修改再版过程中，得到南开大学严铁毅副教授的全力协助，包括修改案例、校对书稿等；参加"科研方法论"课程学习的学生也提供了有益的修改建议，在此一并表示衷心感谢。

限于笔者水平，书中不足之处敬请读者批评指正。

2023 年 11 月 12 日于南开园

[①] 引自 2022 年 10 月 26 日《人民日报》第 1 版的文章：《高举中国特色社会主义伟大旗帜 为全面建设社会主义现代化国家而团结奋斗》。

第三版前言

《科研方法导论》自 2015 年 1 月第二版印刷以来，作为国家级精品课、国家级精品资源共享课"科研方法论"课程的教材使用，得到全国诸多高校教师和学生的欢迎和支持。2016 年，本教学团队与智慧树网合作，将"科研方法论"建成慕课，于 2017 年面向全国高校开放授课。该课程于 2018 年被评为国家精品在线开放课程，《科研方法导论》作为国家精品在线开放课程教材使用，每年有数万名大学生选课学习，课程的示范辐射作用不断扩大。

笔者应科学出版社的再次邀请，根据教材的实际需求并吸纳相关的意见和建议，对《科研方法导论》进行修改再版。与第二版相比，第三版在保持五篇十五章的体系和结构的同时，在篇章内容、重要观点、题记图片、案例示例、参考文献等方面进行了修改和补充，具体如下：

（1）为进一步契合篇章主题，对第四章、第十二章、第十三章中的笔者题记进行修改和补充；将第十五章第一节和第二节的名称分别修改为"科研工作者"和"科研道德规范"。

（2）在第二版的基础上，第三版又推出一些新的重要观点，如"对大学的新认识""用好用足大学资源""阅读专业文献四层次""借力、借势与借智""科研工作者新型分类法""青年学者'四为'要求"，以及八种"研究性教学法"等。

（3）根据中华人民共和国科学技术部（以下简称科技部）2016 年对科研项目类别的调整，本书对第三章第二节中"指导性课题"的类型及内容做了相应调整，删除终止的科研项目类型，增加科技部、中华人民共和国教育部等政府职能部门新近推出的一些科研项目类型，使本书相应内容适应科研项目的变化和发展。

（4）根据课程教学需要，对书中相关示例、案例进行调整、删减，并补充一些新案例。例如，第七章第四节用新的发明专利替换旧示例；又如，对第十一章第三节"会议邀请函"进行更替；再如，第十二章第三节增加"青蒿素的发现和应用"和"引力波的提出和验证"两个科研案例。

（5）鉴于近些年来实验室安全事故频发，在第十三章第三节中补充学生进入实验室要树立安全意识、遵守实验规程、导师要监督检查等内容，使学生切实认识到"实验工作无小事，安全操作重如山"的重要性。

（6）基于课程建设成果，对附录中的部分获奖图片进行更新和补充。

（7）对参考文献进行增补；对书中相近名词进行统一表述；对书中个别不当字句及表述进行修正。

本书的修订和增补工作全部由笔者负责，其中增加的一些内容和案例等，源于笔者近年来承担的国家自然科学基金项目（11874226）、教育部产学合作协同育人项目（201802282092）、南开大学2018年本科教学质量提升工程项目。在修改再版过程中，得到南开大学严铁毅副教授的全力协助，南开大学博士生张严昕提供了重要资料并协助整理，参加课程学习的学生提供了有益的修改建议，在此一并表示衷心感谢。

限于笔者水平，书中不足之处敬请读者批评指正。

2020年3月1日于南开园

第二版前言

《科研方法导论》自 2009 年 3 月第一版印刷以来，南开大学、天津大学等高校一直作为国家级精品课"科研方法论"课程的教材使用，得到了诸多老师和学生的大力支持。"科研方法论"一词，是笔者于 1996 年为讲授科研方法课程而命名的，且与科学方法的概念有所不同。笔者定义的科研方法是指在科学研究过程中，为解决课题研究中出现的科学问题、技术难点所使用的研究方法，它注重解决科研过程实际问题的有效性和可操作性。在多年的科研方法教学实践中，我们不断向学界前辈和同行请教，从而使本书内容及一些观点逐渐被理解，也得到了很多关心和支持，笔者对此深表敬意和感谢！

笔者应科学出版社的邀请，根据课程建设和教材的实际需求并吸纳相关的意见和建议，现对《科研方法导论》进行修改再版。与第一版相比，本书在篇章设计、内容编排、材料选辑、典型示例等方面进行了重新梳理和调整，形成了五篇十五章的全新体系和结构，具体如下。

（1）将第一版的三篇增加为五篇，由十二章增加为十五章。增加的两篇为"科研学习结合篇"和"科研素质培养篇"，增加的章节主要围绕这两篇主题进行安排。

（2）根据体系结构调整以及"问题意识"、"提出问题"和"科研选题"在科研工作中的基础性意义，将第三章"问题分析与选题"调整到第一篇。

（3）根据第三篇"科研实践应用篇"的需要，增加了"科研设计及应用"一章，并在"研究型设计及应用"和"实验型设计及应用"的基础上，增加了"应用型设计及应用"一节。

（4）基于体系结构调整的需要，将原书第十二章与新增加的"课题组及其管理"一章联合，共同组成第四篇"科研学习结合篇"。同时，对其篇章内容进行了调整和补充。

（5）基于体系结构调整的需要，将原书第十一章与新增加的"科研素质及培养"一章联合，共同组成第五篇"科研素质培养篇"。同时，对其篇章内容进行了调整和补充。

（6）为契合篇章主题，根据需要在第二、五、十、十二章中增补了笔者题记。

（7）在第一版的基础上，本书又推出了一些重要观点，如"问题表述与表征"、"科研借力与借势"、把握"科研关节点"、"科研能力交叉论"、"科研机智运筹六要素"、"参加学术会议五要点"、课题组建设"五项原则"、"本科生科研方略"、"科研三阶段训练法"、科技人员应具备的"四大创新素质"、要善待具有好奇心的"问题学生"等。

（8）本书的内容面向不同层面的读者，试图满足对科研方法学习的不同需求，并努力使各方（如专业科技人员、科技管理人员等）学习或参考后均能有所裨益。

（9）本书在第六章中，调整了论著示例；在第七章中，调整了发明专利及实用新型专利证书和实例；在第十三章中，增加了课题组中如何正确处理个人与集体的关系问题，以及怎样融入课题组的一些方法和策略等内容。

（10）此外，本书还增加了附录，对参考文献进行了增补，对不当字句及表述进行了更正。

本书的修订和增补工作全部由笔者负责，其中的一些科研案例、论文论著、专利报告等，源于笔者承担的国家863计划项目（2002AA313110）、国家自然科学基金项目（11274181、10974100、10674075、60577018）、高等学校博士学科点专项科研基金项目（20120031110033）及天津市自然科学重点基金项目（15JCZDJC39800、10JCZDJC24300）。在修改再版过程中，得到了科学出版社兰鹏编辑的大力支持，南开大学严铁毅副教授的全力协助，北京大学张严昕同学提供了重要资料并协助整理，参加本课程学习的同学提供了有益的修改建议，在此一并表示衷心感谢。

限于笔者水平，书中不足之处敬请专家及读者批评指正。

2015年1月3日于南开园

第一版前言

　　科学研究是人类探索未知领域的一种认识活动，是对自然界的认识由不知到知之较少，再由知之不多到知之较多，进而逐步深化，直至发现其本质规律的认识过程。人类社会之所以能够发展到今天的程度，千百年来无数的科研工作者功不可没。

　　探索自然奥秘，从事科学研究和技术发明创造，是没有平坦的大路可走的。科研工作是一种探索性的艰苦劳动，也是一段复杂的实践过程和认识过程，需要付出艰辛的努力和无数的汗水，才有望得到收获。科研工作者，特别是立志于未来从事科学研究和技术发明创造的大学生，在努力拼搏、踏实钻研的同时，也需要得到正确的科研方法和策略的指导，尽量少走弯路，避免不必要的挫折，促进早日取得研究成果，获得高质量的创新成果。

　　方法正确，事半功倍；方法错误，功亏一篑。正确的科研方法对科研工作的成功起到至关重要的作用，它是构建知识体系和科学大厦必不可少的要素，而且能够扩展和深化人们的认知能力与辨识水平。错误的科研方法往往会导致荒谬的结论或者伪科学，有时甚至会严重地阻碍科学发展的进程！科研方法在一定程度上，也决定着研究者能否在科研工作中取得创新的成就。掌握了正确的科研方法，就有更大的机会早日取得成就；反之，则相反。

　　敏于思辨，成于方略。学习科研方法的目的，在于应用科研方法解决科研问题，以便在科研工作中增强自觉性，减少盲目性，提高研究效率，获得高质量研究成果。笔者撰写本书的目的，就是希望更多的莘莘学子以及科研初学者，通过学习《科研方法导论》，早日迈进科学研究的殿堂；通过学习和实践先人创立的科研方法，借鉴前人的科研经验，吸取他人的失败教训，开拓出属于自己的一片科研之地，辛勤耕耘并取得丰硕的科研成果，为创造更加灿烂的人类文明做出自己的贡献！

　　笔者在书中介绍并推荐了诸多科研方法，同时也提出了自己的观点和理论并加以实践，并愿意将以下一些重点内容推荐给广大读者。

　　——大学阶段特点：本科生——"现象学"，硕士生——"溯源学"，博士生——"方法论"。

　　——科研准备要义：明确研究动机，专业知识学习，专业技能培训，参加科研实践。

——初入课题组策略：聆听导师介绍，阅读课题组资料，研读指定文献，梳理研究纲目，确定研究课题，迅速进入课题。

——科研入门者策略：有限目标，量力而行。

——问题三层次分析法：发现问题（感兴趣的问题），梳理问题（有研究价值的问题），凝练问题（科研选题）。

——经典科研方法类型：科研的逻辑方法、经验方法和数理方法。

——撰写论文"两高原则"：高质量的科研成果，高水平的写作技能。

——撰写专利"两先原则"：撰写前须先查新，申请要先于论文投稿。

——"两完整一掌握"：在大学阶段，完整地申请一个科研项目，完整地参加一项课题研究，掌握必备的科研方法和科研技能。

——科技创新必备素质：要有发现科学问题的敏锐眼力，要有解决科学问题的方法策略，要有对学术权威怀疑的勇气，要有对问题求证到底的毅力。

弗朗西斯·培根指出："读史致明智，读诗致聪慧，演算致精密，哲理致深刻，伦理学致修养，逻辑修辞致善辩。"本书作为国家级教学团队建设项目——南开大学"科学素质教育系列公共课教学团队"成果之一，笔者希望本书能够引导那些攀登科学技术山峰的探索者，并期盼为之登顶而助力。

自1996年以来，笔者为研究生和本科生讲授"科研方法论"课程，选课学生达上万人。许多学生从中获益，并因此进入科研领域，逐步成长为相关领域的科研中坚力量。本书是应科学出版社之邀而撰写的，其内容由笔者根据多年从事科研和教学的经验逐步积累、整理而成。全书共分三篇：第一篇是关于科研方法的基础知识，包括第一、二章；第二篇是关于科研方法的基本技能，包括第三至七章；第三篇是关于科研方法的实践应用，包括第八至十二章。本书根据科研工作的特点，紧密结合科研实际，比较详细地介绍典型的科研方法和基本技能，论述有关科研方法的实践与思维技巧，并结合实例（包括笔者的科研实例）阐述科研工作的一些经验和教训。本书内容适合于本科生、研究生及相关科研工作者选读和参考，尤其是对于在校的大学生以及科研入门者，本书内容能够帮助他们尽快进入科研领域，适应科研环境，进入课题组，并为他们开展科学研究提供基本的科研方法和研究技巧，从而在科研实践中领悟真谛，学以致用。

本书在撰写过程中，笔者参考了一些国内外有关的研究成果（包括笔者自己的研究成果），并已列入"参考文献"，在此表示由衷的感谢。本书的出版，得到了南开大学数学学院顾沛教授的热情鼓励和推荐，得到了科学出版社胡华强编审、李鹏奇副编审和刘海蓉编辑的大力支持；南开大学医学院严铁毅副教授在书稿整理、文字校对等方面给予了全力协助；北京大学化学与分子工程学院张严昕同学为本书提供了大量资料，并在课业较重的情况下挤出时间协助组稿，进行内容整理及文字处理，为完成本书提供了重要支持；参加过本课程学习的同学提供了诸多有益的修改建议，在此一并表示崇高的敬意。

限于笔者水平，书中不足之处敬请批评、指正，以便今后进一步改进和提高。

张伟刚

2008年10月1日于南开园

目 录

第一篇　科研基础知识篇

第一章
科研与科研方法 ·· 3
第一节　科学与科学认识 ··· 3
第二节　科研特征与价值 ··· 6
第三节　科研方法及作用 ··· 10
第四节　本书结构和特色 ··· 13

第二章
科研过程与程序 ·· 18
第一节　科研基本过程概论 ·· 18
第二节　自然科学研究程序 ·· 20
第三节　社会科学研究程序 ·· 23
第四节　技术科学研究程序 ·· 27

第三章
问题分析与选题 ·· 30
第一节　问题的层次分析 ··· 30
第二节　课题来源和类型 ··· 35
第三节　选题原则与方式 ··· 38
第四节　科研信息及查新 ··· 45

第二篇　科研方法技能篇

第四章
科研方法及启示 ·· 53
第一节　科研方法层次 ·· 53
第二节　经典科研方法 ·· 54

第三节	现代科研方法	66
第四节	科研方法示例	72

第五章

科研思维及培养 ... 76

第一节	科研思维概论	76
第二节	典型科研思维	80
第三节	创新思维培养	84
第四节	科研思维示例	87

第六章

论文撰写与发表 ... 95

第一节	论文特点及类型	95
第二节	论文撰写的规范	100
第三节	投稿及发表规程	105
第四节	论文和论著示例	110

第七章

专利撰写与申请 ... 116

第一节	发明创造概论	116
第二节	专利特征及类型	119
第三节	专利撰写与申请要求	122
第四节	典型专利示例	126

第三篇　科研实践应用篇

第八章

课题研究阶段论 ... 135

第一节	课题及阶段划分	135
第二节	课题前期及特点	137
第三节	课题中期及特点	141
第四节	课题后期及特点	144

第九章

科研设计及应用 ... 151

第一节	研究型设计及应用	151
第二节	实验型设计及应用	155
第三节	应用型设计及应用	160

第十章

科研机智与运筹 ... 164

第一节	科研中的战略和战术	164
第二节	科研中的机智运筹	168

	第三节　科研阻碍及其辨析	172

第十一章

学术会议及报告 177

第一节	会议类型与模式	177
第二节	报告准备与演讲	181
第三节	典型的会议示例	186
第四节	国际会议常用语	189

第四篇　科研学习结合篇

第十二章

研究性学习科研 195

第一节	研究性学习特点	195
第二节	学习与科研结合	200
第三节	经典科研示例	206

第十三章

课题组及其管理 215

第一节	课题组结构和特点	215
第二节	课题组职能及管理	218
第三节	科研关系及处理	224

第五篇　科研素质培养篇

第十四章

科研素质及培养 233

第一节	素质与素养	233
第二节	科学素养概论	235
第三节	科技创新素质	237
第四节	科研素质培养	243

第十五章

科研道德与规范 251

第一节	科研工作者	251
第二节	科研道德规范	256
第三节	科研有效监控	260
第四节	科研激励机制	267

参考文献 271
附录　笔者获得的部分科研、教学奖励和荣誉 274

第一篇

科研基础知识篇

科研基础知识是指科研工作者从事科学探索、技术创新和应用开发所必须掌握的基本知识。本篇由第一章至第三章构成，主要介绍科研与科研方法的基本概念、科研特征与价值、科研对象与分类、科研方法与分类等；阐释科研的基本过程，以及自然科学、社会科学和技术科学的研究特点与基本程序；论述问题三层次分析法、科研选题原则与方式、科研信息及查新等；简要介绍本书的体系结构、主要特色和编写目的。

本篇提出了问题三层次分析法，初步建立了发现问题、梳理问题和提炼问题的三层次分析理论；阐释了科研方法与一般意义上的科学方法之区别，科研方法注重科研过程实际问题的解决及有效性和可操作性。本书体系结构由内核模块、中层模块和外围模块有机组成，构成正三角形三层次模块结构；其特色是"体系创新，篇章独立，研学结合，学以致用"。

第一章

科研与科研方法

方法正确,事半功倍;方法错误,事倍功半或造成严重损失。

——笔者题记

■ 第一节 科学与科学认识

科学是人们对自身及其周围客体的规律性认识。随着各种认识活动的不断丰富和深化,人们逐渐形成了对某些事物比较完整、合乎逻辑而系统的知识体系,科学由此产生。

一、科学概述

"科学"概念是伴随人类认识的发展而逐步形成的。在古代,人类的认识水平不高,许多人类无法理解的自然、社会及自身等现象便被归结为天意或神鬼之说,而这种认识又反过来束缚了许多正确认识的发展。随着社会的发展和生产力水平的不断提高,人类认识的经验也在积累和提升,在有效促进大脑智能发展的同时,也对自然、社会及自身等现象逐渐有了正确的认识和理解。在漫长的未知探索过程中,人们将这些正确的认识分门别类地整理、提炼,形成了相对完整的知识体系,由此便形成了真正意义上的科学。随着科学的形成与发展,人类逐渐摆脱了神鬼之说的禁锢,进入了全新的发展时期。

1. 科学概念的形成

人们对科学的理解是伴随着社会历史的发展而不断演化的。在古代,人们对科学的理解很简单,只是把它看作一种知识,这种观点在当今社会也有相当大的影响。

(1)希腊文中本无"科学"一词,但有"知识"之词——"επιστήμη"。后来,"επιστήμη"就被赋予了科学的含义。在拉丁文中,"科学"一词源于"scio",后来又演变为"scientia",其本义就是学问或知识。英文"science"、德文"wissenschaft"、法文"science"(同英文一样),皆由此衍生演变而来。

(2)中国古代的科技水平较为发达,但形成"科学"概念并确定该名词则晚于西方。约 16 世纪,中国学者才将英文"science"介绍到国内,并译成"格物致知",简称"格致",意指通过接触事物而穷究事物的道理。

（3）在日本，直到19世纪下半叶，才借用"格致"一词，并将"science"译成"格致学"，至产业革命兴起才译成"科学"。

（4）中国近代的康有为（1858～1927年）在1885年翻译介绍日本文献时，首先把"科学"一词引入中国；1894～1897年，严复（1854～1921年）在翻译《天演论》《原富》等著作时，也把"science"译成"科学"。

2. 科学概念的定义

科学概念很难定义，不同时期有着不同的解释。时至今日，为科学寻找一个完满、统一的定义已经非常困难。笔者对科学概念进行了梳理和提炼，以下是几种有代表性的阐释。

（1）《韦氏词典》（Merriam-Webster's Collegiate Dictionary）定义。《韦氏词典》对科学所下的定义是："科学是从确定研究对象的性质和规律这一目的出发，通过观察、调查和实验而得到的系统的知识。"该定义指出了科学的目的、方法和特征。

（2）《苏联大百科全书》定义。其对科学的解释是："科学是人类活动的一个范畴，它的职能是总结关于客观世界的知识并使之系统化；科学是一种社会意识形式。在历史发展中，科学可转化为社会生产力和最重要的社会建制。……从广义上说，科学的直接目的是对客观世界做理论表达。"该定义指出了科学的知识、学术和社会特征。

（3）科学的基本概念。根据科学发展历程和上述科学定义，笔者认为，科学是人们对客观世界的规律性认识，它是系统的、逻辑的、自洽的知识体系，可用于认识自然、辨识社会和洞悉自身，从而造福人类并完善自我。科学基本概念指出了科学的任务、目的和功能。

（4）科学的一般概念。科学是反映客观世界（自然界、社会和思维）的本质联系及其运动规律的知识体系，它具有客观性、真理性和系统性，是"真"的知识体系。科学的一般概念包含知识体系、科学方法和社会建制三方面含义，前两者属于科学哲学范畴，后者则属于科学社会范畴。

二、科学认识

人类的认识活动伴随着人类的整个发展历史，科学认识是其中重要的组成部分。自从完备的科学体系正式建立后，人类的科学认识活动便可以在已有科学原则与知识的指导下进行，这大大促进了科学认识活动的发展。

1. 认识的三个层面

人类的科学认识活动范围广泛，并且在不同的角度、层次和意义上进行，因此其划分标准亦有所不同。就认识的层面而言，认识活动由浅入深可分为常规认识、科学认识和哲理认识三个层面：①常规认识属于表层认识，一般不涉及事物的本原，属于泛现象学的认识层面；②科学认识追求事物的本原，以探索事物的本质为目的，以发现事物的内在的、特定的规律为目标；③哲理认识是人们对事物规律性的高度抽象，是对事物普遍的、规律性的认识和把握，属于高级认识层面。

科学认识的目的在于发现、探索、研究事物（自然、社会和思维等现象）运动的客观规律，对这种规律的寻求则突出体现为逻辑上的严谨性、表征上的简洁性及知识上的完整性。人类对事物运动的客观规律探索是无穷无尽的，而科学探索是从遇到问题并想办法解决时开始的。

2. 科学认识类型

从继承和创新的角度分类，科学认识可分为传承性认识和探索性认识两大基本类型：①传承性认识，以学习、继承、传播前人已有的知识为目的，包括科学教育、科学普及、科技情报工作等；②探索性认识，以探索、发现、创立前人未有的认识成果为目的，包括科学发现、技术发明、工程应用等。

本书所阐述的科研方法，是针对探索性认识的科研活动而言的。探索性的科研活动，其特点在于"创新"，即能够提供新的科学知识和开发先进的技术。

3. 科学认识工具

科学认识工具是科研工作者借以探索、发现科学事实（事物的现象），进而获取科学认识成果（客观规律）的工具。就有形（物质的）和无形（意识的）工具而言，科学认识工具可分为科研仪器和科研方法两种类型：①科研仪器，属于科学认识的"硬件"，即在科学认识活动中进行观察、测量、计算、存储信息的各种物质手段，如各门学科中使用的实验仪器、计算机等；②科研方法，属于科学认识的"软件"，即科学认识活动中长期积累的、科学有效的研究方式、规则及程序等。对于具体学科使用的科研方法而言，有自然科学的科研方法（包括工程技术科学及应用科学等科研方法）和社会科学的科研方法（包括文学、历史、哲学、心理、艺术等科研方法）之分。

三、科学分类

一般而言，以研究对象为分类标准一直是科学分类的主流，由此可以把科学分为哲学、自然科学和社会科学三个基本部类，而哲学是自然科学和社会科学的概括和总结。进而，可以再寻找这三大部类之间的二级、三级联系。

1. 哲学

哲学是从总体上研究人与世界关系的科学，它既包括人们从总体上认识、处理与外部世界的关系，也包括人们对这种关系的驾驭程度。

自古至今，关于哲学的内容如何分类这一问题，众说纷纭，莫衷一是。一般而言，哲学大体可分为广义哲学与狭义哲学两大类：①广义哲学，包括自然哲学、历史哲学、认识哲学、政治哲学、道德哲学（伦理学）、艺术哲学（美学）、宗教哲学、人生哲学等；②狭义哲学，一般专指过去哲学里的本体论与形而上学，亦称第一哲学［由亚里士多德（Αριστοτέλης，英译 Aristotle，公元前 384~前 322 年）创立］，以及纯粹哲学。

哲学是一个综合概念，如何对哲学做出划分，如何使哲学分类更科学、更有利于哲学的发展，这不仅是哲学家、逻辑学家关注的问题，也是哲学研究工作者关注的问题。

2. 自然科学

自然科学是研究自然界的物质结构、形态和运动规律的科学，是人类生产实践经验的总结，反过来又推动着生产不断地发展。就自然科学而言，因其研究领域不断扩展，故其内部产生了诸多新学科，现已形成了庞大而复杂的体系。

有关自然科学内容的分类问题，现在仍然众说纷纭，是一个值得继续探讨的课题。

其中一种有代表性的观点认为，现代自然科学由基础科学、技术科学和应用科学三部分组成：①基础科学，是研究自然界物质的本质和各种不同运动形式的基本规律的科学，主要包括数学、物理学、化学、天文学、地学、生物学六个学科；②技术科学，是研究技术理论性质的科学，如电子技术、激光技术、能源技术、空间技术等；③应用科学，是直接应用于生产和生活的技术和工艺性质的科学，如应用数学、应用化学、医学、农学、水利工程学、土木建筑学等。上述三部分互为条件，互相促进，相辅相成。基础科学是技术科学和应用科学的理论基础，且随着科学的发展，正在不断分化、交叉，产生许多新的分支（如分子物理学、天体物理学、非线性光学等）、边缘学科（如物理生物学、物理化学等）及综合性学科（如仿生学、信息科学等）。

3. 社会科学

社会科学是研究与阐释各种社会现象及其发展规律的科学，其各种学说一般属于意识形态和上层建筑的范畴；在有阶级存在的社会中，它们一般具有阶级性质。在现代科学的发展进程中，新科技革命为社会科学的研究提供了新的方法和手段，社会科学与自然科学相互渗透、相互联系的趋势日益增强。

根据人与社会的相对关系，社会科学可分为三大类：①纯粹社会科学，是以作为社会团体中一员的人为对象，而非以独立的、单独的人（个体本身）作为研究对象的科学，如政治学、经济学、历史学、法律学、人类学、刑法学、社会学等；②非纯粹社会科学，是以个人为出发点探索社会内容及伦理道德等的科学，如伦理学、教育学等；③交叉社会科学，是以自然的本体为对象，将其研究结果应用于人类社会某些环境之中的科学，如优生学、人文地理学、公共卫生学等。

■ 第二节　科研特征与价值

一、科研概述

科研工作是人们探索未知领域的一种科学认识活动，是探索客观世界规律性并利用这些规律造福人类、完善自我的过程。科研是对自然界的认识由不知到知之较少，再由知之不多到知之较多，进而逐步深化进入事物内部发现其本质规律的认识过程。具体而言，科研是整理、修正、创造知识及开拓知识新用途的探索性工作。从这个意义上说，科研属于探索性认识的范畴。

二、科研特征

科研具有两个显著的特点，即继承性和创新性。

1. 科研继承性

科研继承性是指科研是传承、连续、终身学习的不断认识过程，是科研工作者一代接一代进行探索、不断发现真理并累积科学知识的过程。任何人的任何科研活动，究其本源，都是站在前人的肩膀上向上不断攀登的过程。一个人的精力、智力和体力是有限的，但科研的探险队伍绵延不绝，人们前赴后继并不断壮大科研队伍，摘取的科研果实丰富了人类智慧、深化了人类技能，并继续为人类的进步铺设通天之梯。

2. 科研创新性

科研创新性是指科研工作者具有探索自然界奥秘的强烈兴趣，这种求是的理念是人们认识自然、理解自然、利用自然规律为人类服务的内在动力源泉。科研的生命在于创新，创新是科学发展的前提。科研工作者要充分发挥自己的才智（智商），在科研工作中磨炼个人的意志和品格，在学习、领会科研方法的同时，注意锻炼、提高科研工作的组织和协调能力（情商），为将来承担重点（或重大）科研课题做好准备。

三、科研对象

从广义上讲，科研对象是指客观世界（包括自然界、社会和人类思维）。本书涉及的科研对象主要是指某一具体学科的科学问题。根据研究对象的不同，我们可以把科研对象大致分为自然科学研究对象和社会科学研究对象两大类。

1. 自然科学研究对象

自然科学研究对象大部分是无生命的物质或结构，但也包含具有生命的组织或形态，如农学中的植物细胞、医药学中的组织蛋白等。一般而言，自然科学的研究对象是可控制的，因而可以用实验等方法进行精确分析。

自然科学研究对象主要有如下三大类。

（1）非生命的物质对象。自然科学中的物理、化学、地质学、天文学、气象学等，是以非生物体物质和材料为主要研究对象的科学。

（2）有生命的物质对象。自然科学中的生物学、农学、医药学等，是以生物性物质及现象为主要研究对象的科学。

（3）抽象数及几何元素。自然科学中最重要的辅助工具是数学，它以抽象数、几何元素为研究对象，用不断发展且更加抽象的形式进行推演、表征，导出其中的结构、系统及相互之间的关系。数学和其他自然科学的学科共同构成了技术科学和应用科学的基础，并为之创造了发展的前提条件。

2. 社会科学研究对象

社会科学研究对象因其与人类活动有关而具有多样性和复杂性，因此一般情况下是不可控制的。由于各种因素之间相互作用、相互影响，在社会科学研究中，一般采用概率论或者模糊数学方法对研究对象的特征进行统计分析。

与自然科学研究对象相比，社会科学研究对象有如下一些特征。

（1）社会现象受自然因素影响。人的能力是有限的，因此人类的活动处处受制于自然环境，故对自然的影响也是有限度的。就个人而言，人的本身亦是自然的一部分，其行为大多可用生物与心理等自然现象去阐释。由此可见，社会现象远较自然现象复杂，所依赖的变数较自然科学多。

（2）社会是个复杂的有机系统。社会是一个高度的有机体，其中一个因素的变动往往会牵动多个或全体因素的变动，即一因带动多因变化。因此，采用因素分离或隔绝的方法进行社会现象的研究，往往会遇到很大的困难，有时甚至无法使用。

（3）社会人具有独立性和自由性。社会中的人是有感情的，具有人格的独立性和行为的自由性。对于社会性的试验，需要仔细调查，耐心说服，精心组织，周密部署。一旦有失，往往损害极大，甚至贻害无穷。因此，社会中的人及组织都不会轻易去做改变社会的试验品。

（4）方法与实施之间差距较大。对于自然科学研究，方法与实施之间并无距离，因此试验可以重复多次。但对于社会科学研究，二者的距离可以很大。也就是说，在社会科学研究中，尽管采用了正确方法，但有时仍无法充分得到实施，其中诸多复杂因素制约着实施的进程。

自然科学研究对象与社会科学研究对象的差异，具体表现在以下几方面。

（1）研究对象与科研工作者的分离。自然科学研究具有科研工作者与研究对象分离的特征，而社会科学研究则不然。社会科学研究难以做到科研工作者与研究对象的分离，这是由于社会科学研究对象是人或人的行为，而该科研工作者自己则是人的一分子，并囿于社会之中。因此，科研工作者所处的社会环境及历史文化等因素，会对其研究工作产生不同程度的影响，甚至左右其研究的结论。

（2）时空对自然、社会影响不同。时间与空间或历史的因素对于社会现象的影响，较对于纯自然现象的影响要大。对于宇宙的变化，就人力之所及观察而言，千万年之后的宇宙变化不会很快或很大。而对于人类社会，则情形大不相同，它永远在变动，并不断地在生长、盛衰，其组织与风俗、习惯等错综交互，彼此影响而构成社会变化的全相形态。

（3）自然现象比社会现象简单。从科研的观点来看，自然现象要比社会现象简单。人对自然的观察，可以通过试验获得解释，即人对试验的环境可实施控制，并能够重复进行，通过分离或隔绝，淘汰次要或不变因素，筛选出重要因素，以便获得由重要因素产生的影响与结果。然而，这种有针对性的试验和研究方法，在社会科学研究中却困难重重，甚至无法适用。一般而言，抽象的分析方法比较适合社会科学研究。近年来，有的学者将统计分析方法引入社会科学研究之中，大大促进了社会科学的量化研究，并取得了一些显著成果。

四、科研价值

科研价值主要表现在四个方面，即创造学术价值、推动技术进步、促进社会发展和完善人类自身。

1. 创造学术价值

创造学术价值是科研最基本的意义。科学认识是一种探索未知、发现真理、积累知识、传播文明、发展人类思维和创造能力的活动。科研的目的在于发现新的科学现象或事实，阐释世间万物运动、变化的内在规律。人类通过科研活动，提出新思想、新概念，不断充实、更新已有的科学知识，创新科学体系，改进人类世界观，提升人类智能，丰富人类文明，促进社会进步。

进化论的发展，使人类摆脱了"神创万物"观念的禁锢；万有引力定律的建立，让人类能够真正掌握宇宙中星辰的运动；元素周期律的提出，使看似杂乱无章的元素世界变得井然有序；电磁理论的创立，使人类彻底认识了光的本质；量子理论的出现，打开了人类认识微观世界的大门；相对论的提出，让人类在经典力学的基础上更进一步。随着科学技术的发展，人类对自然本质的认识已经变得更加丰富、更加深刻。

2. 推动技术进步

通过科研活动，人类不但能够获取对客观世界规律的认识，而且能够运用已掌握的客观规律逐步地认识自然、理解自然和改造自然，并从科学认识活动中逐步完善自我。科研活动作为一种满足人类基本需求的技术手段，在人类社会发展进程中发挥了不可替代的作用。人类社会的发展历史证明，每一次技术创新，都会对社会发展进程产生深刻的影响。

牛顿（Newton，1643~1727年）力学体系的建立、蒸汽机的发明和蒸汽技术的进步，加速了第一次技术革命的完成。麦克斯韦（Maxwell，1831~1879年）电磁学理论的建立、电机的发明和电力技术的进步，促进了第二次技术革命的完成。爱因斯坦（Einstein，1879~1955年）相对论和哥本哈根学派量子力学体系的建立，促进了原子能、电子计算机和空间技术的进步，加速了第三次技术革命的进程。而激光技术、合成材料的兴起和超级计算机的研制成功，则刺激了光纤通信、新材料技术、生命科学等的诞生，有力地促进了现代信息技术、生物工程、新能源技术、空间技术、海洋开发技术、环境保护技术等高技术的发展。

3. 促进社会发展

科研活动是促进社会变革的主要动力之一，科研之所以具有促进社会发展的作用，是因为科研活动能够提供认识社会和改变社会的"物质手段"和"思想方法"。人们一旦掌握科学的理论和实践的技能，就能将其转化为改造社会的巨大力量。科学能不断为人类提供新思想、新方法，从而创造更美好、更和谐、更积极的生活方式。科研活动促进社会发展的方式，首先是通过科学知识和科学理论教育影响人们对自然和社会的科学认识；其次是通过技术革命改变人们的生活方式，间接地对社会产生影响；最后是通过思想解放及思想变革直接地促进社会变革。

正如英国哲学家、科学家弗朗西斯·培根（Francis Bacon，1561~1626年）所指出的，科学能不断地为人类提供新思想、新方法，使人们理解他们所生活的世界，认识个人在社会生活中的地位，从而能够协调地、自觉地管理社会生活，创造更美好、更和谐、更积极的生活方式。从大的方面考虑，科研成果对社会进步的促进作用的确是巨大的，其功绩不可否认。然而，科研成果若是在某个历史阶段被不法分子、危险人物掌控、滥用，则有可能对社会造成巨大的危害，阻碍社会的进步。例如，科研成果用于非正义战争或恐怖活动，会对人类文明造成极大破坏，这应当特别引起注意，并需采取有效措施加以阻止。

4. 完善人类自身

科学上的每一次重大发现、技术上的每一次重大突破，都会对人类的文明和自身的完善产生重要影响。伴随着科学与技术的一次次跃进，人类对自然、社会和自身的认识也在不断提升，而如何认识和理解人与自然、人与社会、人与人之间的关系，将是考验人类智慧的永恒命题。

大自然是人类赖以生存的场所。人与自然是相互联系、相互依存、相互渗透的关系，人生于自然，又归于自然。人类的文明也是伴随着对自然的不断认识而逐步深化和发展起来的。人类的存在和发展，需要通过生产劳动同自然进行物质、能量的交换。因此，人与自然的关系问题是人类生存面临的重大问题。中国古代哲人强调"天道"和"人道"、"自然"和"人为"的相通和统一的观点。庄子认为,"天地与我并生,而万物与我为一",认为人与天本来合一;孔子(公元前551～前479年)提倡"天命论",把"天命"奉为万物的主宰,要人们"尊天命""畏天命";老子主张"自然无为",认为人在自然和社会面前是无能为力的。这些观点蕴含着朴素的"天人合一"观念,强调人与自然要亲近、和谐。目前,正在被大力倡导的科学发展观及构建和谐社会,正是这一基本理念的实际体现。

科研价值在上述四个方面的表现是相互关联的。其中,创造学术价值是最基本的价值。只有将科学理论运用于生产领域和社会领域,才能发挥其科学价值并转化为直接的生产力,进而推动技术进步并促进社会发展。而科研只有"物化"于生产实践和社会活动之中,才能够不断创造价值,并得到持续的发展,最终促进人与自然和谐相处,不断得到提升和完善。

■ 第三节 科研方法及作用

从事科研的人莫不想了解科研方法。科学理论博大精深,科学技术精细复杂,这些辉煌的科研成果是如何取得的?其研究过程采用了什么方法?科研方法在科学发展和技术创新过程中具有哪些重要作用?这些是需要认真思考和回答的问题。科研方法并非只有专业的科研工作者需要学习,研究生(包括博士生和硕士生)、在校大学生及科研管理人员在学习和工作中,若能够有意识地学习并实践科研方法,以科学、理性的思维去处理学习难点或工作中的问题,则可极大地提高科研绩效并加大成功的概率,从而取得有利的发展地位。

一、科研方法概述

科研方法是从事科研所遵循的科学、有效的研究方式、规则及程序,也是广大科研工作者及科学理论工作者长期积累的智慧结晶,是从事科研和技术创新的有力工具。在科学发展历程中,不同的历史阶段有着不同的科研方法。即使是在同一时代同一学科中,不同科学家及科研工作者所创立或应用的科研方法也不尽相同。科学发展和技术进步是科研方法形成的基础,而新的科研方法的创立又使科研工作得以有效进行,从而促进科学和技术的新飞跃。

本书提出的科研方法,与一般意义上的科学方法有所不同,其差异在于:科研方法是指在科研过程中,为解决课题研究中出现的科学问题、技术难点所使用的研究方法,它注重科研过程解决实际问题的有效性和可操作性。而科学方法一般是从哲学的视角,将具体科研过程中总结出来的科研方法加以提炼,力图使其系统化并具有普遍性,强调采用的方法是否科学,注重研究方法的指导意义和学术价值。

二、科研方法作用

哲学既是世界观,又是方法论,但哲学并不等于科学。作为科研方法,哲学的作用在于能够引导科研工作者沿着正确的方向从事科研活动而不至于误入歧途。作为科研工作者个人，一旦掌握了正确的科研方法，就足以提高科研工作效率。从这个意义上讲，科研方法能够物化为科研生产力，促进多出成果，出好成果，出重大成果！另外，掌握了科研方法，对于科研工作者的治学大有益处，科学的治学方法能够有效地保证高质量治学。

1. 决定科研成败

正确的科研方法对科研工作的成功起着至关重要的作用，它是构建知识体系和科学大厦必不可少的要素，而且能扩展和深化人们的认知能力与辨识水平。

例如，古希腊数学家欧几里得（Euclid，约公元前 325～前 265 年）是以其《几何原本》而闻名于世的。他的贡献不仅源于在这部著作中总结了前人积累的经验，更重要的还是他从公理和公设出发，用演绎法把几何学的知识贯穿起来，构建了一个知识系统的整体结构。直到今天，他所创建的这种演绎系统和公理化方法仍然是科研工作者不可或缺的手段。后来的科学巨人，如牛顿（经典力学体系的创造者）、麦克斯韦（经典电磁理论的创造者）、爱因斯坦（狭义相对论和广义相对论的创造者）等，在创建自己的科学体系时，均借鉴、使用这种方法。

又如，出生于 19 世纪的俄国著名化学家德米特里·伊万诺维奇·门捷列夫（Дми́трий Ива́нович Менделе́ев，英译 Dmitri Ivanovich Mendeleev，1834～1907 年）并未亲自发现过一个新元素，他却用分析和归纳的方法，将当时已经发现的 63 种元素全部排列成一张科学的周期表，并在某些地方为可能存在的未知元素留下了空位。化学工作者以这张周期表为指导，不但改正了一些元素原子量的测量错误，而且发现了一些被预测的新元素。门捷列夫创立的这种研究方法，同样给了后人极大的启迪，而且是一种有着普遍意义的科研方法。

欧氏几何学大厦和门捷列夫周期系理论的建立，是与他们采用正确的科研方法密切相关的。其中，若没有公理化方法论体系，就不会有欧氏几何学系统；若没有门捷列夫周期系的研究方法，那些物质元素便只是一堆杂乱无章的符号。可以说，科研方法贯穿于科研工作的始终，对科研工作的重要性不言而喻。

2. 影响科学进程

正确的科研方法对科研工作起着加速器、催化剂的作用，而错误的科研方法往往会导致荒谬的结论甚至伪科学，有时会严重阻碍科研发现的进程。因此，在科研工作中，我们要善于应用正确的科研方法去解决科研问题。

例如，牛顿是一位因创立了经典力学体系而蜚声世界的科学家，他研究自然科学的方法却带有浓厚的形而上学色彩。他孤立地、绝对地看待"质量"与"力"，试图把一切自然现象都归纳为机械运动。在机械唯物论的思想方法和宗教环境的影响下，牛顿陷入了唯心主义的泥潭，这导致他在后半生为神学所累，在科学上未再有建树，成为科学史上的一大憾事。

又如，在氧气的发现过程中，最大的障碍就是"燃素说"，该理论严重阻碍了人们对燃烧过程的科学认识。"燃素说"认为：空气中有一种可燃的油状土，即燃素；这种燃素是"火质和火素而非火本身"，燃素存在于一切可燃物中，并在燃烧时快速逸出；燃素是金属性质、气味、颜色的根源，它是火微粒构成的火元素。按照"燃素说"的观点，一切燃烧现象都是物体吸收和逸出燃素的过程。"燃素说"在化学界统治时间长达近一个世纪，而在 18 世纪初期，盲从这种理论而形成的非科学的研究方法，曾经导致一些科学家误入歧途，致使氧气的发现经历了漫长而曲折的过程,其中的教训是深刻的,很值得反思。

3. 关系科技创新

科研方法在一定程度上也决定着科研工作者能否在科研工作中取得创新的成就,在科学史上相应的事例不胜枚举。

例如,古希腊的亚里士多德是一位著名的哲学家和科学家,其观点摇摆于唯物主义与唯心主义之间。尽管他的思想方法与研究方式长期在欧洲处于统治地位,但由于唯心主义的影响,加上当时的环境和条件的限制,他对许多科学问题的认识并不正确。到了中世纪,他的一些错误观点为教会所利用,以至于成为思想和学术发展的桎梏。

又如,生活在文艺复兴时期的意大利科学家伽利略·伽利雷(Galileo Galilei,1564~1642年)以其科学的批判精神、严谨的分析和实验的结论,对亚里士多德的一些错误观点提出了批判,所依据的就是实验科学方法。伽利略所做的摆动实验,否定了亚里士多德"单摆经过一个短弧要比经过一个长弧所用的时间短一些"的结论;他所做的落体运动实验,否定了亚里士多德"落体的运动速度与重量成正比"的结论;他还通过实验观察,支持和发展了尼古拉·哥白尼(Nicolaus Copernicus,1473~1543年)的"太阳中心说",否定了"地球中心说"。伽利略创立的实验科学方法,已经成为后来的科研工作者所遵循的最基本的科研方法之一。

三、科研方法开放性

各个不同的学科均有着各自不同的科研方法,科研方法也是一个开放、发展的体系,它通过科研工作者的灵活使用而贯穿于研究工作的全过程。时代在进步,科学在发展,科研方法也需要相应的改革与发展。科研方法的开放性主要体现在以下两个方面。

1. 科研需要借鉴和传承

借鉴是学科发展的主要手段之一。借鉴是批判地学习,不是原模原样地照搬和照抄,而是一种对科学理论、研究方法的合理内核的吸收和模仿。借鉴的前提是深刻地了解所要借鉴的科学理论、方法的背景,以及寻找到该理论、方法能够存在和不断发展的环境与条件。科学的发展从产生之日起就不断地借鉴以往各个学科所取得的科研成果,这使得科学从一开始就形成了多方位、多元化的研究视角,从而造就了今天如此丰富多彩的科学门类。

传承是科学形成和发展的重要途径之一。事实上,传承并不是对历史成果的简单记忆,而是为了进一步地创新。从这个意义上讲,传承是一种选择性的学习,而选择的标准与目的则是能够有利于进一步的创新。科学发展过程中的传承,不仅仅是对科学理论及成果的传承,而且是对与科学相关的科研方法、科学文化和传统的传承。科研创新始于对更高理想的追求,同时也意味着对原有科学理论及方法的改进。

在科研工作中,借鉴、传承前人的科研方法是很有必要的,而对这些科研方法进行改革和创新同样是不可缺少的。因此,除了要对科研方法进行专门的研究之外,更重要的是科研工作者应结合学科特点学习、研究,并自觉地使用科研方法有效地指导自己的科研工作,在实践中不断丰富和发展科研方法的知识体系。

2. 学科交叉促进科研发展

学科交叉是不同学术思想的交融、不同科学思维方式的并用、不同科研方法的融合。

学科交叉的方式多种多样，交叉的跨度日益增大，交叉的层次不断加深。学科交叉渗透构成交叉学科，而众多交叉学科构成交叉科学。

学科之间相互交叉和渗透是当代科学发展的一个主要趋势，其形成与发展极大地推动了科学的发展、技术的创新及经济与社会的进步。学科交叉意味着科学的创新，其发生机制主要由科学自身发展需要与外部需求决定。从科学发展史上考察，学科交叉点往往就是新的科学生长点、新的科学前沿，这里最有可能产生重大的科学和技术突破，使科学和技术发生革命性的变化。学科交叉能够有效地促进原始性、独创性科研成果的获得，对于这种原创性的活动，无疑应该给予特别的鼓励和扶持。

当前，科学技术正以前所未有的速度进入一个新的发展时期，各学科既高度分化，又高度融合，一大批边缘学科和交叉学科随着经济发展和社会进步应运而生，科技创新与高技术突破正在提升我们的现代生活品质。科学的发展与技术的进步，必然孕育着科研方法的创新。我们应该抓住机遇，在努力使科研工作取得成功的同时，力争在科研方法上取得新的突破，凝练、总结出实用、有效并具有一定特色的科研方法。

第四节 本书结构和特色

一、体系结构

1. 基本体系

本书的体系结构如图1.1所示，它由内核模块、中层模块和外围模块有机组成。内核模块由科研基础知识、科研方法技能和科研实践应用三个子模块组成，属于结构的主体；中层模块为科研学习结合，位于体系的中间层，并将内核模块包围；外围模块为科研素质培养，位于体系的外围。体系中的几个模块相辅相成、互为促进，它们共同形成本书的内核模块、中层模块和外围模块，构成正三角形三层次模块结构，如图1.2所示。

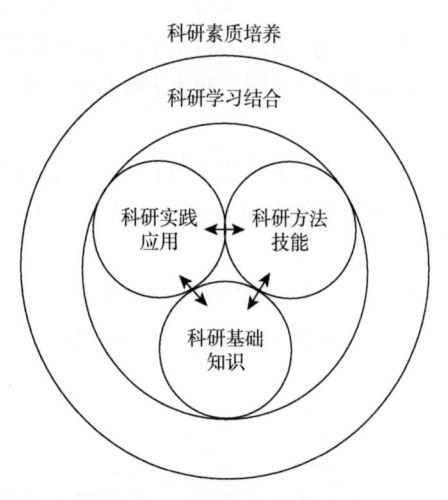

图1.1 本书的体系结构

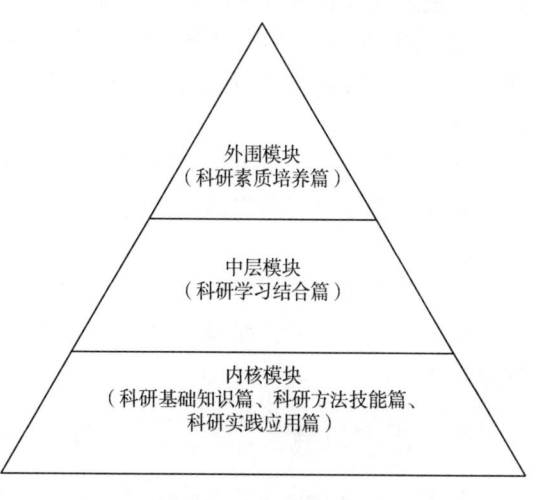

图1.2 本书模块层次

2. 模块结构

（1）内核模块。内核模块由"科研基础知识篇""科研方法技能篇""科研实践应用篇"组成。与《科研方法导论》第一版相比，本书根据科研方法研究的发展、课程教学需要及读者的要求，对篇章结构进行了适当调整，具体如下：①"科研基础知识篇"由第一章至第三章构成，第一章主要介绍科研与科研方法的基本知识，第二章主要介绍科研基本程序及如何进行科研准备，第三章主要阐述问题三层次分析法及科研选题策略；②"科研方法技能篇"由第四章至第七章构成，第四章主要论述典型的科研方法并给出示例，第五章论述科研思维方式及创新思维的培养，第六章主要论述科研论文的撰写与发表方略，第七章介绍发明创造方法与专利申请规程；③"科研实践应用篇"由第八章至第十一章构成，第八章主要阐述课题研究及其三个阶段的特点，第九章介绍三种典型的科研设计及其应用，第十章介绍科研的战略战术及化解科研阻碍的方法，第十一章简述学术会议及报告的准备和演讲方法。

（2）中层模块。中层模块由"科研学习结合篇"构成，包括第十二章和第十三章。第十二章主要介绍研究性学习科研及科研入门相关经验，对经典科研示例进行分析和说明；第十三章简要介绍课题组选择、进入及融入的策略及有效处理课题组各种关系的方法。

（3）外围模块。外围模块由"科研素质培养篇"构成，包括第十四章和第十五章。第十四章介绍科学素养、科技创新素质及科研素质培养方式；第十五章介绍科研道德与规范，阐述科研激励机制及学术规范监控方式。

二、主要特色

本书的主要特色可概括为"体系创新，篇章独立，研学结合，学以致用"。下面分别简要介绍。

（1）体系创新。本书在体系结构设计方面有新的创建，基本构架由三个模块分层次构建，它们共同构成本书的体系结构。

（2）篇章独立。本书共分五篇十五章，各篇章均具有一定的独立性。在教学过程中，教师可根据实际需要进行选篇或选章教学。读者（包括学生）可根据学习和工作需要进行选读或选学。

（3）研学结合。本书是根据科研工作的特点，紧密结合科研实际编撰而成的，其中的一些实例源于笔者所在课题组的科研工作实践，也是笔者多年从事科研和教学工作的结晶。

（4）学以致用。学习的目的在于应用。本书提供了诸多科研实例，为读者学习和实践科研方法提供参考，期望引导并帮助初学者尽快步入科研领域，并在实际课题研究中学以致用。

三、本书目的

创作本书的目的，是为科研工作者（特别是初学者或大学生）提供一些科研方法的基本知识和科研方面的技能和技巧。对于立志从事科研和技术发明创造的大学生，本书能够给予必要的科研方法和策略上的指导，增强其在科研工作中的自觉性，减少盲目性；促使他们尽早跨入科研大门，早出科研成果，出高质量的成果，使其在日趋激烈的科研领域处于有利的竞争地位。

本书内容对在校的大学生和研究生、科研工作者及科研管理人员，均具有重要的指导意义。

（一）本科生学习本书的意义

在本科生阶段，学习方式正处于由教师传授为主到自我学习为主的转化阶段，该阶段主要以知识学习为目的。在此阶段，本科生要逐渐获得探索世界、独立解决问题的能力。本书恰恰能够给本科生提供一些非常必要的研究方法和基本技能，为本科生尽快了解科研工作过程，为今后从事科研工作做好方法上的准备。

本科生在学习专业知识的同时，要多注意观察，包括直接观察（凭借人的感官感知事物）与间接观察（借助于科学仪器或其他技术手段对事物进行考察），以及总结前人从事科研和技术发明所采用的成功方法。在本科学习阶段，知识的学习与储备是必需的，但更重要的是科研方法和思维方式的吸纳，要尽量多参加课外科技活动，从中寻找提高自己科研能力的结合点。对于有志在科研方面发展的本科生而言，应当尽早为自己定好位，从大学初始阶段就要设计并把握未来的科研之旅。

身为理工科大学生，在做实验的同时要多思考一些问题。例如，该实验为何如此设计？倘若由自己负责，又该如何设计？这个实验是探索型的还是验证型的？属于定性的还是定量的？该实验的规范操作是怎样的？如何操作才能使实验做得更精细？实验过程记录是否准确、详细和完整？实验结果的重复性如何？实验结果与理论预期是否相符？等等。总之，在理论学习和实验操作过程中，要多问几个为什么，这样会较有成效地促进研究能力的提高。

要学习科研方法，最好的方式就是多参加科研实践，如参加数学建模竞赛、"挑战杯"赛、电子设计大赛等，在科技活动中体会、感悟科研方法的精妙。对于本科生而言，其有相当一段时间去探索、去考察自己属于哪一类型的科技人才；还要多听些课，多了解一些做研究的知识和方法，多与不同的老师接触，多向成功人士请教，以便从中发现自己的不足，尽早弥补缺漏，从而更好地发展自我。如此，会避免在进入研究工作时处于"临时抱佛脚"的尴尬境地。

（二）研究生学习本书的意义

作为研究生，他们已经迈入了研究领域的大门。倘若对科研方法有了一些基本的掌握，那么在科研选题及课题研究中，就会处于比较有利的地位。笔者曾经对一些研究生（硕士生、博士生）就科研方法知识了解的情况进行调查发现：对科研方法有所了解的研究生进入课题要快一些，而对科研方法不了解的研究生则相对缓慢；拥有科研经历的研究生比没有科研经历的研究生，在课题研究中出成果的速度会相对快一些。

在硕士生阶段，知识的学习以探索和研究为目的，需要探究事物的本质属性。近年来，南开大学许多高年级本科生很注意科研方法知识的学习与实践，通过参加课外科技活动（如"百项工程"等）积累研究经验，提高自己从事科研工作的能力。一些从前要进入硕士生阶段才能获得的科研理念和研究方法,有些高年级本科生也已经提前学习并有所体验。这种现象表明,训练硕士生科研素质和能力的重心在逐步下移,而"科研方法导论"课程的开设正是适应了这一实际需要。

在博士生阶段,知识的扩展和技能的提高,是以从事科技创新和技术发明为目的的,需要获得属于自己的创新性研究成果,在科研工作中应当自觉、有效地运用科研方法去解决新问题。经验告诉我们:研究领域越是前沿、研究课题越是重大,科研方法与思维方式在科研工作中所起的作用就越重要。

(三)科研工作者学习本书的意义

"科学技术是第一生产力",科研工作者是科研队伍的中坚力量。因此,加强科研工作者队伍建设,提高科研工作者素质,是实施人才强国战略的重要途径。

当今世界,科技进步日新月异,以信息技术、生物技术、纳米技术等高科技为标志的全球科技革命蓬勃发展,知识更新周期和科技进步周期越来越短。面对这种快速变化的形势,科研工作者必须根据实际需要,加快知识更新速度,迅速掌握最新技术,不断提高适应能力,以期更好地应对面临的挑战。为此,科研工作者需要学习基本的科研方法,掌握科学的思维方式,结合科研工作实践,多注意观察和总结前人从事科研和技术发明所采用的成功方法,有意识地积累自身的科研工作实践经验。观察一般包括直接观察和间接观察,前者指凭借人的感官感知事物,后者则借助于科学仪器或其他技术手段对事物进行考察。本书恰好能够给科研工作者提供一些非常必要的科研方法、思维方式及基本的研究技能,为科研工作者提高科研工作质量和效率提供方法上的引导和支持。

科研工作者在从事课题研究过程中,一方面需要不断补充新知识,开阔视野,拓展自身发展空间;另一方面,更需要注意科研方法的学习和科研思维的吸纳,结合科研工作从中寻找提升科研能力的结合点,这对提高自身的科学素养是非常必要的。对于有志在科研方面深入发展的科研工作者而言,其应结合课题研究早做准备,设计并开拓适合自身发展的科研之路。为实现上述目标,科研工作者在脚踏实地、努力工作的同时,尚需对科研规程进行认真思考并精心设计。例如,在基础科研中,重要因素的提取是否完整?模型构建是否符合实际需要?所建立假说的可行性如何?理论体系是否具有自洽性?实验数据是否支持模型假设?理论分析是否与实验测量具有一致性?等等。又如,在工程设计实践中,要多思考如下一些问题:该设计是否有新的理念?设计标准是如何确定的?具体实现方法是怎样的?该设计方案中的实验操作规程是怎样的?如何操作才能使该实验做得更精细?实验过程记录是否准确、详细和完整?实验结果的重复性如何?测试结果与理论预期值是否相符?等等。总之,在模型构建、理论分析、方案设计、实验测试、应用探索等过程中,要多问几个为什么,遇到问题多思考,找到解决问题的办法或途径,就能够有效地促进科研能力的提高。

要领悟科研方法真谛,最好的途径就是亲身体验科研过程,多参加课题研究,在完整的科研工作实践过程中体会、感悟科研方法的精妙。对科研工作者而言,多了解一些做研究的知识和方法,多与不同的专家和学者接触,多向科技领域的资深人士请教,就能够从中发现自身不足,尽早弥补缺漏,从而更好地发展自我,拓展科研之路。

（四）科研管理人员学习本书的意义

科研管理是一项重要而复杂的工作，其中项目管理是科研管理的核心工作，即把科研、技术开发、科技成果转化与产业化等项目作为一个整体来统筹管理，主要包括项目申报与评审、过程检查与验收、成果鉴定与推介、科研档案管理、科研工作者管理及统计报表分析等。科研管理的主要职能是为科研工作助力，为科研工作者服务。在科技领域，科研工作者活跃在创新的前台，而科研管理人员则是幕后的支持者。因此，科研管理人员所做的贡献很少外现，但可以从科研工作者的成功中得到一定的体现。

现代科研项目管理是经过长期实践提炼出的一项专门学科，特别是进入20世纪90年代以来，发达国家的科研管理已发展成较为独立的学科体系，并成为现代管理学的一个分支。科研管理与科研工作者的关系，犹如棋盘与棋子的关系。下好一盘棋，一是需要树立全局观点，从整体上谋划布局；二是要采用灵活的战术，通过腾挪获得实利。当前，我国科研院所的科研管理已全面进入以项目管理为核心的新阶段。面对科技发展新机遇与新挑战，科研管理人员需要了解科研规程，学习典型科研方法和思维方式，了解科技创新过程，全面理解科研工作者，正确认识个人在科研管理中的地位和作用，想科研工作者之所想，急科研工作者之所急，帮助他们排忧解难；根据科研管理新形势和新需求，探索科研管理新体制、新机制和新模式，保持良好的心态，强化服务意识，履行服务职能，提高科研管理水平，更好地为科技工作和科研工作者服务，助力科技创新，取得更丰硕的科技成果。

第二章

科研过程与程序

> 万物有序，万事皆有规，把握规程很要紧。
>
> ——笔者题记

■ 第一节 科研基本过程概论

科研是一种探索性的艰苦劳动，也是一段复杂的实践过程和认识过程。科研最大的特点在于创新，科研过程绝不拘泥于固定不变的步骤。一般情况下，科研过程往往在大的方面包括几个相互衔接的环节，并由此构成科研的基本步骤。

一、科研过程概述

任何类型的科研工作都必须经过一个规范的科研过程，其间需历经发现问题、梳理问题、确定选题、定义概念、确定变量、构建理论、测量指标、收集数据、分析讨论、获得结论等科研过程。科研过程由上述一些相对固定的环节组成，这些环节一般也称为科研步骤。所谓科研步骤，是指在科研中所采用的最基本、最有成效的环节。研究领域不同，科研步骤亦有所不同。在科研工作中，采用恰当的研究方法，并遵循有效的研究步骤，是事半功倍、获得正确研究结果的必要条件。

一项研究工作只有遵循科学、规范的科研过程，才能称为"真正意义上的科研"。从整个科研过程来看，社会科学研究与自然科学研究的基本过程并无根本差别。科研工作者既要追求科研结果，更要注重科研过程。这是因为任何科研结果均被包含在科研过程之中，并且在报告科研结果的同时亦需报告整个科研过程。

二、科研一般步骤

由上述科研过程阐述可知，科研过程具有基本的环节和步骤。实际上，科研工作既没有绝对的起点，也没有绝对的终点。具体的科研工作可以从科研基本过程当中的任何一点（环节或步骤）开始，亦可在任何一点结束。科研基本过程只是说明了科研中一般的、共同的步骤，即科研工作必经的几个步骤或阶段。

然而，科研中的各项具体研究并不一定与基本过程相一致，也并非一定要经历一个完整的研究过程。例如，有些研究课题仅仅停留在理论探索阶段，这些研究主要致力于探讨和澄清一些理论方面的概念；有些研究从观察入手，直接进行实验或实地调查，抑或不直接进行实验或实地调查，而是利用他人提供的实验数据、统计信息及文献资料进行分析和概括；等等。这类研究并非不科学，而恰恰反映出在各种具体的科研过程中，因课题的研究任务和研究方式不同，其具体科研步骤亦应有所差异。

科研工作一般包括以下几个步骤或阶段。

（1）提出问题和假设。该阶段首先需要确定研究课题及研究所依据的理论；其次，通过对理论的演绎，提出研究假设或研究设想。

（2）制订研究方案。该阶段将研究课题具体化，并确定研究方法和研究计划。

（3）研究方案实施。该阶段采用各种方法或手段（如观察、实验等）收集事实，获得相关数据和资料。

（4）整理和分析资料。该阶段对科学事实（数据和资料）进行归纳、概括，并对研究假设进行检验或验证。

（5）得出研究结论。该阶段是科研的最后阶段，即通过分析、抽象和综合得出理性认识，即科学结论。

三、科研基本程序

科研是一项集体事业，需要团队成员协作攻关，要在许多人的努力和多项研究的推动下才能发展、前进，而每一项具体的科研过程都是科学事业的一个有机组成部分。科研的基本程序一般可以作为具体科研的"指南"或"模板"，它可以使科研工作者了解自己的研究在整个科研过程中的位置和作用，并从中把握科研的基本环节和具体步骤。图2.1是笔者提出的基于问题的科研基本程序。

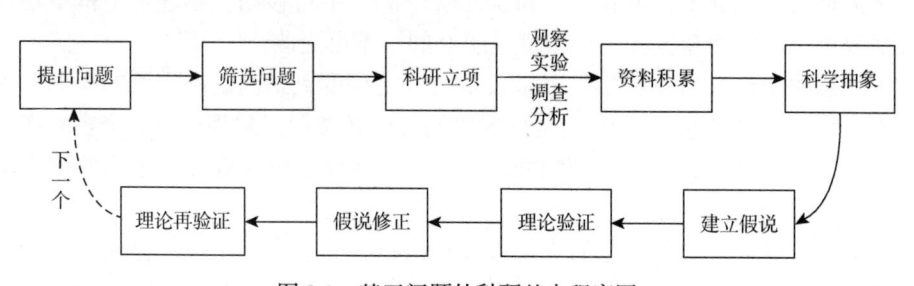

图2.1 基于问题的科研基本程序图

由图2.1可见，课题研究从提出问题开始进入科研基本程序，其间历经筛选问题、科研立项、资料积累、科学抽象、建立假说、理论验证、假说修正、理论再验证并最终解决问题的研究过程，如此周而复始、循环往复，最终完成科研任务。而其中各个相互联系的研究环节和阶段，则充分体现了科研任务的逻辑过程。以图2.1科研基本程序为基础，可以设计、建构自然科学、社会科学、技术科学、管理科学、交叉科学等具体学科的科研程序。

科研基本程序表明，提出问题是进入科研基本程序比较恰当的切入点。提出问题是为了解答，但这种解答并非一次就能完成。科研工作中的任何一次解答，特别是理论上的解答，都不可能是绝对的真理，只是暂时性的或尝试性的假说，还需要在客观世界中经过无数次的应用和检验，才能不断得到验证与修正，并逐渐接近客观真理。从这个意义上说，科研工作是一个永无休止的过程。

以上论述提供了一个从整体上把握科研过程脉络的方法。因具体课题的研究过程各有特点，故其中有些阶段可能会发生交叉重叠或跳跃式变化。于是，在科研方法的学习与实践中，要结合科研实际，具体问题具体分析、具体对待；探索适合本学科、本领域的科研方法，并加以有效使用，是科研工作者从事科研工作获得成功的必要条件。

第二节 自然科学研究程序

一、自然科学研究概述

自然科学是研究自然界的物质结构、形态和运动规律的科学。自然科学追求的是永恒的真理，因此它更关注一些典型的现象。自然科学工作者在从事科研工作的过程中，需要利用典型的实例对所提出的理论或假设进行验证。通过典型实例，人们能够了解相关的或更深层次的机理。自然科学的重点，不在于具体现象的认识，而在于了解并阐释典型的现象。

自然科学研究具有如下一些特点。

（1）确定性验证。自然科学工作者在可能的条件下，都希望用实验（或试验）的方法来证明所提出的假设或推出的结论。虽然在某些情况下这是难以直接实现的，但是至少有希望用实验（或试验）的方法来隔离外来因素对假设或结论证明的影响。

（2）概念同一性。对于自然科学而言，概念的定义基本上是一致的或不变的。例如，化学元素周期表中的元素，其位置和特征是唯一的，不可移动；物理学中基本物理量的符号表征及单位规定在全世界范围内都是统一的，不可更改。

（3）因果决定论。自然科学的因果关系在一定程度上是满足决定论的，即若给定环境条件（如物理、化学等条件），则自然现象的发生必遵循因果规律。一个实验在一处得到某一结果，在另外一处也会得到同样的结果，只要保证该实验在两个实验地点均满足相同的实验条件即可。

（4）可量化研究。自然科学研究可以量化进行，如以克、千克、盎司等衡量重量，以立方米、加仑、公升等衡量体积。因此，自然科学研究的评估比较客观一致。

（5）注重连续性。自然科学研究遵循较为严格的科研步骤或程序，研究工作一环紧扣一环，前一个结果或结论可能是接续现象的产生原因。因此，自然科学研究注重这种连续性。对于已经制订了很周密的研究方案而言，一般很少有"跳跃性"的研究情况发生。

二、自然科学研究一般程序

自然科学研究一般程序包括确立科研课题、获取科技事实、提出假说设计、理论技术检验与建立创新体系五个主要环节，如图2.2所示。

```
确立科研课题 → 获取科技事实 → 提出假说设计
    ↑                              ↓
  下一个 ⋯                              
    ↑                              ↓
 建立创新体系 ← 理论技术检验
```

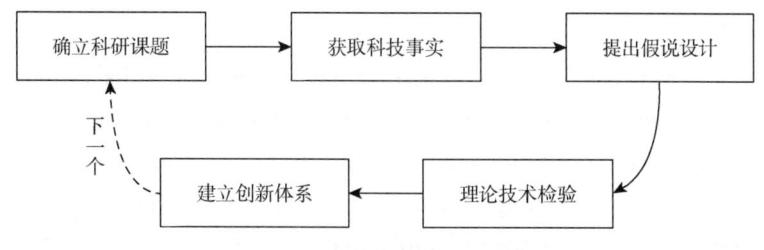

图 2.2　自然科学研究一般程序图

（1）确立科研课题。该阶段是整个科研中具有战略意义的阶段，科研课题的选择与可行性论证结果是否可靠，直接关系到科研的成败。科研工作者必须以实事求是的认真态度去发现问题，并从中归纳、提炼出具有科研价值的课题。

（2）获取科技事实。获取科技事实是课题研究的基础，该阶段的主要工作是按照课题的需求，对科学事实或技术资料进行收集和整理。对所收集的资料，要分门别类地登记、存档。对于那些待验证的资料，一方面要运用理性思维对其进行分析和研究，去粗取精；另一方面，若条件许可，应设计相关的实验对其进行检验，以确定所获资料的可信程度。

（3）提出假说设计。在获得关于研究对象大量、重要的感性材料和实验事实之后，首先要运用逻辑思维、形象思维、直觉思维等方法对其进行科学抽象，形成科学假说或提出技术设计；其次，对在研究过程中发现的现象及其变化规律给出假定性的解释和说明，或者对技术进行原理性、革新性设计。这是从经验上升到理论、由感性上升到理性的飞跃阶段，也是技术改进、技术革新的关键阶段。该阶段的工作至关重要，直接决定课题研究是否具有创新性。

（4）理论技术检验。该阶段的主要任务是对已提出的假说进行理论证明、实验验证和技术检验，从中发现问题、修正不足、补充证据、改进技术，使科学假说逐渐发展成为科学理论，使旧有技术逐步提升为具有"高科技含量"的先进技术。

（5）建立创新体系。该阶段是把已确证的假说同原有的理论协调起来，统一纳入一个自洽的理论体系或技术体系之中，使其形成结构严谨、内在逻辑关系严密的新理论体系（科学体系），或者建立起具有技术承接、转换连续的新技术体系。该阶段最能够反映出科研工作的创造程度，以及技术研发的创新效度。

在完成一项科研课题后，最好及时对这一阶段的工作进行总结，以便积累科研经验，如哪些地方做得比较成功，哪些地方做得还不够好；有哪些地方走了弯路，又有哪些地方走了捷径；等等。毕竟，科研工作中的每一次成功或者失败都包含着诸多值得回味、检讨和提高的地方，而对这些经历的总结则与科研经验的增加密切相关。

三、自然科学研究示例

【例 2-1】　选自笔者于 2019 年发表在 *Optics Express* 第 27 卷第 26 期文章中的研究内容。

1. 课题名称

Torsion bidirectional sensor based on tilted-arc long-period fiber grating

2. 课题摘要

Fiber torsion sensor has been researched for many years due to its various structure and sensitive response. In order to distinguish the torsion direction, fiber sensor still faces some difficult problems, including complex fabricating condition, special fiber structure and limited sensitivity. In this paper, a novel long-period fiber grating (LPFG) formed by tilted-arc grids is designed and fabricated in the normal simple-mode fiber, showing small size and high sensitivity. The asymmetrical tilted-arc grid structure can induce considerable chirality into the tilted-arc LPFG to enable it to distinguish torsion direction, which doesn't need any equipment to rotate or twist the fiber in the fabrication process. Theoretical analysis indicates that the structure can respond opposite wavelength shifting to the opposite torsion directions, and the torsion sensitivity is related to both the radius and tilted angle of grid. A series of tilted-arc LPFGs are fabricated with CO_2-laser scanning and tested in torsion experiment, all of whom can distinguish bidirectional torsion. The maximum sensitivity value can reach 0.514 nm/ $(rad \cdot m^{-1})$, which is higher than many normal tilted LPFGs and twisted fiber structures. The novel LPFG has the potential to be applied in directional torsion field due to its direction-distinguishing ability, high sensitivity and simple fabrication.

3. 研究内容

(1) Review of research background about the torsion sensor based on LPFG structure.

(2) Principle of tilted-arc grid model in LPFG.

(3) Simulation of stress and index change distribution based on twisted fiber model.

(4) Theoretical design and experimental construction for LPFG with tilted-arc grids.

(5) Measurement and analysis for bidirectional torsion performance of tilted-arc LPFG.

【例2-2】 选自笔者所在的课题组承担的国家863计划课题"光纤光栅传感网络关键技术研究和工程化应用"(2002AA313110)研究成果。

1. 课题名称

光纤光栅应变传感器研制及工程化应用研究

2. 课题摘要

近年来，在工程测试系统中应变测量仪器的设计和开发一直成为研究的热点问题。采用传统的电阻应变片法易受电磁场、湿度、化学腐蚀等影响，使用寿命也不长。光纤光栅是一种新型的光子器件，适用于研制性能优良的传感元件。设计敏感结构进行其他物理量的转换，可以研制高灵敏度、可靠性强的光纤光栅应变传感器。基于我们前期的研究，该课题以光纤光栅为元件进行应变传感器的理论分析、器件设计、性能测试、结构优化等诸多方面的工程化应用研究。在改进光纤光栅应变传感器性能及使用寿命的基础上，将其应用于示范性工程重要结构的应变监测之中。该项研究对于光纤光栅应变传感器的器件设计及工程化应用具有重要的指导意义。

3. 研究内容

(1) 光纤光栅应变传感的理论研究，包括：①光纤及其光栅光学性质；②光纤光栅应变传感机理；③模型构建及数值模拟。

（2）光纤光栅写制方法及技术实现，包括：①光纤光栅写制方法探索；②光纤光栅写制技术实现；③光纤光栅的敏化与封装。

（3）光纤光栅应变传感器研制，包括：①光纤光栅应变传感器设计；②光纤光栅应变传感器研制。

（4）光纤光栅应变传感器测试，包括：①光纤光栅应变传感器实验测试；②光纤光栅应变传感器工程测试；③光纤光栅应变传感器改进优化。

（5）光纤光栅应变传感器应用，包括：①示范性工程应用之一——桥梁立柱横梁应变监控；②示范性工程应用之二——博物馆主体梁应变监测。

第三节　社会科学研究程序

一、社会科学研究概述

社会科学是研究与阐释各种社会现象及其发展规律的科学，它以了解现实社会、了解"变化的世界"为最终目的。社会科学重视典型实例的代表性价值，但其关注点则在于所有个案促成的总体的状况，社会科学工作者需要通过了解每一个个体来把握总体状况。

社会科学研究具有如下一些特点。

（1）限制性实验。与自然科学研究不同，社会科学研究只能运用一定社会环境下获得的观察数据，而观察数据必然受到外来因素的影响。社会科学工作者也可以做一些实验，但有很大的局限性，且很多情况下无法实现。社会科学研究可以采用统计学方法排除一些外来因素，但不可能排除所有的因素。由于存在诸多干扰因素，增大了观察数据的不确定性，从而社会科学研究中的"实验"受到很大限制。

（2）概念多样性。对社会科学而言，对于同样一种现象，人们使用的概念不尽一致，且因地、因时、因人而异。例如，从前的"运输业"，现在称"物流业"；中国古人云"有教无类"，外国人则称"全纳教育"（inclusive education）。概念和编码系统的多样化，体现了人文的特点，对描述事物的特征也有诸多益处。但对不同的科研工作者而言，一旦对同一事物或现象采用不同的概念定义，就容易引起歧义，乃至影响相关的研究工作。

（3）因果假设论。社会科学的因果关系对条件非常敏感，一切以时间、地点和条件为转移，正所谓"此一时，彼一时"。任何社会事件的因果关系研究都是一种预设，此时此地得到了验证，并不能保证彼时彼地的结果也一定相同。因此，科研工作者面对社会科学研究的因果事件时，只能研判其各种可能性，同时做好该类事件发生的预案设计，以尽量避免其负面影响。

（4）定性式研究。社会科学的评估并无统一的或可相互换算的度量衡，其评估标准也因地、因人而异。因此，社会科学的评估大多依靠主观判断。若同时辅以统计学测量，则有望获得较为客观一致的评价结论。

（5）注重相关性。社会科学研究的因果关系不具有直接性。由于多重因素的影响，社会事件的变化和发展具有某种程度的跳跃性。因此，通过长期、大量的观察及大样本数据的统计和实证分析，有望获得相对稳定的结论。

二、社会科学研究一般程序

社会科学研究不同于自然科学研究，其主要原因在于二者所处发展阶段、研究对象及解释能力等要素均有所不同。社会科学研究（包括文学、历史、哲学、心理、艺术等研究）一般程序包括提出研究课题、收集整理资料、资料分析判断、提出研究论点、结论检验推出这五个主要环节，如图2.3所示。

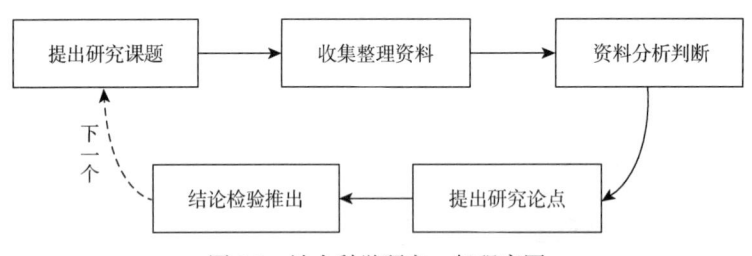

图2.3　社会科学研究一般程序图

以社会调查为例，它一般包括以下五个步骤：确立调查课题、设计研究方案、资料收集整理、资料分析判断、撰写研究报告。其中，前两个步骤是调查前的准备工作。于是，社会调查研究的一般程序可以划分为四个阶段，即调查准备阶段、调查实施阶段、分析研究阶段和总结应用阶段。

1. 调查准备阶段

调查准备阶段对于一项调查研究具有重要的意义，准备工作做得比较充分，就能抓住现象中的关键问题，明确调查的中心和重点，避免盲目性，使调查的实施工作顺利地开展，进而使调查研究具有更大的理论价值和应用价值。该阶段的主要任务包括以下几点。

（1）通过对现实问题的分析和探讨，筛选并确定研究课题，明确调查任务。
（2）经过文献查询和初步探索，明确课题研究的目的、意义和具体要求。
（3）通过讨论确定课题的指导思想和理论基础，澄清研究的基本概念。
（4）提出研究设想，按照调查研究的目的要求，明确调查内容和范围。
（5）比较各种调查方法的优缺点，确定调查研究的类型和方式、方法。
（6）将调查内容具体化和可操作化，确定分析单位和调查指标。
（7）制订抽样方案，明确调查地区、单位、对象，选择抽样方法。
（8）制订调查方案，编写调查大纲，绘制调查表格，培训调查人员。

2. 调查实施阶段

调查实施阶段是整个调查研究过程中最重要的阶段，其主要任务是利用各种调查方法收集相关资料。调查实施就是直接深入社会生活，按照调查设计的内容和要求，客观、准确、系统地获取第一手资料，资料的客观性、准确性是课题研究成功的基本保证。具体调查时，应注意如下几个问题。

（1）要获得被调查的地区、单位及个人的支持与协助。
（2）要熟悉被调查者，了解他们的工作和生活环境。
（3）要采取适当、有效的调查方式，保证调查质量。

（4）调查人员在进入实地时，应根据具体情况调整和补充调查的方式、方法及具体的调查项目，保证调查的真实性和有效性。

（5）调查人员应当认真、准确、详细地做好观察和访问的所有记录。

社会调查的主要方式有统计调查和实地研究两种；调查的具体方法有问卷法、量表法、个别访谈法、座谈会、现场观察、测验法、文献法等。

3. 分析研究阶段

分析研究阶段是从感性认识飞跃到理性认识的阶段，它不仅能为解答实际问题提供理论认识和客观依据，找出问题的症结所在，而且还能为社会科学理论的发展做出贡献。该阶段的主要任务包括如下几方面。

（1）在拥有全面调查资料的基础上，通过对资料进行系统的整理、分类、统计和分析，达到去粗取精、去伪存真的目的。

（2）通过对资料的检查、核对、归类，让大量的原始资料实现简洁化、系统化和条理化，使之适宜进一步分析。

（3）在分析资料时，要采取由此及彼、由表及里、层层深入、具体分析的方式，然后从事物的相互联系中进行综合、抽象和理论分析，从整体上把握现象的本质特征和必然联系，从而推测出事物发展的趋势和一般规律。

（4）针对研究假设的检验结果展开讨论并进行理论分析，在补充、修正的基础上深化原有假说，从中得出新的理性认识。

4. 总结应用阶段

总结应用阶段实际上是返回研究的出发点，即对社会领域中某一理论问题或应用问题进行解答，以便深化对社会的认识或制定解决问题的方针、政策和措施。该阶段的主要任务如下。

（1）撰写调查研究报告，阐述调查结果或研究结论。在撰写报告时，要对研究过程、研究方法、政策建议等要素进行系统的叙述和说明。对于在研究过程中发现的重要问题及进一步研究的设想，应该给予特别的说明。

（2）将调查研究报告中的研究成果应用到实践领域或理论领域。应用的方式主要有公开出版、学术讨论和交流、政策论证、内部简报或汇编等。将调查研究报告上报后不应束之高阁，而应该让主要研究成果服务于社会，为民造福。

（3）认真总结调查和研究工作中的优缺点，为今后的社会调查研究提供正反两方面的经验和案例借鉴。

（4）对调查研究的研究成果进行评估。要从科学性和应用价值两方面进行系统分析，检查该项调查研究在方法、程序、事实、数据、统计分析、逻辑推理、研究结论等方面是否有错误，对研究成果的理论价值和应用价值进行客观评价。

由上述分析可知，社会调查研究的四个阶段是一个相互关联的、完整的循环过程。

三、社会科学研究示例

【例 2-3】 选自笔者将物理学原理应用于经济学规律探索，从事学科交叉融合研究的一项成果。

1. 课题名称

市场场的基本规律初探

2. 课题摘要

市场是商品交换的重要场所，它集中体现了商品的供求关系，对商品经济的发展起着重大的作用。因此，人们不仅要在实践中不断积累市场经验，而且需要在理论上深入研究市场的运行机制，探索市场运作的基本规律，力求在宏观和微观两个方面准确地把握市场的变化状态，从而对商品的生产、流通、交换和消费进行有效调控。笔者根据商品的价值规律和流通规律，运用系统动力学和场论的方法对市场场的基本规律进行探索，提出市场场的七个基本规律并给出相应的数学表征形式，初步建立起市场场的基本理论。

3. 研究内容

市场场理论是一门运用现代系统思想，采用将系统动力学方法、场论方法和信息工程与计算机技术相结合的方法研究市场的产生、发展及运动规律的综合性的新理论。该课题主要研究内容如下。

（1）市场场函数的定义及其数学表征形式。

（2）市场场的基本规律及其数学表征形式，包括：①价格波动律；②商品流通律；③市场吸引律；④商品调运律；⑤市场惯性律；⑥市场弹性律；⑦价值量守恒律。

（3）市场场的规律应用及实证分析，包括：①市场要素三维时空分布一般规律；②市场要素二维时空一般分布图；③某特定时期市场物价指数分布图；④某特定时期市场某商品价格指数变动图；⑤某特定时期部分省（区、市）的商品价格、房市分布图。

【例2-4】 选自美国著名社会学家霍华德·贝克尔（Howard Becker，1899~1960年）的一项研究内容。

1. 课题名称

吸食大麻者的研究

2. 课题摘要

吸食大麻是一个现实的社会问题，它是一种具有复杂背景的社会越轨现象，已呈现出人数增加的趋势，并已成为艾滋病和其他犯罪的重要诱因之一。该课题在"越轨行为的产生是一系列社会经历连续作用的结果"假设前提下，通过对吸食大麻者的观察和访问，试图建立一种"如何成为大麻吸食者"的过程理论，揭示成为吸食大麻者的主要历程。该项研究对于人们认识社会越轨行为产生过程具有普遍的理论指导意义。

3. 研究内容

该课题主要研究内容包括以下几方面。

（1）研究假设。心理学者常以个人心理特征来解释越轨行为。课题的假设是：越轨行为的产生是一系列社会经历连续作用的结果，即人在这些社会经历中逐渐形成了一定的观念、认知和情景判断，它们导致了一定的行为动机或行为倾向。

（2）研究方法。实地研究，通过无结构访问和长期观察来收集资料，运用"列举归纳"和理解法来整理和分析资料，包括分析单位、抽样方案、访问提纲、调查时间和场所等。

（3）研究设计。描述性研究、纵贯研究（追踪研究）、个案调查。

（4）典型经历。吸食方法、初步体验、享受效果三个典型阶段，即接触—体验—享受。

（5）理论构建。抽象出接触、体验、享受概念，能够用之描述诸多社会越轨行为的产生过程，并可建立一种"社会习得"理论来反驳心理学的"个性"理论或"先天倾向"理论对社会越轨行为的解释。

第四节　技术科学研究程序

一、技术科学研究概述

技术科学是研究技术理论性质的科学，它以基础学科为指导，以技术客体为认识目标，研究和考察各个技术门类的特殊规律，建立技术理论并应用于工程技术客体。技术科学的意义在于将科学转化为技术，又将技术知识提升到理论成为科学。因此，技术科学也是研究指导生产的基本理论学科。对于基础理论而言，科学家的任务是探索基本层次上的原理并提供理论依据；对于工程技术而言，工程师的任务是开发实用技术，实现实物的制造和生产；对于技术科学而言，科学家的任务则是在二者之间架起桥梁，实现无缝对接，达到平滑过渡。因此，要实现科学与技术的良性转化并在实际中得到有效应用，三者缺一不可。

笔者对技术科学特点进行了探索和归纳，以下是一些初步研究结论。

（1）操作规范性。操作规范性是指在技术科学领域，工程师及工程技术人员应依照所提供的操作规则或行动规范去执行，这种规范性是一种行动准则，是保证工程能够有序、规范实施的前提。

（2）模型计算化。模型计算化是指现代技术科学已经由经验科学向模型和计算化科学方向发展。科学技术发展史表明，科学与技术是相互依赖、相互促进的关系，在有模型理论和精密计算分析作为支撑的条件下，技术实现的可能性会更大。

（3）桥梁纽带性。技术科学不仅是自然科学与工程技术之间的桥梁，也是基础理论与应用技术之间的纽带。从事技术科学的科研工作者不仅需要参考自然科学的思维方式，也要借鉴工程技术的实现方法或解决途径。

（4）研究独立性。技术科学发展至今，已逐步形成了较为独立的一些研究方法，它所研究的问题超出了基础研究的已有成果，而且具有多因素、复杂性等特点，需要采用相对独立的技术方法进行研究。

（5）跨多学科性。现代技术科学不仅是一门单独的学科，而且是横跨诸多学科的综合性学科。现代化大型项目及重大工程，仅靠自然科学工作者是完不成的，只有将包括数学在内的自然科学系统地应用于技术领域，才有可能实现。

二、技术科学研究一般程序

技术科学研究程序是以社会需求为牵引，以实验（或试验）探索、技术开发为依托，以设计及研制样机或样品为目标的研究程序。图2.4是笔者在汲取有关科研基本程序的基础上，根据自身的科研经验构建的技术科学研究一般程序图。

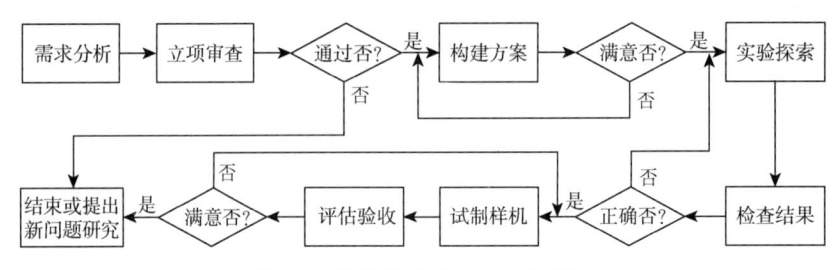

图 2.4　技术科学研究一般程序图

该流程图含义如下。

（1）需求分析。科研工作开展的前提是根据实际需求进行可行性调研，这种需求有军用与民用之分，后者主要由市场需求决定。科研工作者根据调查获得的第一手信息，经过去粗取精、归纳整理之后提炼出适宜的科学问题进行课题申报。

（2）立项审查。科研工作者需将科研立项报告上报科研主管部门，其间要经过资格审查、专家组评审、课题组答辩等必要程序。若答辩顺利通过，则经主管部门批准，该课题准予立项。

（3）构建方案。课题立项后，接下来要进行研究方案的构建和具体设计。设计的方案要以一定的形式（如原型化模型）征求有关用户（或未来用户）的意见，获得反馈意见后经若干次修改方可定稿。

（4）实验探索。对于自然科学领域的研究课题，一般需要做许多实验。在实验探索阶段，需精心设计有关操作步骤，尽量考虑到各种因素对实验结果的影响。关键性问题是，一方面寻找对输入参量敏感的变量并能转化为可实际检测的参数；另一方面，剥离有关复合因素，强化有用因素，弱化无关因素，由实验得出的结果需经理论、技术及用户等各方面的检验，因此该过程可能需要多次反复进行才能完成。

（5）检查结果。对于实验获得的结果，需要将其与设计的指标进行对比检查。若达到了设计指标要求，则可进入试制样机阶段。否则，必须返回上一阶段，对实验过程进行全面检查。检查的内容主要有：实验方案是否存在缺陷？实验条件是否达到测量要求？实验过程是否有序、完整？实验测量数据是否具有重复性和稳定性？如存在上述问题，则需对原来的实验方案进行修改，经项目组成员集体讨论、补充并论证后，方可重新进行相关的实验。

（6）试制样机。若实验取得了预期成果，即可进行样机试制。该阶段需适当调整有关参数，使样机满足既定的各项技术指标。制作的样机需报请有关主管部门、技术监督部门及用户进行联合评估。如未达到要求，则需重复上一步骤直至达到要求为止。

（7）评估验收。样机试制成功后，需提交有关主管部门会同专家组进行评估验收。通过验收后，即可以小批量试生产。根据市场销售情况及用户反馈意见，改进有关设计及制造工艺，使产品的质量与效益进一步完善和提高。至此，该项目结题，可以进入下一周期的课题立项与研发工作。

三、技术科学研究示例

【例 2-5】　该案例选自笔者指导的南开大学本科生参加天津市大学生"挑战杯"的研究内容。

1. 课题名称

NK-Ⅰ型光纤光栅带宽自动调谐仪

2. 课题摘要

设计、研制的 NK-Ⅰ型光纤光栅带宽自动调谐仪，其工作原理是当光纤光栅粘贴于非均匀衬底材料中时，其反射谱带宽变化复杂。课题分析了光纤光栅反射带宽在线性应变场中线性展宽的原理，并利用自行提出的开口环结构及相关机械装置、驱动电路和控制软件，研制出光纤光栅带宽自动调谐器件。该调谐器件具有精度高、可自控、重复性好、操作简便等优点，可应用于光纤通信及光纤传感领域。

3. 研究内容

（1）光纤光栅带宽调谐基本原理，包括：①光纤布拉格光栅（fiber bragg grating, FBG）光学性质；②光纤布拉格光栅应变传感机理研究与调谐关系式推导；③光纤布拉格光栅带宽调谐模型构建及数值模拟。

（2）带宽自动调谐器件的研制，包括：①带宽调谐结构——开口环结构设计；②光纤布拉格光栅与调谐结构的粘贴与封装；③带宽自动调谐器件调谐性能测试。

（3）光纤光栅带宽自动调谐仪，包括：①仪器框图设计与原理分析；②调谐仪硬件设计与制作；③自动控制系统软件设计与编制；④系统初始化、联调测试及优化。

（4）光纤光栅带宽自动调谐仪定型与应用，包括：①定型标识为 NK-Ⅰ，意指南开第 1 代；②仪器用于光信号解调实测；③根据实际需求编制仪器使用说明书。

第三章

问题分析与选题

提出一个问题往往比解决一个问题更重要。

——〔美〕爱因斯坦

■ 第一节 问题的层次分析

一、问题概述

在认识活动中,人们经常会遇到一些疑惑,因而在意识中产生一种怀疑、困惑、焦虑、探索的心理状态,这种心理驱使个体的思维活动更加积极。当这种疑惑不能被解释时,便产生了所谓的问题。

1. 问题概念

现代思维科学研究认为,问题是思维的起点,任何思维过程总是指向某个具体问题。所谓问题,就是人们对在疑惑中产生且尚待解决的疑点。

以下是对"问题"这一概念的几种有代表性的认识观点。

(1)孔子观点。思想大师、教育家孔子认为,"疑是思之始,学之端",他要求自己和学生"每事问"。这是对问题概念的精辟阐释。

(2)朱熹观点。理学大师朱熹(1130~1200年)认为,"读书无疑者须教有疑,有疑,却要无疑,到这里方是长进"。这是从学习的角度对问题的辩证阐释。

(3)陆九渊观点。宋代著名学者陆九渊(1139~1193年)认为,"为学患无疑,疑则有进,小疑则小进,大疑则大进"。这是从思维的角度对问题的深刻阐述。

(4)苏格拉底观点。西方哲学的奠基者苏格拉底(Σωκράτης,英译 Socrates,公元前469~前399年)认为,"问题是接生婆,它帮助新思想诞生"。这是对问题概念的形象比喻,也精辟地揭示了问题的创造性作用。

(5)爱因斯坦观点。伟大的物理学家爱因斯坦认为,发现问题和系统阐述问题可能要比得到解答更为重要。解答可能仅仅是数学或实验技能问题,而提出新问题,从新的角度去考虑科研问题的可能性,则要求创造性的想象,而且标志着科学的真正进步。这是从科学发展的角度对问题概念进行的科学而深刻的阐释。

（6）波普尔观点。近代英国科学哲学家卡尔·波普尔（Karl Popper，1902~1994年）认为，科学知识的增长永远始于问题，终于问题；而越深化的问题则越能触发新的科研问题。

2. 问题描述

一般而言，问题描述就是对问题进行解释。将问题以自然语言、符号图标、伪代码、数学语言、计算机程序等方式加以描述的过程，称为问题表述。而将产生的疑惑集中为疑点，并将疑点归纳为问题，进而对问题进行准确描述，称为问题表征。经验表明，科研工作者的知识结构（特别是专业知识）、思维方式（特别是创造性思维方式）、科研方法（特别是专业领域的科研方法）、探索经历（以往有关问题解决的成功经验和教训）、表达技能（对问题的理解、表达工具的使用）等，这些都会对问题（特别是学科领域中的科学问题）表征产生不同程度的影响。

一般而言，描述问题有两个层次：一是表述清楚，这是基本层次（经过专业训练一般可以达到）；二是表征到位，这是高级层次（需经严格且完整的科研培训才有可能达到）。问题表征具有如下一些特点。

（1）受条件约束。进行问题表征时会受到其表面特征及其内容的影响或约束，因此对问题的错误表征时有发生。若仅以某些表面特征为线索，而将具有相同表面特征但本质结构不同的几个问题混淆，就容易对问题形成错误的表征。

（2）表象式阐述。当问题表述较为抽象时，科研工作者需要把抽象的表述转换成具体化的表象，使问题的成分及其关系被直观地表现出来。对于某些被抽象化的问题，可以借助较为形象的空间或直观图示来增进理解。

（3）分解式表述。当复杂问题的表述涉及较多的问题成分，并且其中的关系超出短时记忆容量时，就必须对问题进行分解表述，将问题表征简化，使其形成较为清晰的问题结构层次，以突出问题结构的主要方面和特征。

（4）互动式理解。对问题的理解，一方面取决于科研工作者对问题的表述；另一方面也与问题接触者（或解决者）对该问题的认知程度有关，即取决于问题接触者（或解决者）的知识水平和理解能力。因此，对具体的问题理解，采取彼此互动的方式有助于理解问题的本质。

（5）非独立阶段。问题表征只是问题解决过程中的一个阶段，是一个对有关信息不断地提取、编码、转换和修正的过程。该过程中渗透着对问题的界定策略、信息组织构建及对信息的有效提取等多项工作，因此它也是问题解决全过程的前期准备阶段。

需要指出的是，在科学史上，重大科学问题的提出者并不一定是该问题的解决者。有很多提出科学问题的科学家，限于当时的科学与技术水平而没有能力去解决所提出的科学问题，如"哥德巴赫猜想"、统一场论问题等。

3. 问题意识

在科学探索和技术发明过程中，科研工作者需要经常思考"是什么""为什么""怎么办"等问题，为回答这些问题，就会启动思考、从事创造，这就是问题意识。科研工作中的问题意识具有重要意义，主要表现在以下几个方面。

（1）引导探索。在处理问题的过程中，不仅应当关心问题解决的结果，还需要注重获得知识或创新知识的过程。在积极思考、深入探索的过程中，知识通过组织和整合，由零散杂乱变得系统有序，问题也就从未知走向已知，达到解决的目的。

（2）促进创新。问题意识不仅体现了个体思维的活跃性和深刻性，也反映了思维的独立性和创造性。强烈的问题意识，能够成为创新的动力，促使人们去发现问题、分析问题和解决问题，直至产生新的发现——创新。

（3）培养能力。提出问题的顺序应该是先大后小、先难后易、先一般后特殊，使得科研工作者能够获得较为充分的思考和讨论空间，亦即为科研工作者留有思考余地。培养问题意识能够有效地激励科研工作者对问题的探索兴趣，引导和帮助科研工作者主动发现问题、分析问题和解决问题，在探索和研究过程中培养其科研能力。

（4）发展个性。富有问题意识的人，对新事物、新现象具有强烈的好奇心和探索欲望，在对问题的认识、表征、分析及求解的过程中，其思维、认识、方法、能力、品格等方面都会经历多角度的训练，这一过程非常有利于其个性的发展和成长。

问题意识是一种创造的动力，然而，问题意识不是天生的，它有待于后天的培养和激发。其中，对好奇心和质疑精神的培养与激发，是实现创新的重要举措。许多人看似聪慧，却并未见其有重大的发明创造公之于世；有些人看似不很聪明，在科技创新方面却做出了惊人之举。究其原因，科技创新成果的产生，不仅需要科研工作者拥有深厚扎实的知识、较强的能力、刻苦钻研的精神、脚踏实地的科研行动，特别的是问题意识也是不可或缺的，奇迹往往眷顾那些对未知充满好奇心与质疑精神的科研工作者。

二、关于科学问题

科学问题不同于一般问题，它不仅与科学发展有关，还与探索方式有关。一部科学发展史，就是一部对科学奥秘进行探索、对科学问题寻求解答的历史。

1. 基本概念

对科学问题的认识观点有很多，以下是几种富有代表性的观点。

（1）矛盾观点。这种观点将科学问题定义为科研领域中的矛盾，这在一定程度上揭示出科学问题的本质，但描述尚显笼统。中华人民共和国的主要缔造者毛泽东（1893~1976年）曾说过："问题就是事物的矛盾。哪里有没有解决的矛盾，哪里就有问题。"（毛泽东，1991）这种观点从唯物辩证法的角度阐明了问题的实质。

（2）差距观点。这种观点将科学问题规定为"当前状态与目标期望状态之间的差距"，或者"解释的目标与当前能力的差距"等，基本上揭示出科学问题的实质，强调科学问题内容上的客观性，但忽视了科学问题形式上的主观性。

（3）愿望观点。这种观点将科学问题视为主观智能方面的一种愿望，强调人在认识及表征科学问题时的主观能动性，揭示了科学问题是人对客观世界产生疑问的一种主观能动反映。但这一定义过于宽泛及模糊，忽视了科学问题内容的客观性。

（4）任务观点。这种观点将科学问题定义为科学研究的任务，强调发现科学问题并解决科学问题是科研工作者的基本职责，科学问题与科研工作者是相互联系、不可分割的共同体等。但这种观点只是一种表象式的阐释，而且过于忽视科学问题的内在矛盾性。

（5）综合观点。这种观点试图将科学问题的各种相关的本质属性综合起来，即将科学问题形式上的主观性、内容上的客观性和科研工作者的目的性等特点进行调和，试图给出一个系统且合理的定义。这种愿望是好的，有其合理性，也是科学问题定义的一个发展方向。但由于实际操作上的问题，目前还未有一个令学界普遍接受的统一定义或阐释。事实上，综合观点给出的定义往往较为庞大，而且其具体定义又大多属于解释性的内容，因此很可能有悖于"经济思维原则"。

2. 评判标准

科学问题存在于科学和科研领域中的疑难、反常或矛盾之中，它包含着一定的求解目标和应答域，但尚无确定的答案。笔者对此的观点是：对科学问题的定义及阐释，需要给出预设条件，并以之为评判尺度去"衡量"待解决的问题是否符合或达到"科学问题"的要求。以下几项条件可以作为这种评判尺度的参考：①该问题的求解过程及答案目前尚无人知道，或至少未见公开的报道；②获取答案必须通过一系列公认的、有理论依据的推理或可重复的实验（试验）；③问题的表征及求解过程不违背社会公认的道德和伦理要求。

那么，什么样的科学问题是"有研究价值的科学问题"呢？从培养科技人才、促进科研深化的角度，可从以下几个方面加以考查：一是要能够增强科研工作者对相关研究领域及学科核心概念的理解能力；二是要能够帮助科研工作者理解科学家或资深人士从事科研的过程；三是要能够提升科研工作者设计并实施科学实验（试验）或调查的能力；四是要有助于使科研工作者养成科学思维习惯并掌握该领域的科研方法。

3. 基本结构

笔者认为，科学问题的基本结构体系主要由已知域、表征域、未知域和应答域这四大要素构成，其相互关系及动态变化如图3.1所示。

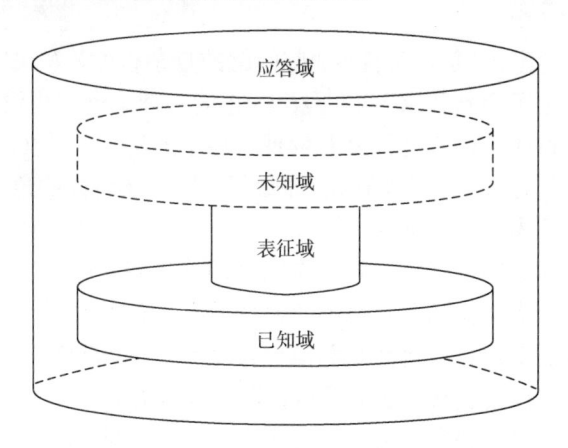

图 3.1　科学问题基本结构体系示意图

（1）已知域。已知域是指已建立起的知识体系及背景知识。任何科学问题总是与构成这个问题的已知背景知识密切关联，若是缺少对构成科学问题的已知背景知识的正确认识，科研工作者就不可能发现并提出科学问题。从这个意义上讲，已知域是科学问题基本结构体系的前提要素。

（2）表征域。表征域是指在已知与未知之间建立的完整、逻辑化的表征形式，它是科学问题产生的形式条件。要想提出一个完整的科学问题，必须建立起已知和未知之间的完整表征。因此，表征域是科学问题基本结构体系的形式要素。只有具备这一形式要素，科学问题才能成为现实，否则便只能潜在地存在着。

（3）未知域。未知域是指科研工作者尚未认识的自然、社会及思维领域中的现象、规律和本质等。科学问题总是与未知相连。科学问题中的未知是建立在已知基础上的未知，是由科研工作者在特定的背景知识下发现并提出的，它与一般意义上的未知（如无知、愚昧等）具有本质的区别。因此，未知是科学问题基本结构体系的核心要素。

（4）应答域。应答域是指科学问题解答的范围界限。一般而言，应答域既可以是严格限定的具体域限，也可以是外边界无限延展的全域，这需视科学问题的性质及复杂程度而定。具体科学问题的解只能是其应答域中的一个子集。在科研过程中，一个有真正意义的科学问题总是有限定的且较具体的应答域。因此，应答域是科学问题基本结构体系的内在要素。

4. 产生途径

科学问题产生于对科学背景知识的分析，因此，科学问题的提出本身就是一种"发现"。这种"发现"在科学的发展中具有重大的意义。科学问题产生的途径通常有以下几种：一是寻求经验与事实之间的联系并做出统一的解释；二是已有的理论与经验事实产生了不可调和的矛盾；三是多种假设之间产生较大差别或者形成严重对立；四是理论体系内部的逻辑关系出现了缺陷或者困难；五是不同学科理论之间产生了矛盾并无法加以解释；六是追求理论的普适性、逻辑及形式的简单性需求；七是假说与新发现的事实出现了矛盾而需要改进和完善；八是根据国家及民生需要提出的科学与技术性问题。

三、问题层次理论

党的二十大报告指出，"今天我们所面临问题的复杂程度、解决问题的艰巨程度明显加大，给理论创新提出了全新要求""实践没有止境，理论创新也没有止境"[①]。科研工作的探索性，决定了科研工作者必须具有发现"科学问题"的能力。科研工作者首先需要明确对科研"问题"的认识。关于科研"问题"，笔者从研究的角度提出"问题三层次分析法"这一理论，具体内容如下。

（1）发现问题。这是问题分析的基本层次，即首先要有能力发现问题，发现那些别人解决得不够彻底或者尚未提出且自己感兴趣的问题。这是对科研工作者的基本要求，是问题分析第一层次的能力，只是要求其能够发现或认识到问题的存在。初学者应当主动寻找机会，努力培养自己发现问题的意识，以便尽快提高自己发现问题的能力。

（2）梳理问题。这是问题分析的中间层次，即在发现问题的基础上，将这些问题逻辑化，并从中梳理出可供研究的科研问题。它是问题分析第二层次的能力，对科研工作者的要求较高，需要具备对问题进行完整、逻辑化的表征能力。对于有一定科研经验的科研工作者而言，进一步提高对问题的归纳、梳理能力，加强对科学问题表征能力的训

---

① 引自2022年10月26日《人民日报》第1版的文章：《高举中国特色社会主义伟大旗帜 为全面建设社会主义现代化国家而团结奋斗》。

练，是提高科研工作质量和效率的有效途径。

（3）凝练问题。这是问题分析的高级层次，即将梳理出的可供研究的科研问题进行再一次的深化提炼，从中凝练出具有科研价值并有望解决的"科研选题"。这是问题分析第三层次的能力，对科研工作者的要求相当高，需要科研工作者具备灵活的头脑、敏锐的观察力和悟性。对于科研集体或课题组而言，学术带头人应当具备这种提炼和抽象的能力，这样才能带领课题组成员进行有计划、有组织的大型科研攻关。

第二节　课题来源和类型

一、科研课题概述

科研课题，一般是指以探索发现或应用开发为目标，以解决某种科学技术问题为目的，拥有某部门或团体的科研或开发资金支持，并要在规定的时间内完成研究任务的计划或方案。因管辖机构、经费来源及研究内容的不同，科研课题形式多样，其主要来源包括以下几个方面：科学本身的发展，社会生产实践的需求，国家的政治、经济特别是军事（战争）的需要，社会生活其他方面的需要，等等。

从一定意义上讲，科研工作是一个不断提出问题和解决问题的过程。能否提出有创见的、合适的科研课题，对于科研工作能否顺利开展并获取有价值的成果至关重要。正如著名物理学家爱因斯坦指出的那样："提出一个问题往往比解决一个问题更重要。"

二、科研课题类型

根据课题属性、研究内容及经费来源的不同，科研课题有着不同的分类方式。对此，笔者提出如下一些观点和分类方式。

（1）一般分类。根据课题的属性，科研课题一般可以分为理论性研究课题、实验性研究课题和综合性研究课题三大类。理论性研究课题一般是指偏重机理探索、模型构建、理论研究及分析预测等方面的科研课题；实验性研究课题一般是指以实验（或试验）为主要研究方法并获取科研事实的科研课题；综合性研究课题既博采了理论性研究课题和实验性研究课题的研究方法，又兼顾了二者的研究目的，是一类较优的科研课题。

（2）基本类型。根据研究的内容，科研课题可以分为基础性研究课题、应用性研究课题和发展性研究课题三种基本类型。基础性研究课题主要来源于基础学科在发展过程中被发现的科研选题，该类课题因其所具有的"基础"属性而对应用学科的发展产生潜在的、深远的影响；应用性研究课题主要偏重于科学规律在实际中的应用研究，该类课题的研究目的主要是获取新发明和新技术成果；发展性研究课题是指具有可持续性研究的价值，或者在结题后经进一步凝练，又可以从新的视角进行深入研究的课题。

（3）特殊类型。科研课题的特殊类型是指针对某些特殊需求提出并确立的课题，如专项课题、委托课题、自选课题等。

三、科研课题来源

科研课题的设置一般由国家需要、社会需求、经费来源、项目管理机构等因素决定。

根据我国的国情，目前科研课题的来源主要有指令性课题、指导性课题、委托课题和自选课题。

（一）指令性课题

各级政府主管部门考虑全局或本地区公共事业中迫切需要解决的科研问题，指定有关单位或专家必须在某一时段完成某一针对性很强的科研任务。这类课题具有行政命令性质，故称为指令性课题。该类课题的经费额度较大，实效性强。但要获得指令性课题，必须具有雄厚的研究实力，同时亦具有一定的风险。该类课题的特点是目标大、水平高、要求严、经费多。以下是典型的指令性课题实例。

（1）中华人民共和国成立初期的"两弹一星"研制计划。"两弹一星"研制计划是对中国依靠自己的力量掌握的核技术和空间技术的统称。"两弹一星"最初是指原子弹、导弹和人造卫星。"两弹"中的一弹是原子弹，后来演变为原子弹和氢弹的合称；另一弹是指导弹；"一星"是人造地球卫星。"两弹一星"是20世纪下半叶中华民族创建的辉煌伟业。1964年10月16日，中国第一颗原子弹爆炸成功；1967年6月17日，中国第一颗氢弹空爆试验成功；1970年4月24日，中国第一颗人造卫星发射成功。

（2）改革开放时期经济特区建设。1979年，中国首先在深圳进行探索和实施"经济特区"。经济特区是在国内划定一定范围，在对外经济活动中采取较国内其他地区更加开放和灵活的特殊政策的特定地区。在经济特区内，中国政府允许外国企业或个人及华侨、港澳同胞进行投资，并对国外投资者在企业设备、原材料、元器件进口、产品出口及公司所得税方面实施减免，对外汇结算、利润汇出、土地使用、外商及家属随员居留和出入境手续等方面提供优惠条件。

（3）21世纪以来中国载人航天计划。载人航天是人类驾驶和乘坐载人航天器在太空中从事各种探测、研究、试验、生产和军事应用的往返飞行活动。中国载人航天研究始于20世纪70年代初。1999～2022年，中国先后成功发射了神舟一号至神舟十四号飞船，先后把十多位中国航天员送入太空。其中，杨利伟成为中国飞船载人进入太空第一人，翟志刚成为中国飞船出舱第一人，刘洋成为中国女航天员进入太空第一人。

（二）指导性课题

指导性课题亦称纵向课题，是指各级政府职能部门根据国家科技发展需要设立的科研课题，通过发布项目申报指南引入竞争机制，采取公开招标方式落实项目。在招标中，实行自由申报、同行专家评议、择优资助的原则。指导性课题申请人的职称要求达到副高级以上，若有两名具有高级职称的同行专家推荐，副高级以下职称者也可获得申报资格。指导性课题主要有以下几类。

1. 科技部基金项目

该类课题由科技部设立、提供，每年度颁发项目申报指南。"十三五"科技计划（专项、基金）主要包括以下几种类型。

（1）国家自然科学基金。该基金旨在加强基础研究和科学前沿探索，支持人才和团队建设，增强中国源头创新能力，包括项目和人才两种资助体系。其中，项目体系包括面上项目、重点项目、重大项目、重大研究计划项目、国际（地区）合作研究项目、青年科学基金项目、优秀青年科学基金项目、国家杰出青年科学基金项目、创新研究群体项目、地区科学基金项目、联合基金项目、国家重大科研仪器研制项目、基础科学中心项目、专项项目、数学天元基金项目、外国学者研究基金项目、国际（地区）合作交流项目。

（2）国家科技重大专项。该重大专项是为了实现国家目标，通过核心技术突破和资源集成，在一定时限内完成的重大战略产品、关键共性技术和重大工程，是中国科技发展的重中之重。科技重大专项聚焦国家重大战略产品和重大产业化目标，在设定时限内进行集成式协同攻关，实现关键技术的重大突破，解决国外"卡脖子"问题，强力提升国家竞争力。

（3）国家重点研发计划。该计划是聚焦国家重大战略任务、围绕解决当前国家发展面临的瓶颈和突出问题、以目标为导向的重大项目群，面向事关国计民生需要长期演进的重大社会公益性研究，以及事关产业核心竞争力、整体自主创新能力和国家安全的重大科学问题、重大共性关键技术和产品、重大国际科技合作。该计划下设项目，根据项目不同特点可下设任务（课题）。

（4）技术创新引导计划。该计划主要是充分发挥市场的作用，通过研发（技术交易）补助、天使引导、风险补偿代偿等方式，按照市场规律引导支持企业技术创新活动，促进科技成果转移、转化和资本化、产业化，包括创新型企业培育、科技与金融结合、产学研合作专项和科技富民惠民专项。

（5）基地和人才专项。该专项主要支持科研基地建设和创新人才、优秀团队的科研活动，以促进科技资源开放共享。通过引导和支持科技创新项目的实施，创优专业人才成长环境，引进国内外"高精尖缺"人才，激发人才创新、创造、创业活力，切实解决中国经济转型、社会发展急需解决的热点、难点问题。

2. 教育部基金项目

该类课题包括科技项目和社会科学基金。前者围绕高校科技发展的重大理论与实践问题，开展为科技管理决策与实践提供支撑的战略研究，主要有基础研究、应用研究及产业化前期关键技术研究三大类；后者包括人文社会科学研究一般项目、社会科学研究重大课题攻关项目、人文社会科学研究专项任务项目、高等学校哲学社会科学繁荣计划专项等。

3. 政府管理部门基金项目

该类课题是由国家、省（区、市）及地市科技、教育、卫生行政部门设置的专用研究基金。例如，国务院批准设立的科技型中小企业技术创新基金、工业和信息化部设立的5G（新一代宽带无线移动通信网）国家科技重大专项、卫生部（现更名为卫生健康委员会）设立的卫生公益性行业科研专项、教育部设立的留学归国人员启动基金、天津市科学技术局设立的自然科学基金和攻关项目等均属该类。

4. 单位科研基金项目

随着科学事业的发展，各单位的科研开发和市场意识逐渐增强。某些单位根据自身的财力状况，会适当拨出一些经费用于科技开发。其资助对象一般向年轻人倾斜，重点资助起步性研究课题，为下一步申请省级课题及国家基金奠定基础。例如，南开大学为教师设立的科技创新基金，以及为本科生设立的"百项工程"创新基金即属于该类。

5. 国际协作课题

这是指由政府职能部门与国际的科研机构、基金会等组织就某一科学或技术问题组织进行的跨国家、跨区域的研究课题。该类课题有定期和不定期之分，申请人一般需要依托科研实力较为强大的科研团队，才有获得资助的可能。

（三）委托课题

委托课题属于横向课题，一般针对某一特定的实际问题提出，通常来源于各级主管部门及某些企事业单位的合作项目。该类课题具有面向技术、广泛灵活、周期较短且资助额度大等特点，委托者以获得直接经济效益为研究目的。委托课题主要有以下几类。

（1）解决方案，如有关设备改造、技术攻关、工艺革新及新产品设计等问题的解决方案。

（2）调查评估，如企业委托具有研究资质的部门进行的市场调查、软件开发、产品研制、方案评估等研究课题。

（3）科技创新，如国家、企业委托具有研发实力的科研院所对某项关键技术、新式产品进行专项投入，力争在较短时期内取得科学探索、技术开发、产品研制等方面的创新性研究成果。

（四）自选课题

自选课题是指科研工作者根据个人意愿和目的选定的研究课题，该类课题的经费一般以科研工作者自筹居多。自选课题主要有专业型自选课题、经验型自选课题和喜好型自选课题等。在基层单位，根据岗位特点及单位的需要与可能，自选课题大有潜力。

■ 第三节　选题原则与方式

科研选题，是指选择某一学科领域中尚未认识而又需探索、认识和解决的科学技术问题以备研究的过程。所谓选题方法，是指选择和确定研究对象和研究问题的一种方法。科研选题是科研工作的第一步，具有战略性和全局性的特点。科研选题决定着科研工作的方向，在一定程度上决定着整个科研工作的内容、方法和途径，影响到研究成员的组成和才能的发挥，关系到科研成果产出的快慢。更重要的是，作为研究战略的起点，科研选题的恰当与否在很大程度上决定了该研究课题最终是否能够取得成功。初学者参与科研实践应正确定位，选题要量力而行，注意汲取科研经验，努力提高科研素养。

一、科研选题原则

正确地进行科研选题，需要遵循一定的原则。笔者根据自身多年的科研实践经验，归纳并提炼出八大科研选题原则，分别叙述如下。

1. 创新性原则

科研活动具有探索性质，是指进行前人未曾涉及或未完成的，预期能出新成果的研究工作，包括在科学问题、技术问题中涉及的新原理、新方法、新材料和新工艺等。目前，在国家基金等纵向课题的审批工作中，对所申报课题进行评价的关键指标之一就是课题是否具有创新性。如何理解科研工作中的创新？其具体标志是什么？简言之，科研工作中提出的新概念、新方法，建立的新理论，对引起某些特定自然过程新机制的发现，在研究开发过程中发明的新技术、新工艺等，都属于创新的范畴。而且，这种创新亦有程度的高低之分。而是否有原创性工作，则是衡量科研成果水平高低的决定性因素。

2. 可行性原则

要完成一项具体的科研课题，一般需要三种最基本的条件，即研究基础、实验设备和智慧技能。要从实际出发，实事求是，量力而行。科研工作者应根据课题组的已有基础、物质条件、人员结构及协作关系等各个方面进行综合分析，有把握地确定科研选题。

如何把握科研选题的可行性原则？可以从下述几个方面进行斟酌：选择该课题是否具备足够的理论基础、实验设备？是否具备课题所要求的硬件和软件条件（如试验场地、协作环境、信息来源与有效处理等）？是否具备比较完善的检测技术与分析方法？课题组成员的结构、能力及经验是否能胜任该课题的持续研究？等等。

3. 优势性原则

它是指在科研选题时，要从国内、省、市、地区、单位及个人的长处出发，充分发挥已有优势，扬长避短。应从宏观优势和微观优势两个方面加以考虑，前者指国内、本省（区、市）、本地区、本单位的地理环境、自然资源等条件；后者指课题组科研工作者的结构、素质、知识、技能及创造性等。

如何利用科研选题优势性原则？一般可从以下几个方面去把握：申请人所在的科研团队的研究基础是否具有优势？已取得的科研成果是否具有系列性？研究成果的应用情况如何？科研工作者的结构是否合理？申请的课题是否具有深入、拓展、做大的潜力？

4. 需要性原则

它是指在科研选题时，要从社会发展、人民生活和科学技术等需要出发，优先选择那些关系国计民生且亟待解决的重大自然科学理论和技术研究问题。科研选题要为生产实践服务，这就要求科研工作者走出实验室，到生产一线熟悉生产过程，及时了解与发现生产过程中提出的理论和技术问题，从中筛选出符合科学原理和适合技术工艺开发的研究课题进行联合攻关。

恰当地运用需要性原则，需要考虑的问题有：该课题是否为近期该领域的热点问题？若是热点问题，能否持续到中期、长期阶段？与部门、地区及国家的近期科研目标及中期、长期科技发展计划是否一致？

5. 经济性原则

它是指在科研选题时，必须对课题研究的投入产出比进行经济分析，力求做到以较低的代价获得较高的经济收益或经济效果。经济性原则的另外一项考虑则是，在获得经济效益的同时，还要注意评价该课题的实施对环境的影响。要做出科学的预测，尽量避免片面追求眼前的经济效益而忽视环保这一情况的出现。

坚持科研选题中的经济性原则，就是尽可能地缩短课题研究的周期，尽可能地节约课题的成本投资，即在保证课题研究目标不变的前提下，努力使课题的投入（人力、物力和财力）与研究目标的产出（科研成果）达到恰当的平衡。

6. 实效性原则

它是指在科研选题时，应该考虑并保证该课题的进行会在预计的时段内产生相应的阶段性研究成果，对发展科学特别是推动技术进步具有明显的实际效益。对于横向课题的确定，注重实效性原则的意义尤为重要。科研选题需要考虑实效性原则，但不能绝对化。对于基础性研究课题，其经济效益和社会价值非短期内可估量的，如数学类的课题等。这需要科研工作者和课题管理者相互理解，达成共识。

7. 团队性原则

现代科研工作是一种高强度、快节奏的集体行为，特别是重大课题的立项、申报、组织和运作，很少有人能单独承担，必须由课题组各个成员分别负责该课题的某一方面、彼此协同攻关才能完成。例如，人类基因组计划就是由美国、英国、法国、日本、德国、中国等国家分阶段协作完成的。可以说，在现代科研工作中，不懂得与他人协调合作的人，在学术上是很难有建树的。贯彻团队性原则，需要从多方面入手，如采用系统工程的方法进行课题申报，课题申报成功后进行课题分解，保证各个子课题平行推进，对重大科研问题进行协同攻关，课题管理采用过程控制、阶段性成果评价等方式量化考评等。

8. 发展性原则

它是指在科研选题时，要考虑该课题是否具有发展前途，即课题是否具有推广价值、普遍意义和持续的创造性，可否促进一系列相关问题的解决，以此为基础是否能够衍生出新的研究领域和相关新课题。一项科研课题的完成，只是一个科研周期的结束。

坚持发展性原则，就是要使该课题在完成之后，仍能够开辟出新的研究方向，或者衍生出诸多以之为基础的新课题。

如此，课题组的研究工作才能越做越大，研究工作才能步步深入，待积累成熟，就能取得价值巨大的科学成果。

二、科研选题方式

科研课题不会从天而降，而是来自科研工作者的勤奋实践、刻苦钻研和筛选提炼。根据笔者的科研经验，以下几种选题方式在实践中已被证明是行之有效的。

1. 选题源于招标课题

国家自然科学基金委员会与各级科研管理部门会定期公布项目申报指南，在指南中不仅列出招标范围，还指出鼓励研究的领域。科研工作者可根据已有的工作基础，发挥个人专长及科室与单位优势，凭借丰富的实践经验和已有的设备条件，自由地申请具有竞争力的课题。

例如，"希尔伯特23个问题"可以称作20世纪初数学界国际性的招标课题。1900年8月6日，第二届国际数学家大会在巴黎召开。在这次会议上，年仅38岁的德国数学家戴维·希尔伯特（David Hilbert，1862~1943年）做了题为"数学问题"的报告，展望数学未来，向数学界提出了在21世纪里应当解决的23个数学问题。这些问题是他经过反复考虑后精心挑选的，它们横跨集合论、数学基础、几何基础、群论、数论、函数论、不变量理论、代数几何学、微分方程论和变分学等众多数学分支。1975年，在美国伊利诺伊大学召开的一次国际数学会议上，数学家回顾了大半个世纪以来希尔伯特的23个问题的研究进展情况。当时统计，约有一半问题已经解决，其余一半问题的大多数也有了重大进展。1976 年，在美国数学家评选的自 1940 年以来美国数学的十大成就中，有 3 项就是希尔伯特第 1 个、第 5 个、第 10 个问题的解决。由此可见，能解决希尔伯特问题，是当代数学家的无上光荣。随着数学科学的不断发展，人们最终会以恰当的方式阐释这些问题并给出解决方案。

2. 选题源于所遇问题

科研工作者在日常科研工作中，务必注意观察以往没有观察到的现象，发现以往没有发现的问题。外部现象的差异往往是事物内部矛盾的表现，及时抓住这些偶然出现的现象和问题，经过不断细心地分析和比较，就可能产生重要的原始意念。有了原始意念，就有可能提出科学问题，进而发展成为科研课题。例如，英国著名细菌学家、医学家、诺贝尔生理学或医学奖获得者亚历山大·弗莱明（Alexander Fleming，1881～1955 年）于 1928 年从培养皿内的青霉菌中提取出抗生素，这一发现正是从意外现象中得到启发的结果。因此，科研工作者应在实践中注意反复观察、记录和积累研究结果、捕捉信息，不断为科研选题提供线索。

例如，被誉为"黄土之父"的刘东生（1917～2008 年）院士，就是从碰到的问题中选题的杰出科学家。春天的风沙让城里人开始关注黄土，地理学界有这样的说法：人类要了解地球的自然历史，可以阅读三本书，第一本是深海沉积物，第二本是极地冰川，第三本便是中国的黄土。国际上认为，把黄土这本书读得最好的是中国的刘东生院士。他潜心科研 60 余年，平息了 170 多年来的黄土成因之争，建立了 250 万年来最完整的陆相古气候变化历程记录，其重大贡献得到国际学术界的公认。2002 年 4 月，刘东生获得被誉为环境"诺贝尔奖"的"泰勒环境成就奖"，成为第一位荣获这一世界环境科学最高奖的中国科学家。2004 年 2 月，刘东生获得 2003 年度国家最高科学技术奖并得到 500 万元奖励。

3. 选题源于文献空白点

科研工作者可根据自己的特长与已掌握专业的发展趋势，进一步查阅近二三十年来该专业相关的国内外文献，从中汲取精华，获得启发，寻找空白点，设法使自己选择的课题能够填补国内外专业领域的空白点。这类课题具有先进性和生命力，有可能在前人研究的基础上提出新观点、新理论和新方法。

例如，德国数学家哥德巴赫（C. Goldbach，1690～1764 年）在教学中发现，每个不小于 6 的偶数都是两个素数（只能被 1 和它本身整除的数）之和，如 $6 = 3 + 3$，$12 = 5 + 7$ 等。1742 年 6 月 7 日，哥德巴赫写信给当时的大数学家莱昂哈德·欧拉（Leonhard Euler，1707～1783 年），提出了著名的"哥德巴赫猜想"。中国数学家陈景润（1933～1996 年）在青年时代学习著名数学家华罗庚（1910～1985 年）教授的《堆垒素数论》等著作时，发现"哥德巴赫猜想"是一个 200 年前遗留下来的彼时尚未完全解决的数学难题，由此他便把"哥德巴赫猜想"作为自己的攻关课题。为此，他埋头深入研究解析数论，经过 20 余年的刻苦研究，终于取得了世界瞩目的研究成果，于 1966 年 5 月证明了"一个大偶数可表示为两个素数及一个不超过两个素数的乘积之和"，即"1 + 2"。1973 年，其发表的论文被誉为"筛法的光辉顶点"，成为"哥德巴赫猜想"研究史上的里程碑，其研究成果被命名为"陈氏定理"。

又如，被人们誉为"杂交水稻之父"的袁隆平（1930～2021年）院士的研究工作就是"从文献的空白点选题"的范例。1960年，袁隆平从一些学报上获悉杂交高粱、杂交玉米、无籽西瓜等，都已广泛应用于国内外生产中。这使袁隆平认识到，奥地利遗传学家格雷戈尔·孟德尔（Gregor Johann Mendel，1822～1884年）与美国的生物学家、遗传学家、诺贝尔生理学或医学奖获得者托马斯·亨特·摩尔根（Thomas Hunt Morgan，1866～1945年）及其追随者提出的基因分离、自由组合和连锁互换等规律对作物育种有着非常重要的意义。于是，袁隆平跳出了无性杂交学说圈，开始进行水稻的有性杂交试验。1960年7月，他在早稻常规品种试验田里，发现了一株与众不同的水稻植株，第二年春天他把该变异株的种子播到试验田里，结果证明该稻株就是地道的"天然杂交稻"。此后，袁隆平的相关研究成果被不断推出：1964年首先提出利用"不育系、保持系、恢复系"三系法培育水稻杂种优势设想，并进行科学实验；1970年发现雄性不育野生稻并突破"三系"配套关键技术；1972年育成水稻雄性不育系"二九南一号A"和相应的保持系"二九南一号B"；1973年又育成强优组合"南优二号"并研究出整套制种技术；1986年提出杂交水稻育种分为"三系法品种间杂种优势利用、两系法亚种间杂种优势利用到一系法远缘杂种优势利用"三步的战略设想；1998年8月提出选育超级杂交水稻的高级研究课题；等等。目前，超级杂交稻正走向大面积试种推广中。袁隆平院士长期从事杂交水稻育种理论研究和制种技术实践，是我国杂交水稻研究领域的开创者和带头人，为我国乃至世界的粮食生产和农业科学的发展做出了杰出贡献。

4. 选题源于旧课题延伸

延伸性选题是指根据已完成课题的范围和层次，从广度和深度等方面对其再次挖掘而产生的新课题。由于研究课题本身并非独立存在，科研工作者应细心透视其横向联系、纵横交叉和互相渗透的现象，设法从相关部分进行延伸性选题，使研究工作循序渐进、步步深入，使已有的理论或假说日趋完善，逐步达到学说的新高度。以下是笔者相关科研选题的两个实例。

例如，学过理论力学的人都知道，质点（或天体）在有心力的作用下，其运行轨道是二次曲线，而运行轨迹为闭合曲线的质点（或天体）需要满足一定的条件才具有稳定性。该课题中的一个最简单情形就是获得圆形轨道的稳定性条件，对此，从学术期刊上的文献或理论力学教材中都可以直接查到。然而，经笔者查询获知，有心运动的椭圆形轨道稳定性条件还未见报道。于是，笔者将该课题延伸，利用比耐公式和微扰理论，经详细分析推导出椭圆形轨道稳定性条件。与已知的圆形轨道稳定性条件相比，椭圆形轨道稳定性条件不仅仅取决于力场的形式（正比弹性力场、平方反比引力场等），还与轨道的几何参数（偏心率）有关。利用新的稳定性条件，笔者推证：在力与距离成正比的弹性力场、力与距离平方成反比的吸引力场中，均能给出稳定的圆形轨道和椭圆形轨道；但在力与距离立方成反比的吸引力场中，却给不出稳定的圆形轨道和椭圆形轨道。

又如，光纤布拉格光栅是近些年发展最为迅速的新一代光无源器件之一，它是利用光纤材料的光敏性在光纤内建立的一种空间周期性折射率分布，其作用在于改变或控制光在该区域的传播行为与方式。以光纤布拉格光栅作为基本元件研制的光纤光栅传感器，具有精度高、抗电磁干扰、适用于恶劣环境及可多点分布式测量等优点，在土木工程结构监测领域发挥着越来越重要的作用。以往对光纤布拉格光栅型传感器的设计，往往侧重于温度和应变（包括由应变延伸出的应力、位移、曲率、压力等）参量的感测。对此，笔者考虑将温度型和应变型光纤布拉格光栅传感器发展成为扭转型光纤布拉格光栅传感器。经过深入分析，笔者在查阅大量文献的基础上，通过对传感结构的巧妙设计，终于实现了上述设想，研制出双向光纤布拉格光栅型扭转传感器，该传感器可以感测扭角、扭力和扭矩，在±45°扭角范围内，光纤布拉格光栅调谐范围不小于 7 纳米。此外，笔者以该新型传感器为基础，又设计并研制出温度自动补偿型光纤布拉格光栅扭转传感器。

5. 选题源于要素的重组

在实验研究及观察研究中，一个课题通常由被试因素、受试对象和效应指标三大要素组成。根据研究目的，有意识地改变原课题三大要素中的某一要素或进行某种重组，就有可能发现具有理论意义和应用价值的新问题，进而提出一个新的研究课题，这种选题方法又称旧题发挥法。下面是笔者利用这一方法完成的一项科研课题，其中列举了相关科研选题的两个实例。

例如，在相对论重离子碰撞中，末态粒子之间存在着多种形式的关联。以往的碰撞事件分析表明，粒子关联不是单个行为，而是多数粒子的集体贡献。笔者查阅了以往有关的研究，发现末态粒子的关联研究主要集中在粒子之间的关联（方位角、横向动量模）上，而对碰撞事件中的粒子群之间的关联却未进行研究。据此，笔者提出粒子群关联概念，将已有的二粒子之间的关联、多粒子之间的关联发展为粒子群之间的关联，并根据粒子群关联概念定义粒子群关联函数，由此建立一种定量检测高阶集合流关联（可分别检测粒子的方位角关联、横向动量模关联和横向关联）及集合流集体性的新方法。

又如，为了定量描述粒子的关联强度对集合流效应的贡献程度，笔者提出了粒子关联度概念。蒙特卡罗模拟与实验事件的对比分析表明，通过粒子群关联函数的分析，可以定量检测集合流的效应是少数关联度较大的粒子（或碎片）引起的，也是关联度不同的多数粒子（多碎片）集体贡献的结果。进一步的研究又证明，粒子关联度概念是描述集合流性质的一个重要参量，其形式化描述与"流参量"的形式有关，也与坐标系的选择相关。粒子关联度描述了末态粒子之间关联的性质，表征了粒子之间关联的强弱程度，是与集合流的强度、集体性同等重要的参量。集合流的强度反映了集合流的外在属性，而集合流的集体性、关联度则揭示了集合流的内在本质。因此，定量分析三者之间的相互关系，将对高能重离子碰撞物理学的研究产生重要的影响。

6. 选题源于领域的跨越

一般而言，大多数科研工作者往往对自己研究的领域很熟悉，但对相邻的领域或不相关的领域则没有足够的关注，或对这些领域的专业知识了解不足，因而失去许多发现有研究价值的课题的机会。而那些既具有跨领域的专业知识，又具有敏锐的观察力和敏感性的科研工作者，则可以从跨领域的研究中选题，从而获得科学上的重大突破。

例如，王选（1937~2006 年）院士就是从跨领域研究中选题的突出代表。他的本科专业是数学，后因工作需要改为研究计算机硬件。1961年，他从计算机应用发展的角度对课题研究的方向进行了重大调整，即从硬件转到软件，开始进行汉字照排系统的前期探索工作。1975年，他主持汉字计算机激光照排系统的研制，并于1976年成功研制高倍率字形信息压缩技术和高速复原技术，在此期间又做出"跳过第二代光机式照排机、第三代阴极射线管照排机，直接研制第四代激光照排系统"的技术决策。1975～1991年，他具体负责以上述发明为基础的华光Ⅰ型、华光Ⅱ型、华光Ⅲ型、华光Ⅳ型和新一代方正91电子出版系统的核心硬件——栅格图像处理器的研制，为我国照排技术赶超世界先进水平做出了重要贡献，并获得了2001年度国家最高科学技术奖。

三、科研选题策略

科研选题需要策略的指导。根据笔者的科研实践，以下几种选题策略值得借鉴。

1. 选题的价值取向

选题是科研工作的第一步，如何选题，选什么样的课题进行研究，这关系到能否取得预期的科研成果乃至获得重大的科研发现。课题研究内容可以为前人未曾涉足且能够填补该领域科研空白，对错误的命题辨析证伪，课题成果能够对国家制定政策提供重大的参考意见，课题能够解决人民生活中所急需解决的问题，对国防建设、国家安全、发展经济及对先进的文化起推动作用，等等，这些均符合选题的价值取向。

2. 课题调研要充分

课题调研是选题的基础。只有获取大量科研资料，并对其进行认真分析和研究比对，才能从中发现有价值的科研信息，进而梳理出研究课题。调研期间要精读几篇高质量的综述文章（review paper），从中把握该领域研究工作的整体脉络。那种只阅读几篇研究论文就匆忙确立课题的做法，在某些情况下有可能会"歪打正着"，但这种偶然命中的概率是很小的，甚至不会出现。参加课题调研，对初学者也是一个很好的锻炼机会。查阅论文的过程，也是追踪前人研究的过程，这种锻炼对初学者很有益处，可以帮助他们在课题研究中少走弯路。

3. 选题要量力而行

初学者在科研选题时要量力而行，应根据研究条件和课题资源慎重选择，保证所选课题难度适中，即遵循"有限目标，量力而行；条件允许，能够完成"的原则选题。如果课题难度太大，很可能会半途而废。在科学探索过程中，每一阶段都会形成新的认识。当多次实验结果与最初的设想不同或者根本做不出来时，一种情况可能是原来的课题方案有问题，不可行；另一种情况也许是目前不具备做出预想结果的实验条件。在这种情况下，就需要根据实际情况调整课题，即改题（改变或改换课题）。经验表明，科研工作中改题的现象时有发生，原因多样：或者选题存在问题，或者实验条件不具备，或者实验方法有问题，或者源于阶段性认识的不同，等等。需要指出的是，选题要慎重，改题更需慎重。对课题要充分调研，审慎确定。

4. 要与导师多沟通

导师是学术或技术方面的专家或资深者，也是科研道路上的引路人。他们在长期的科研工作中积累了丰富的科研经验，在科研工作的漫漫长路之中、茫茫大海之上，就如稳固而长明的灯塔一般，指引着初学者在学术领域前进。向导师请教、与导师沟通和交流是必要的，但过分依赖导师则容易导致自己的观点难以形成，科研独立性无法培养，这对科学探索和技术创新很不利。导师应该保护年轻人的科研热情，介绍研究动态，为他们指明研究方向。对年轻的科研工作者而言，有关课题研究细节的问题，应该自己想办法解决，而不要一味地等待导师来处理，要有意识地在科研实践中锻炼自己独立分析和解决问题的能力。

第四节　科研信息及查新

一、科研信息概述

科研信息，泛指在科研工作中使用、借鉴、参考到的相关信息。科研信息收集是科研工作中首要的、日常的工作，也是科研选题的基础。在自然科学研究中，基础理论的研究成果一般不予保密，而且常常为争得最先发现权而尽量抢先发表。但是，以应用技术为研究成果的新技术、新配方、新工艺、新材料等真正的技术秘密，需要及时申请专利加以保护。因此，最新科研信息的及时收集，对于科研课题的筛选与确定至关重要。

二、科研信息类型

科研信息类型因其具体内容、承载形式及使用情况而多种多样，以下是几种有代表性的分类方法。

（1）按文献的载体分类，科研信息类型一般可分为纸张型、缩微型、声像型、机读型、数字图书馆等。其中，数字图书馆是机读信息的代表，也是"全球信息高速公路上信息资源的基本组织形式"，具有信息多媒体化、信息组织有序化、操作电脑化、传输远程网络化、资源共享化、结构连接化（跨库连接无缝化）等特点，它可以存储电子格式的资料，并对这些资料进行有效的操作。

（2）按文献的发布类型分类，科研信息类型包括：①图书，指一些记录的知识比较系统、成熟的文献，如专著、教科书、工具书等；②期刊，指一些记录的知识比较新颖、所含信息量比较大的连续出版物，一般都有固定的期刊名称，如《中国科学》《光学学报》《中华医学杂志》《中国高等教育》等；③特种文献，指无法归入图书或期刊的文献，如科技报告、学位论文、会议文献、专利文献等。

（3）按文献的使用级别分类，科研信息类型包括：①零次信息源，指口头交流的信息、电子论坛及各种国际组织、政府机构、学术团体、教育机构、企业/商业部门、行业协会等单位在网上发布的信息；②一次信息源，指原始信息源类，包括原始的创造，首次记录的科研成果，新技术、新知识、新发明、新见解，如期刊论文、学位论文、科研报告、专利文献、会议文献等；③二次信息源，指书目文献类，它是按一定规律和方法编制成的查找原始文献的检索工具，如图书馆目录 WebPAC、iPAC、书目文献数据库等，记录内容包括书名、期刊名、文献中的题名、著者，以及主题、原文的出处（刊登的期刊名称、年、卷期页、网址）等；④三次信息源，指在阅读一次文献的基础上，分析、综合、归纳信息后，组织形成具有资料性、查考性、阅读性的文献，如教科书、综述、工具书、进展、调查报告等。其中，综述是指综合分析和描述一定时间范围内，某一学科或专业科研发展状况，并预测未来的一类文献。

（4）按文献的检索方式分类，科研信息类型包括：①传统文献，指印刷型、缩微型、视听型等信息资源；②电子信息资源，指单行版电子出版物（光盘、磁带等）、网络信息资源（图书馆馆藏目录、电子书刊、参考工具书、数据库）等信息资源。

三、科研信息收集

为使科研选题能够顺利进行，科研工作者需要在科研信息收集方面下功夫。若能够掌握一定的方法和技巧，则可提高科研信息收集的质量和效率。

（一）信息收集标准

科研信息浩如烟海，其中绝大多数可能与科研工作者正在进行的科研选题毫无关联。要保证所收集的科研信息均能够对科研选题有所帮助，必须坚持以下标准。

1. 针对性

随着现代科技的迅速发展，学科间的交叉渗透及学科内的多层次发展相继出现，使得跨学科报道的资料剧增。统计资料表明，在查阅某一课题的相关文献时，从该专业期刊中只能找到 1/3。为此，科研工作者必须根据课题研究的需要，有针对性地收集资料。

2. 代表性

现代社会中的科技文献数量之大、类别之多，已经远远超过以往的任何一个时代。资料载体除了传统的印刷品之外，还有诸多电子资料，如电子文档、光盘、磁卡、缩微胶卷、录音带、录像带、机读磁带等。就编辑出版的形式而言，有专著、期刊、专刊资料、会议论文、研究报告等多种类型。这些资料是以世界上的各种语言来撰写的，其中尤以英文资料居多。面对浩如烟海的资料，科研工作者需要根据课题的实际需要，重点阅读有代表性和权威性的资料，浏览一般性的资料，舍弃与主题关系不紧密的资料。

3. 可靠性

资料的可靠性首先表现为真实性，其次还包括时效性和可比性。现代科技发展迅速，信息容易老化，资料容易陈旧。在理论研究和实验分析中，凡涉及某一观点、结论与现行的看法相矛盾或者有重大冲突的，一定要注意查询相关作者的原著或原文，对叙述相关内容的段落进行透彻分析，尽量理解其原意，切不可仅凭转述、翻译或未经严格考证的评论便匆忙定论。

4. 完整性

现代科技不断向纵深发展，人们对某一学科或领域内某些课题的研究不断深入，认识也在不断发展。学科间相互渗透和学科内多层次发展的出现，进一步提高了课题研究的深度和广度。因此，科研工作者在收集资料时，应注意在深度和广度的结合方面下功夫，尽量收集较为完整的课题研究资料。

资料收集的时间与类别关系如图 3.2 所示。图 3.2 中以时间 $T_i(1 \leqslant i \leqslant N)$ 为纵坐标，向上形成近期（如 3 年或 5 年）或中长期（如 7 年、10 年或更长时间）内完整、连续的资料；以类别为横坐标，向右以同类研究资料 $S_i(1\leq i\leq N)$ 形成对比参照、逻辑化的资料。其中，同类资料又可细分为子类 $S_{ij}(1\leq i\leq N, 1\leq j\leq M)$，如 S_{11}，S_{12}，S_{13}，…，S_{1M}。

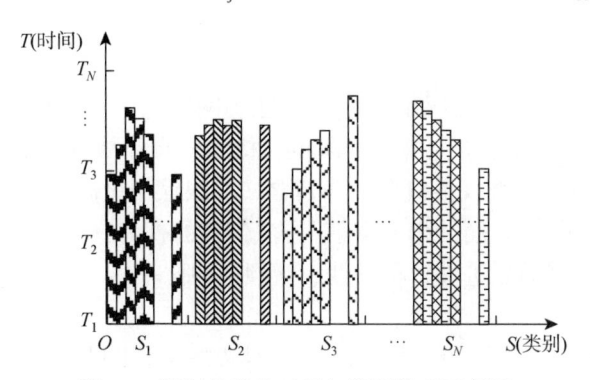

图 3.2 资料收集的时间与类别关系示意图

图例可表示期刊论文、著作教材、报纸刊物等

（二）信息收集方式

信息收集有多种途径，以下是几种常见的收集方式。

（1）科学文献。科学文献包括如下几种类型：①图书类，具体有专著、教科书、年鉴、手册、百科全书等；②期刊类，具体有杂志、学报、通报、简报、文摘、索引等；③其他类，如研究报告、学位论文、专利文献、技术标准、产品介绍等。

（2）学术会议。通过学术会议收集信息，主要有报告、墙报、讨论、论文集、进展评论等。

（3）信息交流。通过信息交流可以及时获取科研资讯，信息交流的方式主要有参观、访问、座谈、通信等。

（4）网络查询。利用国际互联网，可以从专业网站检索、下载有关科研资讯和课题信息。

四、科研信息检索

当今社会，科研信息包罗万象、浩如烟海，对某一特定问题有所帮助的信息虽然只是其中的一小部分，但其数量也相当可观。科研工作者为了跟踪科研热点、掌握科技动态、捕捉研究信息，需要收集大量与自身研究工作有关的科研信息，但所收集的信息不仅会涉及研究领域的各个方面，而且各条信息的内容具体指向的对象也各不相同。在研究某一特定对象的时候，科研工作者必须有能力从收集到的科研信息中获取自己需要的内容。而科研信息检索，就是实现这一目标的过程。

1. 检索概念

信息检索是指根据特定课题需要，运用科学的方法，采用专门的工具，从大量信息或文献中迅速、准确、相对无遗漏地获取所需信息（文献）的过程。

2. 检索途径

要获取原始信息（文献），主要有以下几种途径：①书目文献数据库→图书馆馆藏目录（联合目录）→获取印刷原文；②计算机全文数据库（校园网）→获取电子原文或印刷原文；③网络资源与传递，包括电子期刊、搜索引擎、大型文献数据库、图书馆馆际互借等→获取电子或印刷原文。

3. 检索要求

信息检索的要求，通常情况下包括新颖性、网络化、系统性、高效率、最新信息追踪、现刊浏览等。在课题研究的三个阶段，检索的具体要求会有所差别，如下所述：①科研课题开题阶段——查找某概念的确切含义、跟踪相关研究进展；②科研课题深入阶段——深入课题的某一方面的相关文献、方法借鉴的查询；③科研成果鉴定阶段——该研究与相关专业、领域的先进性、科学性、新颖性的比较。

4. 检索方法

信息检索方法主要有工具法和引文法：①工具法是利用书目文献数据库、全文数据库对课题相关知识点、事实和文献进行检索，而利用网络检索引擎、事实数据库进行检索，将会大大提高检索效率；②引文法是通过文献原文后附有的参考文献来查找文献的一种方法，它可以帮助科研工作者快速了解某些问题的来龙去脉及相关研究的发展情况，从中发现并确定适合自己的研究课题及方法和策略。在实际检索中，亦可将上述两种方法结合使用。

5. 检索步骤

根据文献的特征，信息检索有如下两种途径，其步骤各不相同：①外表途径，包括文献名途径、作者途径和号码途径；②内容途径，包括主题途径、分类途径等。

6. 检索工具

检索工具是指用以报道、存储和查找文献线索的工具，它是附有检索标识的某一范围文献条目的集合，属于二次文献范畴。

检索工具有不同的分类方法，一般有如下五种类型：①按照处理手段的不同，可分为手工检索工具和机械检索工具；②按照检索范围的不同，可分为大范围检索工具和某一范围（如针对某一专业领域）检索工具；③按照出版形式的不同，可分为期刊式、单卷式、卡片式、胶卷式等检索工具；④按照载体形式的不同，可分为书本式、磁带式、卡片式、缩微式、胶卷式等检索工具；⑤按照著录格式的不同，可分为目录型、题录型、文摘型和索引型等检索工具。在检索工具中，常用的索引类型有分类索引、主题索引、关键词索引、著者索引等。

7. 典型检索工具

典型检索工具主要有：①国际三大检索工具，即《科学引文索引》(*Science Citation Index*, SCI)、《工程索引》(*The Engineering Index*, EI)和《科技会议录索引》(*Index to Scientific & Technical Proceedings*, ISTP)，它们是国际公认的科学统计与科学评价检索工具，其中以 SCI 最为重要；②国内重要检索工具，有《中国科学引文索引》《中文社会科学引文索引》(*Chinese Social Sciences Citation Index*, CSSCI)、中国科学引文数据库、中文科技期刊数据库和中国期刊网等。此外，其他数据库，如《社会科学引文索引》(*Social Sciences Citation Index*, SSCI)、《艺术与人文引文索引》(*Arts & Humanities Citation Index*, A&HCI)、《社会科学和人文科学会议录索引》(*Index to Social Sciences & Humanities Proceedings*, ISSHP)、Elsevier 电子期刊全文库，以及 IEEE/IEE 电子图书馆数据库等。

五、科技查新概述

科技查新简称查新，它是指具有查新业务资质的查新机构根据查新委托人提供的需要查证其新颖性的科学技术内容，按照《科技查新规范》（国科发计字〔2000〕544号）操作并以查新报告的形式做出结论。科技查新不同于信息检索，信息检索是针对课题的需要，仅提供文献线索和原文，对课题不进行分析和评价。

1. 查新概念

科技查新属于文献检索和情报调研相结合的情报研究工作。查新需以文献或数据库为基础，以文献检索和情报调研为手段，以检出结果为依据，通过综合分析对查新项目的新颖性进行情报学审查，从而写出有依据、有分析、有对比、有结论的查新报告。查新有严格的要求：一是程序的规范性，二是文献的全面性，三是客观鉴证性。

2. 查新机构

查新机构是指具有查新业务资质的查新单位，其资质一般由相关主管部门授权或认证。其中，教育部科技查新机构是经教育部批准并具有科技查新业务资质的查新单位，其名称一般为"高等学校科技项目咨询及成果查新中心×××大学工作站"。此外，对一些行业而言，亦有相关的查新中心或情报所提供查新服务，其查新资质由国家科学技术奖励工作办公室进行备案，出具的查新报告具有国家级别权威，并为行业内外所认可。

3. 查新对象

查新对象一般包括：①申请科技发明奖、科技进步奖；②申请各种级别或层次的科研项目；③科技成果验收、评估、转化或转让；④申报新产品；⑤申请发明、实用新型等专利；⑥各级重点实验室评估；⑦课题开题报告；⑧其他按国家、地方或企事业单位有关规定要求查新的。

4. 查新作用

查新作用主要有：①为科研立项提供客观依据，即科研课题在论点、研究开发目标、技术路线、技术内容、技术指标、技术水平等方面是否具有新颖性；②为科技成果的鉴定、评估、验收、转化、奖励等提供客观依据，即查新能够保证科技成果鉴定、评估、验收、转化、奖励等的科学性和可靠性；③为科研工作者进行研究开发提供可靠而丰富的信息，即查新机构能提供从一次文献到二次文献的全面服务，保证信息的回溯性和时效性。

5. 查新报告

查新报告是由查新机构根据查询结果综合分析做出的结论，其格式一般为：①基本信息，包括报告编号、查新题目、委托机构和查新机构；②查询信息，包括查新目的、查新要点、查新要求、文献检索范围、检索词、检索策略、检索结果、文献分析；③结论信息，包括查新结论、科技查新员和审核员声明及签章、报告日期。

第二篇

科研方法技能篇

科研方法技能是指科研工作者从事科学探索、技术创新和应用开发所必须掌握的基本技能。本篇由第四章至第七章构成，重点介绍经典科研方法和现代科研方法；阐述典型的科研思维方式、价值及创新思维的培养途径；论述期刊论文、学术著作、学位论文等的撰写与发表方略及专利撰写与申请规程等。同时，本篇还给出诸多科研方法、思维方式、科研论文及专利申请示例并加以评析。

本篇将科研方法提炼、概括为经典科研方法（科研的逻辑方法、经验方法和数理方法）与现代科研方法（"老三论"和"新三论"）两大类；提出撰写高质量科研论文的"两高原则"和撰写专利的"两先原则"；提出"科研论文撰写是科研工作者必备的一种基本技能，是科研工作的重要过程，也是科研工作者的基本素养之一"，以及"科研思维是人类的智慧之花，创新思维则是其最美丽的花朵之蕊"等观点和理念。

第四章

科研方法及启示

科研方法并非虚无，乃是科研过程的解疑密钥。

——笔者题记

■ 第一节 科研方法层次

科研工作是人类的一种具有创造性的活动。方法问题是科研工作中的一个重要问题，事关科研工作的成效，方法正确，事半功倍；方法错误，事倍功半，甚至造成严重损失乃至失败。科研方法是历代科学工作者集体智慧的结晶，是从事科学探索和技术发明的有效工具。生理学家巴甫洛夫（俄文：Иван Петрович Павлов，英译 Pavlov，1849～1936 年）曾指出："初期研究的障碍，乃在于缺乏研究法。无怪乎人们常说，科学是随着研究法所获得的成就而前进的。研究法每前进一步，我们就更提高一步，随之在我们面前也就开拓了一个充满着种种新鲜事物思维、更辽阔的远景。因此，我们头等重要的任务乃是制定研究法。"

科研方法属于科学认识的"软件"，是指在科学认识活动中长期积累的、科学有效的研究方式、规则及程序等。科学技术发展迅速，各个学科相互交叉、融合，导致各种新的理论不断被提出，诸多新的技术不断被应用，与之相适应的科研新方法也在不断被提炼，因此，科研方法也呈现出多元化的趋势。适时地对科研方法进行归纳总结，对于科研工作具有重要的指导意义。就研究对象的层次而言，科研方法一般可分为三个层次，即哲学方法、一般方法和特殊方法。

一、哲学方法

（1）内容概述。哲学方法是指以哲学理论为基础，对各类事实材料进行处理的方法。哲学方法对一切科学（包括自然科学、社会科学和思维科学）具有最普遍的指导意义，处于研究方法体系中的最高境界。与哲学方法密切相关的逻辑方法，是加工科学探索材料、论证科学问题等普遍适用于各门学科的具体思维工具，包括抽象与具体、归纳与演绎、分析与综合等分析方法。

（2）重要意义。哲学既是世界观，又是方法论，它与一般的或具体的科研方法不同。哲学方法是最根本的思维方法，是研究各类科研方法的理论基础和指导思想。一般的或特殊的科研方法通常局限于某个特定的学科或专业领域，其研究方法所具有的针对性和实用性限制了它们在其余学科或领域中的应用。而这种局限性需要从哲学的角度加以分析，并给出科学、逻辑的阐释，从而帮助科研工作者充分、正确地运用一般的或具体的科研方法，自觉地避免或克服其局限性，少走弯路，早出成果，出高质量的研究成果。

二、一般方法

（1）内容概述。一般方法是特殊方法的归纳与综合，它以哲学方法为指导，对各门学科研究具有较普遍的指导意义，如逻辑方法（包括抽象与具体、归纳与演绎、分析与综合等方法）、经验方法（包括观察、实验、类比、测量、统计等方法）、数理方法（包括数学、模拟、理想化和假说等方法）和现代方法（包括系统论、控制论和信息论等方法）等。

（2）基本意义。一般方法是架设在哲学方法与特殊方法之间的纽带和桥梁，它是将各门学科中的特殊方法加以归纳和提炼，形成适用于诸多学科的一般的科研方法。一般方法吸纳了特殊方法中具有普遍意义的研究方式和手段，在促进自身发展的同时，又为哲学方法提供了有益的思想和分析工具，使哲学的内容不断得到充实和提高。

三、特殊方法

（1）内容概述。特殊方法是指适用于某个领域、某类自然科学或社会科学的专门研究方法。各门学科因其研究对象不同而各具特点，因此采用的科研方法也就有所不同，如粒子物理中的核-核碰撞实验方法，仪器分析中的气相色谱-质谱联用方法，固体物理中的X射线晶体衍射方法，地质学中的古生物化石定年同位素法，临床医学中的核磁共振成像检测方法，生物学研究中的解剖方法，等等。

（2）特殊意义。特殊方法是各门学科的科研工作者从事本专业科研工作的基本方法，一般方法是连接哲学方法与特殊方法的纽带和桥梁，哲学方法是贯穿其中的灵魂和指导思想。科研工作者首先要深入学习并掌握本专业、本学科中的具体科研方法，这是最基本的科研要求；其次，也要学习并理解一般方法的价值和意义，通过科研实践，不断借鉴并充实新的科研方法，增进科研的自觉性，减少盲动性；最后，要正确认识哲学方法在科研工作中的指导作用，努力成为一个自觉实践科研方法的科研工作者。

对哲学方法的认识和理解，笔者有诸多的科研体会，其中最值得推荐的当属"矛盾两分法"，即在科研工作中，首先要抓住诸多矛盾中"主要矛盾"，其次是在主要矛盾中，适时、准确地把握住"矛盾的主要方面"。正确理解并灵活使用"矛盾两分法"，将会有效地促进科研工作的进展并取得课题研究的成功。

■ 第二节 经典科研方法

笔者根据科研方法的适用范围、概括层面及学科的研究特点，将科研方法归纳为经典科研方法与现代科研方法两大类。经典科研方法包括科研的逻辑方法、经验方法和数理方法。

一、逻辑方法

哲学是科学的基础之一，逻辑思维和方法则是哲学体系中极为重要的一部分。在科学体系之中，同一学科的内部，一般具有严密的逻辑关系；不同的学科之间，也可以通过逻辑关系紧密地联系在一起。在科研活动中，逻辑方法同样发挥着巨大的作用。

（一）归纳与演绎

科研活动中对研究对象的认识过程，是一个不断从认识个别上升到认识一般，再由认识一般进入认识个别的循环往复、不断前进的过程。归纳与演绎就是这一科研认识过程中的两种相反的逻辑方法。

1. 归纳

（1）归纳概念。它指通过对一些个别的经验事实和感性材料进行概括和总结，从中抽象出一般的公式、原理和结论的一种科研方法，即从个别到一般的逻辑推理方法。

（2）归纳的类型。根据是否概括了一类事物中的所有对象，归纳可划分为完全归纳法和不完全归纳法两种基本类型。前者是根据对某类事物中的所有对象进行研究，从而对该类对象概括出一般性结论（即全称判断）的推理方法；后者是根据对某类事物中的部分对象与某种属性之间的本质属性和因果关系的研究，从而对该类对象做出一般性结论（即非全称判断）的推理方法。

（3）科学归纳法。它指根据对某一类事物中部分对象与某种属性之间的本质属性和因果关系的研究，从而推论出该类事物中所有的对象均具有这种属性的一般性结论的逻辑推理方法。根据因果关系判断方式的异同，科学归纳法可分为五种形式，即求同法、求异法、同异并用法、剩余法和共变法。

（4）归纳的局限。其主要指归纳的结论带有或然性，即由于研究对象的复杂性和巨量性，在实践中，人们要对事物进行完全归纳研究是很不容易的，甚至是不可能实现的。归纳法侧重事物的统一性而往往忽略其差异性，若使用不当则很容易以偏概全，得出错误的结论。

2. 演绎

（1）演绎概念。与归纳相反，演绎是指从已知的某些一般公理、原理、定理、法则、概念出发，从而推论出新结论的一种科研方法，即从一般到个别的逻辑推理方法。

（2）演绎的条件。使用演绎推理得到正确的推理结论，必须满足以下两个条件：一是前提必须真实；二是逻辑联系必须正确。

（3）演绎的结构。演绎推理的主要形式是三段论，即大前提、小前提和结论。大前提是已知的一般原理，是全称判断；小前提是研究的特殊场合，是特殊判断；结论是把特殊场合归纳到一般原理之下，得出新知识或新结论。

（4）演绎的局限。其主要指演绎忽视考察事物的共性和个性、统一性和差异性的矛盾，孤立的演绎难以全面地反映不断运动、变化和发展着的客观世界。

3. 二者关系

（1）对立统一。归纳与演绎是互相对立、相辅相成、不可分割的两种逻辑思维和推理方法。

（2）互为基础。归纳为演绎提供大前提，并检验和丰富演绎；演绎为归纳提供补充和逻辑操作。二者相互渗透，相互补充，互为条件。

（3）相互转化。在一定条件下，二者地位相互转化，从而实现从个别到一般，再从一般到个别的循环往复、不断发展的认识过程。

（二）分析与综合

科研活动中的思维形式有真判断和假判断之分，而在明确概念、做出判断、进行推理的逻辑思维过程中，需要运用分析与综合相结合的逻辑方法。

1. 分析

（1）分析的概念。它指科研工作者在思维活动中，把研究对象的整体分解为各个组成部分的方法——将一个复杂的事物分解为简单的部分、单元、环节、要素，并分别加以研究，从而揭示出它们的属性和本质的科研方法；从未知到已知，从全局到局部的逻辑方法。

（2）分析的特点。一是深入事物的内部，了解其细节和关系，从而揭示其本质；二是将整体暂时分割成各个部分，孤立地研究事物的部分属性，可以化繁为简，化难为易，提高研究效率。

（3）分析的途径。一是实验分析，即将研究对象的各个组成部分、各种因素从整体上分解开来，从实验上单独进行观察和分析；二是思维分析，即在思维中把研究对象的有机整体分解成各个组成部分，通过逻辑思辨单独加以分析和研究。

（4）分析的策略。使用分析方法需要掌握一定的策略，根据笔者的科研经验，主要有两点（即"二分法"）：一是在一般矛盾中区分出主要矛盾和次要矛盾，重点分析主要矛盾；二是在主要矛盾中区分出矛盾的主要方面和次要方面，重点分析矛盾的主要方面。

2. 综合

（1）综合的概念。它是指在分析的基础上，对已有的关于研究对象的各个组成部分或各种要素的认识进行概括或总结，从整体上揭示与把握事物的性质和本质规律的科研方法，即从已知到未知、从局部到全局的逻辑方法。

（2）综合的特点。与分析相反，综合的特点是从整体上、从研究对象内部各组成要素之间的关联去研究和把握事物，是变局部为整体、变简单为复杂的方法，侧重对整体规律的把握。

（3）综合的作用。在科学探索和技术创新上，运用综合方法常常会产生重要的发现或发明创造。其作用表现为：纠正偏狭思想、确立重要概念、构建完整体系。从物理发现的角度看，科学史上每一次大综合，都促进了新概念、新方法、新理论、新体系的建立。

3. 二者关系

（1）对立统一。同归纳与演绎的关系一样，分析与综合既相互区别，又相互联系，不可分割。

（2）相互依存。科学分析是科学综合的基础，科学综合是科学分析完成后的发展。

（3）相互转化。在一定条件下，二者可以相互转化，从而实现分析—综合—再分析—再综合……这样一个不断前进、不断深化的发展过程。

（三）抽象与具体

人们的认识总是从感性具体出发，经过科学抽象达到思维中的具体，从而获得对事物的完整、本质的认识。而抽象与具体就是这一科研认识过程中的重要逻辑方法。

1. 抽象

（1）抽象的概念。它指科研工作者在思维过程中将那些对研究对象影响不大的非本质因素剔除，抽取其固有的本质特征，以达到对研究对象的规律性认识的科研方法，即对事物本质和规律的概括或抽取的逻辑方法。

（2）抽象的原则。抽象一般遵循以下几种原则。①实践第一。抽象的第一手材料必须从科研实践中采集。②材料充分。掌握充分、必要和可靠的科研材料，是进行正确科学抽象的前提。③逻辑思辨。科学的思维方法和思维规律，是进行正确而有效的科学抽象的有力武器。④综合概括。科学抽象的意义在于抽取的内容能够反映同类研究对象的本质特征，综合概括则是达到这一目标的有效途径。

（3）抽象的程序。一般按照去粗取精、去伪存真、由表及里、由浅入深的程序进行，即从感性的具体认识上升到理性的抽象认识，再由理性的抽象认识上升到思维的抽象规定。

（4）抽象的作用。科学抽象作用于研究对象将直接导致科学概念产生，有助于深刻理解研究对象的性质和本质特征，有助于推动科学理论的建立与技术的发明和创造。

2. 具体

（1）具体的概念。它指科研工作者在思维过程中将诸多的特征因素或规定进行综合，使之达到多样性统一的一种研究方法，即将高度抽象的规定"物化"为思维中具有某种特性的对象的逻辑方法。

（2）具体的形态。一是感性具体，亦称完整的表象，是客观事物表面的、感官能够直接感觉的具体性的反映；二是理性具体，又称思维的具体，是客观事物内在的各种本质属性的统一反映，这种具体性是人的感官不能直接感觉到的。

（3）具体的特点。一是多样性，即事物因具体而呈现多样的特点；二是统一性，即具体的事物是作为多样性的统一而存在的。

（4）具体的局限。作为认识的起点，"具体"能够为科研工作者提供大量的、可见的、可感触的事物特征信息，尽管这些信息为深入认识事物的本质提供了基础，但尚不够全面，无法直接体现事物的内部规律。而要完成这一目标，则必须将感性具体上升到思维中的抽象规定阶段。

3. 二者关系

（1）对立统一。同分析与综合的关系一样，抽象与具体既相互区别，又相互联系，不可分割。

（2）相互依存。抽象是具体的基础，具体是抽象的综合。无抽象规定做基础，则无法形成思维中的具体；思维的具体是诸多抽象的综合。

（3）相互转化。在一定条件下，二者可以相互转化，从而实现从感性具体到抽象规定这一认识飞跃的目标。思维在实践的基础上，通过揭示各个抽象规定的内在联系，构建完整的思想体系，完成将抽象的规定转化为思维中的具体这一认识过程。

二、经验方法

科技创新需要科学事实的不断积累，只有获取大量的感性材料，并通过逻辑思维方法对其进行整理加工，才能够取得科技创新的研究成果。科研工作中的经验方法是收集第一手材料、获取科研事实的基本方法，是形成、发展、检验科学理论和技术创新的实践基础，是科研工作中的一类重要的研究方法。以下是科研工作中的几种典型的经验方法。

（一）观察

1. 观察的概念

观察是指人们通过感官或借助精密仪器，有计划、有目的地对处于自然发生状态下和在人为发生条件下的事物，进行系统考察和描述的一种研究方法。因此，观察是探索未知世界的窗口。

2. 观察的意义

科学始于观察，观察为科研积累最初的资料。捕捉信息，是思维探索和理论抽象的事实基础，也是科学发现和技术发明的重要手段。科学观察是一种具有明确目的，并且需要获得问题答案的观察，该过程有时需要长期进行且反复多次才能完成。

3. 观察的原则

观察包括四个原则。

（1）客观性原则。要求从实际出发，实事求是地对待观察对象，务求剔除假象。

（2）全面性原则。要尽可能地从多方面进行观察，比较全面地把握研究对象。

（3）典型性原则。选择有代表性的对象，选择最佳时机、地点，保证观察的结果既具有典型意义，又不使观察过于复杂化。

（4）辩证性原则。在对观察的结果进行理解和处理时，要特别注意观察的条件性、相对性和可变性。

4. 观察的种类

观察有直接观察与间接观察之分。前者凭借人的感官感知事物，后者则需借助科学仪器或其他技术手段对事物进行考察。

5. 观察的偏差

观察产生的偏差主要受两方面因素的影响：①主观因素，如兴趣爱好、思维定式、知识技能、心理影响等；②客观因素，如感官错觉、生理阈值、仪器精度、对象周期等。

（二）实验

1. 实验的概念

实验特别是科学实验是指根据一定的研究任务和目的，利用一定的实验仪器、设备等物质手段，主动干预或控制研究对象的演变过程，在特定的条件下或典型的环境中，去探索客观规律的一种研究方法。因此，实验方法是发现科学奥秘的钥匙。

2. 实验的特点

实验的特点主要包括以下三个方面。

（1）主动变革性。观察与调查都是在不干预研究对象的前提下去认识研究对象，发现其中的问题。而实验却要求主动操纵实验条件，人为地改变研究对象的存在方式、变化过程，使之服从于科学认识的需要。

（2）控制性。实验要求根据研究的需要，借助各种方法技术，减少或消除各种可能影响科学的无关因素的干扰，在简化、纯化的状态下认识研究对象，起到加速或延缓研究过程的作用。

（3）因果性。实验是发现、确认事物之间的因果联系的有效工具和必要途径，实验过程为科研工作者提供了种种线索去探索、认知大自然，揭示自然现象背后隐藏着的规律。

此外，与以往相比，现代科学实验具有规模扩大化、测量精密化、操作自动化、实施最优化、条件复杂化等新特点。

3. 实验的作用

实验可以简化和纯化研究对象，起到加速或延缓研究对象变化的作用。实验不仅可以为研究工作提供各种信息，还可以用来检验理论预测或假说的正确性。1965年诺贝尔物理学奖获得者、美国著名物理学家理查德·菲利普斯·费曼（Richard Phillips Feynman，1918～1988年）说："实验是一切知识的试金石。实验是科学'真理'的唯一鉴定者。"

4. 实验的类型

实验按其分类标准的不同，可有多种分类方式：①根据实验方式的不同进行分类，可以分为探索实验、验证实验、模型实验等；②根据实验在科研工作中所起作用的不同进行分类，可以分为析因实验、判决实验、探索实验、比较（对照）实验、中间实验等；③根据实验结果性质的不同进行分类，可以分为定性实验、定量实验和结构分析实验等；④根据实验场所的不同进行分类，可以分为地面实验、空间实验、地下实验等；⑤根据实验对象的不同进行分类，可以分为化学实验、物理实验、生物实验等。总之，随着自然科学的不断进步和实验手段的日益提高，实验的类型也会越来越多。

5. 实验的要求

实验的基本要求是：实验过程要规范，实验记录要详细周密，实验数据要真实可靠，实验结果必须能够重复，实验结论需经历理性思辨。

实验的要领如下：①有明确的目的性；②有准确性和排他性；③有简单性和可行性；④有可再现性和鲁棒性；⑤注意结果的反常性。鲁棒性是英文robustness一词的音译，也可意译为稳健性。鲁棒性原是统计学中的一个专门术语，20世纪70年代初开始在控制理论的研究中流行起来，用以表征控制系统对特性或参数摄动的不敏感性。

6. 实验的缺陷

实验缺陷的产生主要有如下几个方面的原因：①实验假象，即实验过程出现的现象并非完全真实的；②实验误差，其产生来自实验仪器和人为因素；③实验极限，即实验测量手段及范围并非无限的；④实验限制，即实验受到包括仪器、环境及方法等因素的限制。

（三）类比

1. 类比的概念

类比以比较为基础，它是根据两个研究对象在某些特征上存在相似性的基础上，推测它们在其他特征上也可能存在相似性的一种科研方法。因此，类比方法是一座通向科技创新的桥梁。类比方法是通过两个事物之间的相互比较，找出事物之间的相似之处，从中发现规律，进而产生新的设想。

类比就是要异中求同，同中求异。类比过程能够诱发人的想象力，刺激创造性设想。类比是一种常用的推理方法，能否灵活地使用类比分析问题和解决问题，是衡量一个人的思维是否具有创造性的标准之一。

2. 类比的特点

类比具有或然性和创新性特点。或然性主要指类比的根据不充分，可能造成类比失效；创新性则是指充分地类比可以发现研究对象的新特征、新规律，进而获得科学和技术的发明和创造。

3. 类比的模式

A 对象中有 a、b、c、d，B 对象中有 a'、b'、c'，那么，B 对象中可能有 d'。其中，A 和 B 是进行类比的（或两类）不同对象，a、b、c、d 指对象 A 中的属性（如对象的成分、结构、功能、性质等），a'、b'、c' 与 a、b、c 之间存在着某种类似关系。在类比推理过程中，如果发现所揭示的属性 d' 鲜为人知或由此悟出新的设想，便意味着这种类比推理产生了创造功能。

在科学发展史上，有许多利用类比取得成功的实例。例如，物质波的发现——法国物理学家路易·维克多·德布罗意（Louis Victor de Broglie，1892～1987年）在研究中发现力学和光学理论有许多相似之处，当光学中的新发现——光的量子性得到证明之后，他联想到：既然光具有波粒二象性，那么物质（粒子）在具有粒子性的同时是不是也具有波动性呢？他运用类比方法提出了物质波理论，通过推理提出物质波的定量显示——德布罗意关系式，为量子力学的创立奠定了坚实的理论基础。

4. 类比的步骤

类比的基本步骤如下：①明确类比的目的，选定类比主题；②通过查阅文献、调查等，广泛收集、整理资料；③采用恰当的类比方法，对资料进行比较分析；④通过理论与实践的论证，得出较为科学的结论。

5. 类比的局限

类比使用受到如下一些因素的制约：①类比的两个研究对象之间相似程度不够；②类比推理的客观基础受到限制；③类比逻辑的理论根据不充分；等等。

（四）测量

1. 测量的概念

测量是对所确定的研究内容或参量（指标）进行有效的观测与量度的研究方法。具体而言，测量是根据一定的规则，将数字或符号分派于研究对象的特征（即研究变量）之上，从而使自然、社会等现象数量化或类型化。测量属于定量研究方法。

2. 测量要求

有效性是测量的基本要求，包括三个方面，即准确性、完备性和互斥性。准确性是指所分派的数字或符号能够真实、有效地反映测量对象在属性和特征上的差异。数学方法提供了一种评判真实状态与符号系统在结构上是否具有一致性关系的有效手段。完备性是指分派规则必须能够包含研究变量的各种状态或变异。互斥性是指每一个检测对象（或分析单位）的属性和特征，都能以一个并且只能以一个数字或符号来表示，亦即研究变量的取值必须是互不相容的。

3. 测量指标

实施测量需要建立相应的测量标准，即测量指标。指标是被测量对象（自然的、社会的）某种特征的客观反映，与现象的质的方面密切相关。指标的建立，是为了定量阐述现象的差异或变异，以便精确描述被测量对象的某一特征。由于被测量对象特征的非单一性，一般需要构建指标体系（或综合指标）以精确描述其多种特征。

4. 测量信度

测量信度是指测量数据（资料）与结论的可靠程度，即测量工具能够稳定地测量到所指定的测量指标的程度。测量信度是优良的测量工具所必须具备的条件，为了获得真实可靠的研究资料，需要对测量信度进行评价。在结构化、标准化程度较高的测量中，影响测量信度的主要原因在于随机误差。一般而言，随机误差越大，测量信度越低。随机误差的来源主要有以下几方面：一是测量内容；二是测量者；三是测量对象；四是测量环境。

5. 测量效度

测量效度就是测量的正确程度，即测量结果能显示测量对象所需测量特质的程度。测量效度是任何科学测量工具所必须具备的条件。测量效度越高，测量结果就越能显示其所要测量的对象的真正特质。影响测量效度的主要因素除随机误差之外，还有两个因素需要认真对待：一是测量工具；二是样本选取。

（五）统计

1. 统计的概念

统计是运用统计学原理，对研究所得的数据进行综合处理，以揭示事物内在规律的方法。统计为社会科学研究向纵深发展提供了新的可能，是定量研究社会现象的一种重要手段。

2. 统计的特点

统计具有数量性、技术性、条件性特点。

（1）数量性。统计是一种定量分析方法，其研究对象具有数量特征和定量关系，分析过程表现为大量信息（诸多数据变量）的处理，结果也以若干统计量来表征研究对象的状态，并以数量特征揭示其内在本质及变化规律。

（2）技术性。统计是一种技术性较强的描述和分析方法，它需要科研工作者具备一定的数学基础，同时掌握良好的数据处理技术。如此，科研工作者才能灵活而有效地对大量数据进行综合处理，对获得的统计结果进行有效的分析并有把握地使用。

（3）条件性。采用统计进行分析一是要获得足够多的有效样本，以满足统计分析的要求；二是要选取有效的数据处理工具；三是要借助一定的经验和相关的理论，对正确地判断统计结果的工作进行指导。

3. 统计的作用

统计的作用主要表现在以下几方面。

（1）分析解释。任何事物都是质和量的统一体，利用统计对研究对象的各项特征进行量化并加以测量，再对所得数据进行科学抽象，不仅可获取某一项特征量的变化规律，还可通过对数据变化规律的分析，把握研究对象不同特征量之间的内在联系，并针对所得规律和联系给出客观的解释。

（2）简化描述。统计能够以精确的数字来描述研究对象（如社会现象）的特征，从而将烦冗的描述大大简化，且更容易发现其中的内在规律。其中，特征量表或特征图就是直观、简明地展示复杂多变的关系的有效手段。

（3）判断推论。统计的目的在于为科研工作者提供全面、准确的现状分析，并做出科学的推论（或预测）。科学预测必须建立在大量统计、分析样本的基础之上，同时还需对研究对象系统内部的各项特征量之间的依存关系进行科学抽象，加之对因果关系的正确判断，方可得到较为可靠的预测结果。

4. 统计的种类

在社会科学研究中，统计可分为描述分析和统计推论两种基本类型，它们均属于定量分析的范畴。描述分析的目的是对整理出的数据（资料）进行加工概括，从多种角度显现大量资料所包含的数量特征和数量关系；统计推论的目的则是在随机抽样调查的基础上，根据样本数据（资料）去推论总体的一般情况及变化与发展趋势等。

5. 统计的局限

统计的使用受到如下一些因素的制约：一是样本的有限性，二是参量的模糊性，三是研究对象的限制。在对社会现象进行统计研究时，尤其不可机械地套用自然科学的统计模式，因为会导致错误的结论，甚至出现严重的谬误。

三、数理方法

理学是自然科学中研究物质内在规律的科学，数学则是研究自然科学最有力的工具。这里的数理方法，不仅仅指数学和物理的科研方法，还包括与物理学密切相关的工学中的科研方法。因此，科研中的数理方法是模型建构、机理分析、结构设计、系统模拟等工作中不可或缺的手段，是科研工作中一类基础性的重要研究方法。以下是科研工作中几种典型的数理方法。

（一）数学

1. 数学的概念

数学是指对研究对象进行提炼，构建出数学模型，使科学概念符号化、公理化，通过数学符号进行逻辑运算和推导，从而定量地揭示研究对象的客观规律的方法。因此，数学是一种简明精确的形式化语言，数学方法是定量描述客观规律的精确方法，也是科研工作者应当首先掌握的科研方法。

2. 数学的特点

数学具有高度的抽象性、高度的精确性、严密的逻辑性、辩证性、随机性等特点。

3. 数学的作用

数学对自然科学的发展至关重要，它为科研工作提供了简洁、精确的形式化语言，为各门科研提供了定量分析和理论计算方法；采用公理化方法，还可以创立科学理论体系。

4. 数学模型的含义

根据研究对象的性质从中抽取变量，形成一套揭示和描述研究对象变量的性质及其规律的算法和关系式，这套算法和关系式所形成的系统就是数学模型。有些科研工作者数学基础比较好，但把实际问题抽象成数学模型或理论问题的能力尚有不足，因此，需要在工作实践中努力培养这种能力。

5. 数学模型的类别

数学模型一般可分为确定性、随机性、模糊性和突变性等类型。确定性数学模型是利用数学方程式来建立模型，各变量之间存在确定的关系；随机性数学模型是利用概率论和数理统计方法建立模型；模糊性数学模型是运用精确数学方法研究模糊信息中的规律；突变性数学模型是研究突变过程与现象中规律的一种新创立的数学模型。

6. 数学模型的建立

建立数学模型的步骤包括如下几点。

（1）根据研究对象的特点，确定所要建立的数学模型和要选用的数学方法。

（2）确定能够反映研究对象（包括要素、子系统和系统）及变化过程的基本参量和基本概念。

（3）对模型进行深入研究，从中抓住主要矛盾和根本特征，进行科学抽象。

（4）根据边界条件分析，对已获得的诸多关系式进行整理、简化，并对各个量进行标定。

（5）对模型方程进行求解，由已知的特征值求出各参量之间的规律，即由特解推广至一般解。

（6）验证数学模型。代入一系列特征值进行验算，充分检验其稳定性、收敛性及有效性等，并将各项指标与原型进行比较，进而修改并完善。

7. 科研中的数学方法

科研中的数学方法的学习和实践，对于理工科大学生在未来从事科研工作与工程设计意义重大。例如，信息与计算科学、计算机科学与技术、金融信息技术、统计学等专业，均要求从事人员掌握一定的数学方法。此外，在新兴交叉学科中，数学的应用更具有综合性，表现为灵活性与多样性相结合。经验表明，对未来从事科研工作的莘莘学子及立志献身科学事业的人而言，如果数学基础不扎实，数学方法未掌握好，在探索未知的道路上就很难走得更远。在科学发展史上，已经出现了诸多令人感叹和深思的实例。

（二）模拟

1. 模拟的概念

根据相似理论，首先设计并制作一个与研究对象及其发展过程（即原型）相似的模型，然后通过对模型的实验和研究，间接地对原型的性质进行研究，并探索其规律性，这就是模拟。因此，模拟在一定程度上可再现原型的内在规律。模拟方法是一种间接方法，其依据是相似理论，是工程设计的有力辅助工具，既可提高设计质量，又可缩短研制工期。此外，模拟方法在工艺学中也有重要的应用。

2. 模拟的特点

模拟具有如下一些特点：首先，以相似理论为基础，寻求建立模型与原型之间的对应关系，模型不是对原型因素的纯化，而是尽量涵盖原型的因素；其次，用已构建的模型去模拟原型的某些功能及复杂的变化过程；最后，模拟的结果最终要通过真实的实验过程来验证，而模拟方法则可用于最初的实验研究。

3. 模拟的种类

模拟的种类因考虑的角度不同而有多种分类形式，主要有：①物理模拟，是指以模型和原型之间的物理过程相似或几何相似为基础的一种模拟方法；②数学模拟，是指模型和原型之间在数学方程式相似的基础上，依据该模型采用数值方法对原型进行的一种模拟方法；③智能模拟，是指以自动机（如计算机）和生物体（包括植物、动物及人体）的某些行为的相似性为基础，运用分析、类比和综合的方法建立模型，用该模型来模拟原型的某些功能或行为的一种模拟方法。

4. 模拟的作用

运用模拟可以提高工程和产品质量，缩短研制周期；用模拟方法培训复杂技术操作人员，既安全迅速，又节约有效。此外，模拟特别适合于研究处于危险环境或极端条件下的对象，对于生理、病理的研究，以及对宏观世界与微观世界中某些对象的研究也很有效。人们根据相似理论，不仅可以确定相似现象的基本性质、必要与充分条件，还可以定量地设计模型，并把模拟实验的结果定量地应用到原型中去。例如，北京工人体育馆采用了悬索结构，建筑物直径达94米，设计时先后做了直径5米和18米的2个模型，分别进行了力学模型实验，通过实验积累了大量科学数据，为优化设计提供了可靠的依据。

5. 模拟的不足

模拟可以作为最初的实验研究之用，但不能代替真实的实验，特别是模型与原型之间的相似关系不能被确切表述的情况下更是如此。计算机模拟在科研活动中具有重要的意义和作用，但要避免完全依赖计算机进行科研活动（特别是实验）的倾向。要创造条件多进行真实的实验研究，获取实验数据，以保证科研工作的客观性。

（三）理想化

1. 理想化的概念

理想化是指根据科学抽象原则，有意识地突出研究对象的主要因素，弱化次要因素，剔除无关因素，将实际的研究对象加以合理的推论和外延，在思维中构建出理想模型和理想实验，进而对研究对象进行规律性探索的方法。因此，理想化是一种对问题本质高度抽象的科研方法。

2. 理想化模型

理想化的一个重要应用就是建立理想化模型。理想化模型是指运用抽象的方法，在思维中构建出的一种高度抽象的理想化研究客体。理想化模型突出了主要因素而忽略了次要因素，因而具有推测性、类比性和极端性等特点。例如，在机械振动分析中，若忽略弹性元件的质量而只考虑其弹性，则抽象出"弹簧振子"模型；若忽略物体的形变而只考虑其质量分布及大小，可抽象出"刚体"；如若体积因素对问题研究影响不大而可以忽略,则又可抽象出"质点";等等。

3. 理想化实验

理想化实验是指运用逻辑推理方法、发挥想象力,在思维中将实验条件和研究对象极度简化和纯化,抽象或塑造出来的一种理想化过程的"假想实验"。

4. 理想化方法的作用

理想化的要点在于抓住问题的主要方面,这对课题研究意义重大:一是可使问题大为简化,而又不至偏差过大;二是通过对"理想模型"的研究,可以对实际发生的过程进行模拟,做到心中有数,起码可以了解一般变化过程及发展趋势,通过实验检验,可以修正模型并使之符合实际;三是便于发挥逻辑思维的力量,使"理想模型"的结果超越现有条件,为课题研究指明方向,形成科学预见。

(四)假说

1. 假说的概念

在科学探索过程中,人们在还没有深刻地认识其规律之前,往往先以一定的经验材料和已知的科学事实为基础,以已经掌握了的科学知识或经验为依据,对未知研究对象的内在本质及其运动、变化和发展的规律做出程度不同的猜测和推断,这称为假说。假说技巧的要点如下:发挥想象能力——大胆假设;运用各种技巧——小心求证;随时摒弃谬误——服从真理;不断更新观念——修正设想;及时总结经验——推陈出新。从一定意义上讲,科学假说是科研工作理论的先导。

2. 假说的特点

假说比感性认识更有条理性和系统性,因而具有一定的科学性;因其能解释已知的事实,且对新的现象和规律具有预见性,而其体系的正确性尚待实验检验或生产实践去测评,故具有一定的推测性和待证性。

3. 假说的形成

假说的形成主要包括五个阶段,即提出基本假说阶段、初步形成假说阶段、假说验证阶段、假说筛选阶段、假说体系建立阶段。

4. 假说的作用

假说是通向真理的必由之路;科学假说能够减少科研工作的盲目性,增强自觉性;各种假说的争鸣能够推动科学技术不断发展;自然科学技术的发展形式是科学假说;错误的假说在科学技术发展中具有特殊的作用。被大家公认的理论在经历了一段发展期后,新的科学事实出现,以往的理论可能无法解释,这就需要更新观念,突破原有的旧理论的束缚,提出新的假说。若假说通过了科学实验的验证,新的理论将随之诞生。

5. 假说的验证

假说可以采用直接验证法、间接验证法、逐步逼近法、排除法、反证法等进行验证。这些方法为科学假说的验证提供了一些合理而有效的途径。应当着重指出的是,尽管这些方法可以结合使用,其验证也有一定的可靠性,但是不能代替科学观察和科学实验这些验证科学假说的最基本的途径。

■ 第三节 现代科研方法

一、现代方法概论

科学的发展，得益于千百年来无数科研工作者付出的努力。随着时代的发展，传统的技术得到快速的发展和革新，而各种全新的技术也层出不穷；经典的理论随着新事实、新现象的出现不断地被修改和完善，而各种新的理论也迅速地出现和发展。同样地，科研方法也随之发展和进步，许多全新的科研方法亦被提出并得到广泛应用。此外，人们在原有的经典方法的基础上不断创新、发展并赋予其新意。于是，现代科研方法（简称为现代方法）便应运而生。

二、典型现代方法

典型现代方法包括系统论（system theory）、控制论（control theory）和信息论（information theory），是20世纪40年代先后创立并获得迅猛发展的三门系统理论的分支学科。虽然它们仅有半个多世纪的历史，但在系统科学领域中已是"元老"，合称"老三论"。人们选取该三论的英文名字的第一个字母，称之为SCI论。

（一）系统方法

1. 系统的概念

系统是由相互联系、相互依赖和相互作用的若干部分（或要素）按一定规则组成的、具有确定功能的有机整体。系统有三个特征：一是由相互联系的部分组成有机整体；二是有机整体具有新功能（即整体功能优于各部分的功能）；三是系统有确定的功能。系统论作为一门科学（一般系统论），是由奥地利生物学家路德维希·冯·贝塔朗菲（Ludwig von Bertalanffy，1901~1972年）于20世纪30年代创立的。

2. 系统方法的特点

系统方法具有如下一些特点：①整体性，系统是作为一个整体存在的，整体功能优于各组成部分（要素）孤立的功能；②协调性，组成系统的各个部分（要素）之间相互作用、相互制约，有机地联系在一起；③最优化，追求系统的最优化是系统分析的出发点和归宿，即从多种可能的方案中寻找最佳效果和达到该目的的最佳途径；④模型化，在考察、分析复杂的对象（如工程项目）时，需建立系统模型进行研究，以把握其基本的规律和功能。

3. 系统方法的步骤

运用系统方法进行一般系统研制的步骤如图4.1所示。

运用系统方法解决问题的基本程序如下：第一步，研究并制定系统总目标；第二步，设计若干方案，选择最优方案；第三步，建立模型并进行系统仿真；第四步，根据结果进一步优化方案；第五步，改进系统设计并完善其功能；第六步，检验并确定下一个研制目标。

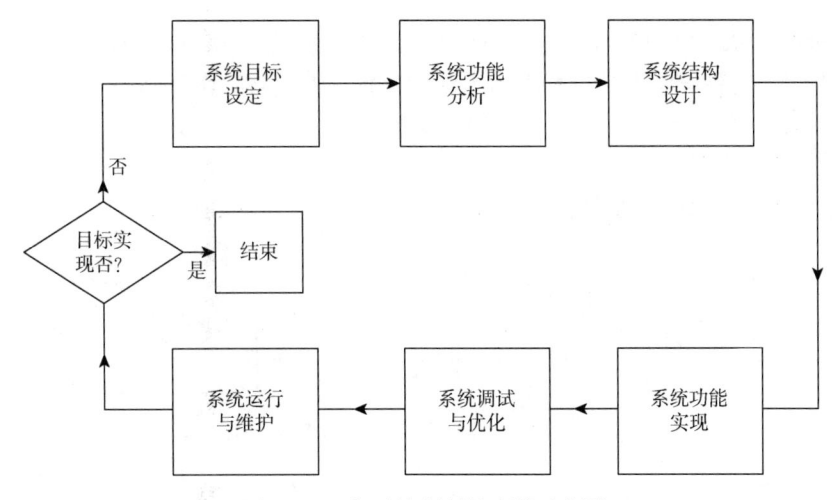

图 4.1　一般系统研制的步骤示意图

4. 系统方法的作用

系统方法的作用主要表现在以下三个方面。

（1）高效管理。重大科学探索、技术开发课题及工程项目的规模庞大、对象复杂、任务繁重。在实施过程中使用系统方法，可以促进高效管理，提高研究质量，促进重要的科学发现和重大的技术发明。研制原子弹的"曼哈顿工程"、载人航天的"阿波罗登月计划"等，就是很好的例证。

（2）科学决策。系统方法为研究、解决或处理复杂问题提供了一种有效的科学决策手段。贝塔朗菲提出的关于系统的"非加和性原则"，在科学决策中具有重要的指导意义。如何调配人才，如何使之在最需要的岗位发挥作用，是科研工作中最基本的问题之一。我国战国时代的"田忌赛马"，就是一例科学决策的典型事例。

（3）指导意义。党的二十大报告指出："万事万物是相互联系、相互依存的。只有用普遍联系的、全面系统的、发展变化的观点观察事物，才能把握事物发展规律。"[1]系统方法在自然科学、工程技术及经济管理等领域首先得到应用，进而迅速扩展到社会科学的各个领域，成为几乎适用于一切领域的科研方法。该方法在考察和处理问题时，具体地体现了唯物辩证法关于事物的普遍联系、相互作用及变化发展的基本原理。从这个意义上说，它对科研工作及科研方法的发展都具有重要的指导意义。

（二）控制方法

1. 控制的概念

"控制"是指自然形成的和人工研制的"有组织的调控系统"。控制的目的，在于通过系统内外部的信息对其运行状态进行有效调控，使之保持某种稳定状态。"控制"现象普遍存在于自然界的生物系统、人体系统等诸多系统之中。在社会领域中，国家、政党、社团、科学、技术、军事、思维等系统中也存在着"控制"现象。美国科学家诺伯特·维

---

[1] 引自 2022 年 10 月 26 日《人民日报》第 1 版的文章：《高举中国特色社会主义伟大旗帜　为全面建设社会主义现代化国家而团结奋斗》。

纳（Norbert Wiener，1894~1964年）是控制论的奠基者，他与合作者在1943年创立了控制论。中国著名物理学家、世界著名火箭专家钱学森（1911~2009年）于1945年首创工程控制方法，把控制论应用于工程技术领域。

2. 控制系统结构

控制系统主要包括施控系统、被控系统及信息通道，如图4.2所示。

图 4.2　控制系统结构示意图

3. 控制方法的特点

控制方法的基本特点如下。

（1）功能模拟。采用功能模拟方法，可使机器模拟或再现人及生物的部分功能。例如，人工智能的实现，就是控制方法取得成功的重要标志，其中的人-机对话系统就是一个成功实例。

（2）人机结合。控制方法把人的行为、目的及生理活动（如人脑和神经活动）与电子、机械运动相联系，突破了无机界和有机界的界限，把人与机器统一起来，从而揭示了不同物质运动形态之间的信息联系。

4. 反馈控制机理

实现对系统的控制，必须有信息反馈，控制与反馈二者都依赖信息的输入、变换及输出过程。反馈控制机理如图4.3所示。

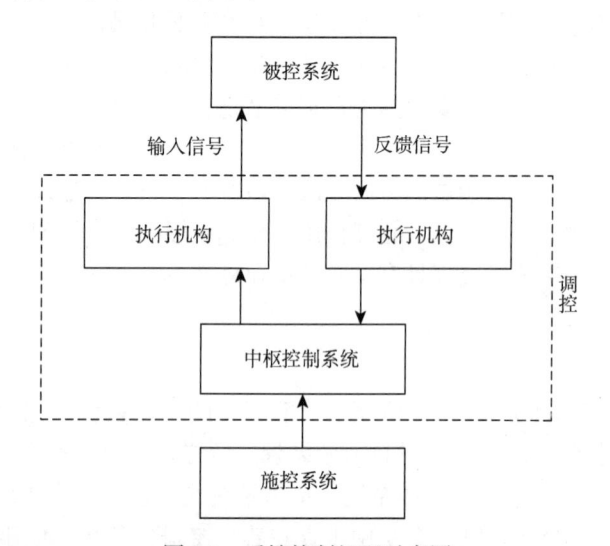

图 4.3　反馈控制机理示意图

（三）信息方法

1948年，美国数学家克劳德·艾尔伍德·香农（Claude Elwood Shannon，1916~

2001年）发表《通信的数学原理》一文，奠定了信息论的基础。

1. 信息的概念

有关信息这一科学概念的定义，学界至今尚未形成统一的认识。以下是几种具有代表性的观点。

（1）狭义信息。信息就是消息，即通信系统所传输、检测、识别、处理的内容。

（2）广义信息。广义信息是指事物的存在方式或运动状态，以及对这种方式、状态的直接或间接的表述，即人们感官所能直接或间接感知的一切有意义的东西，如电报、电话、电视、雷达、声呐、自然及人造景物等所传达的信号，生物神经传递的能量及遗传因子等。

（3）香农观点。信息是负熵，可定义为"不确定性的消除"，即信息量的大小可用被消除的不确定性来描述。

（4）维纳观点。"信息是有序性的量度"，即信息是系统状态的组织程度或有序程度的标志。

（5）其他观点。信息是物质和能量在空间和时间中分布的不均匀程度，伴随着宇宙中的一切过程必然发生。

2. 信息的特点

信息具有如下一些特点。

（1）普遍性。信息过程存在于一切运动的系统之中。

（2）存储性。信息可以借助存储介质加以保存并备查。

（3）传输性。信息可以通过多种传递方式进行传输。

（4）扩充性。信息随着时间和空间的变化而不断扩展。

（5）压缩性。简单压缩是指不改变内容而仅对其存储空间进行压缩；内容压缩是指通过整理、概括和归纳等方式将信息浓缩、凝练和精化。

（6）转化性。信息的状态会随时间和空间的变化而发生改变或者更新。

（7）扩散性。信息渠道多种多样使得信息扩散在所难免，信息保密任重道远。

（8）分享性。信息在传输、交换过程中，参与诸方不会因多次使用而失去原有的信息。

3. 信息反馈的方式

信息反馈是指控制系统将输入的信息经过变换输出后，该输出信息作用于被监控对象以产生控制作用的过程。信息反馈有正反馈（通过反馈使输入信号强度增强）和负反馈（通过反馈使输入信号强度减弱）两种基本方式，如图4.4和图4.5所示。

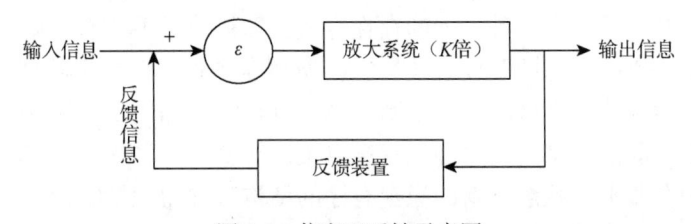

图4.4 信息正反馈示意图

+表示正反馈；ε表示输入信息与反馈信息以某种编码方式叠加

图 4.5　信息负反馈示意图

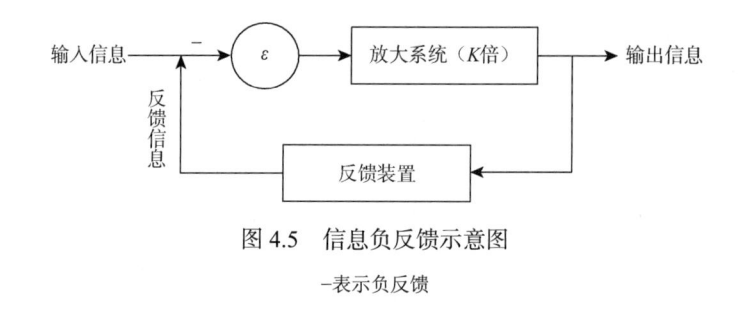

-表示负反馈

4. 信息方法的作用

信息方法是指运用信息的观点，把系统的运动过程视为信息的传递和转换过程，通过对信息流程进行分析和处理，实现对某个复杂系统运动过程内部规律性的认识。

信息方法的作用主要表现在以下三个方面：一是功能抽象；二是科学预测；三是结构探析。

三、"新三论"简介

与"老三论"相对应的是"新三论"，即耗散结构理论（dissipative structure theory）、协同学理论（synergetic theory）和突变理论（catastrophe theory）的统称。"新三论"是20世纪70年代以来陆续确立并获得极快发展的三门系统理论的分支学科，它们虽然建立时间不长，但已经成为系统科学领域中"年少有为"的成员。人们同样选取"新三论"的英文名字的第一个字母，称之为DSC论。

（一）耗散结构理论

耗散结构理论是由比利时科学家伊利亚·普里高津（Ilya Prigogine，1917～2003年）在1969年首次提出的一种新型理论。耗散结构理论强调"非平衡是有序之源"，其具体含义是：系统只有在远离平衡的条件下，才有可能向着有秩序、有组织、多功能的方向进化。该理论向传统科学的某些观念提出了严峻挑战，打破了经典科学中的平衡与非平衡、决定论与非决定论、可逆与不可逆、简单性与复杂性等之间截然对立的界限，以新的思维方式在更大的范围内将它们统一起来，促进并形成了一种新的科学观和方法论，深化了科学内涵，充实了哲学内容，在科学界产生了深刻的影响。自创立以来，该理论已经被广泛应用于自然科学、工程技术及社会科学的各个领域，普里高津于1977年获得诺贝尔化学奖。

一般而言，开放系统有三种可能的存在方式，即热力学平衡态、近平衡态和远离平衡态。对于一个远离平衡态的开放系统，它会受到许多复杂因素的影响而出现非对称的涨落现象。当其达到非线性区时，在不断与外界进行物质和能量交换的条件下，该系统将可能发生突变，即由原来的无序混沌状态自发地转变为一种在时空或功能上的有序结构。事物的这种在非平衡状态下新的稳定有序的结构就称为耗散结构，而耗散结构论则是探索在耗散结构微观机制内关于非平衡系统行为的理论。对于系统论而言，它所要寻求的也是这种具备有序性的稳定结构。因此，从这个意义上说，耗散结构论与系统论有异曲同工之妙。

（二）协同学理论

协同学理论的创始人是德国著名的理论物理学家赫尔曼·哈肯（Hermann Haken，1927~），他于 1977 年创立了该理论。自然界是由许多系统组织起来的统一体，这诸多系统就被称为子系统（或元素），该统一体即大系统。协同学理论认为，在一定条件下，系统内部各子系统之间存在相互影响和协同作用，这些作用将会使系统发生相变，在宏观上形成时间、空间或功能的新的有序结构状态。系统相变一般是指系统结构形态的质变，系统由旧的无序结构转变为新的有序结构遵循一定的规律，协同学理论是研究这些规律的科学。

协同学理论是处理复杂系统的一种策略，其目的是建立一种用统一观点去处理复杂系统的概念和方法。该理论的重要价值主要体现在以下两个方面：一是该理论通过大量的类比和严谨的分析，论证了各种自然系统和社会系统从无序到有序的演化，是组成系统的各元素之间相互影响又协调一致的结果；二是该理论在将一个学科的成果推广到另一个学科并提供理论依据的同时，也为人们从已知领域进入未知领域提供了一种有效手段。

（三）突变理论

法国数学家雷内·托姆（René Thom，1923~）在 1972 年出版的《结构稳定性和形态发生学》一书中，正式提出了突变理论，并且对其进行了详细阐述，因此荣获国际数学界的最高奖——菲尔兹奖章。突变理论认为，系统所处的状态可用一组参数描述。系统从一种稳定状态进入不稳定状态，随着参数的再变化，又使不稳定状态进入另一种稳定状态，则系统状态就在这一刹那发生了突变。简言之，突变理论就是研究从一种稳定组态跃迁到另一种稳定组态的过程中的现象和规律的学说。突变理论研究的重点是在拓扑学、奇点理论和稳定性数学理论的基础之上，通过描述系统在临界点的状态，来研究自然的多种形态、结构和社会经济活动的非连续性突然变化现象，并且通过耗散结构理论和协同学理论，将自身与系统论联系起来，借此对系统论的发展产生推动作用。

在自然界和人类社会活动中，除了渐变的和连续平稳的变化现象之外，还存在着大量的突然变化和跃迁现象，如水的沸腾、岩石的破裂、桥梁的崩塌、地震、细胞的分裂、生物的变异、人的休克、情绪的波动、战争、市场变化、经济危机等。突变理论试图用数学方程描述这些过程。突变理论能够阐释和预测自然界和社会上的突变现象，并且已经在许多领域取得了重要的应用成果。

四、非线性方法

对于大系统、大数据、大工程而言，除了"老三论"和"新三论"之外，非线性方法正在发挥着越来越重要的作用。

1. 基本概念

根据系统论原理，复杂系统内含诸多要素，结构亦复杂多变，要素之间具有多维度、多方向的关联作用，其动态发展规律具有非线性特征。这种非线性特征反映出系统变量之间相互作用时，表现为非比例变动的关系，在数学形式上要用非线性方程来描述，因此将研究这种关系的方法称为非线性方法。

2. 重要意义

非线性方法与线性方法存在明显差异,这是对传统研究方法的科学突破。线性方法是做加法,而非线性方法是做乘法,蕴含巨量信息并具有高维性。非线性方法可用于探索并解决前沿科学问题,攻克技术难关,破解复杂工程问题,同时也需要在科研工作中得到应用、检验和完善。

3. 主要应用

为有效解决大系统、大数据、大工程中的复杂问题,非线性方法应运而生,它有望为新阶段产业和经济发展赋能助力。目前,非线性方法正在脑科学研究、生物医药开发、海洋探测、全球气候监控、重大设备安全检测等领域应用拓展,其未来发展蓝图既宏伟又独具魅力。

第四节 科研方法示例

一、经典科研方法示例

科研方法自人类最初开始积累科学知识的那一刻起,便已经在不断地发展与传承。科学体系正式建立之后,科研方法在不断积累、丰富和发展的过程中,得到了越来越广泛的应用和推广。可以说,千百年来,人类科技史上的每一次进步,都是科研方法得以正确运用的表现。下面就以实例来说明科研方法在科研工作中所起到的重要作用。

(一)抽象与具体方法示例

【例 4-1】 能量转化和守恒定律的发现与确立,是抽象与具体方法联合应用的经典事例。

能量转化和守恒定律是 19 世纪 30~40 年代在五个国家,由从事六七种不同职业的十多位科学家,通过研究蒸汽机的效率、人体的新陈代谢、电磁的转化等不同方面而独立发现的。该定律揭示了热、机械、电、磁、化学等各种能量与运动形式之间的统一性,成为整个自然科学体系的基石。

1. 代表性观点和思想

在能量转化和守恒定律确立之前,历史上有不少科学家和学者凭借其天才的推测或严密的计算,对能量在多种形式之间相互转化过程中总和不变的规律进行了描述。以下是一些具有代表性的观点和思想。伽利略提出了力学量守恒思想,他指出,物体在下落过程中所达到的速度,能够使它跳回到原来的高度,但不会更高;笛卡儿提出了动量守恒思想,他指出,宇宙间动量(物体的质量×速度)的总和是守恒的,动量应作为运动的量度;戈特弗里德·威廉·莱布尼茨(Gottfried Wilhelm Leibniz,1646~1716 年)提出了"活力"守恒观点,他认为,宇宙间的"活力"总和是守恒的,力和路程的乘积等于"活力"的增加,"活力"应作为运动的量度;雅各布·伯努利(Jakob Bernoulli,1654~1705 年)提出了"活力"转化观点,他认为,"活力"是守恒的,当"活力"消失时做功的本领没有失去,而是转变成另一种形式;欧拉证明,如果一个质点是在已知向心力的影响下运动,则当该质点和吸引力达到一个确定的距离时,其"活力"在任何时刻都是相同的;托马斯·杨(Thomas Young,1773~1829 年)提出了"能量"概念,并用来对

"活力"进行表征。到 18 世纪末,人们已经普遍相信用任何方法都不能建成永动机。

2. 代表性验证及事件

19 世纪 30～40 年代,许多科学家和专业人士通过不同的途径,从不同的方面进行研究,分别提出能量转化和守恒定律。以下是部分具有代表性的科研验证事件。

尤利乌斯·罗伯特·迈尔(Julius Robert Mayer,1814～1878 年)于 1842 年发表了论文《论无机界的力》,成为第一个发表能量转化和守恒定律的人;詹姆斯·普雷斯科特·焦耳(James Prescott Joule,1818～1889 年)先后用了 20 多年的时间进行大量实验,1849 年在《热的机械当量》一文中给出热功当量值为 4.157 焦耳/卡(很接近精确值 4.184 焦耳/卡),是最先用科学实验确立能量转化和守恒定律的人;赫尔曼·冯·亥姆霍兹(Hermann von Helmholtz,1821～1894 年)从研究动物热这条途径,也发现了能量转化和守恒定律;威廉·罗伯特·格罗夫爵士(Sir William Robert Grove,1811～1896 年)从对电的研究中揭示了能量转化和守恒定律,他是新的伏特电池——格罗夫电池的发明者;路德维格·奥古斯特·柯丁(Ludwig August Colding,1815～1888 年)通过摩擦实验,测定了热功当量;开尔文勋爵[Lord Kelvin,原名威廉·汤姆森(William Thomson,1824～1907 年)]于 1853 年对能量守恒定律进行了精确表述,并指出能量是表征物体系统状态的函数。

如今,对能量转化和守恒定律的一般描述为:能量既不会消灭,也不会创生,它只能从一种形式转化为另一种形式,或者从一个物体转移到另一个物体,而在转化与转移的过程当中,能量的总和保持不变。

能量转化和守恒定律的发现与确立过程,给人以深刻的启示。一是事物现象具体而本质抽象。任何事物都有它的现象和本质,事物的现象是大量的、可见的,而其本质则是凝练的、隐匿的。二是具体是对事物抽象的基础。科学抽象不是一个玄思过程,而是思维在观察、实验等实践中与认识对象的相互作用过程。三是抽象最终需要回归具体。科学抽象的目的在于提出科学概念,并运用概念对事实进行判断和推理,构建系统的科学知识。四是抽象与具体要结合使用。科学抽象是一个过程,往往需要历经长时间的磨砺。因此,我们要把创新性的思维推理过程和严谨的科研验证过程结合起来,不能偏重二者之一。

(二)实验与测量方法示例

【例 4-2】 基本粒子 J/ψ 的发现,是实验方法和测量方法联合应用的经典事例。

1974 年 11 月 10 日,美籍华裔物理学家丁肇中(Samuel C. C. Ting,1936～)教授所领导的小组,在美国纽约州阿普顿布鲁克黑文国家实验室里,发现了一种新的基本粒子。该粒子十分独特,不带电且寿命相对较长($\sim 10^{-20}$ 秒),丁肇中把它命名为 J 粒子。在该日上午 9 时 20 分,由美国科学家伯顿·里克特(Burton Richter,1931～2018 年)领导的小组也在加利福尼亚州帕洛阿尔托的斯坦福直线加速器中心发现了这种粒子,并命名为 ψ 粒子。为了纪念丁肇中小组和里克特小组的各自独立发现新粒子的功绩,这种新粒子被重新命名为 J/ψ 粒子。1976 年,二人共同获得了诺贝尔物理学奖。当年出版的《新闻周刊》称,"J 粒子的发现,是基本粒子科学的重大突破,对于近半个世纪以来物理学家努力寻找解释的自然界 4 种不同形式的力[万有引力、电磁相互作用力(简称电磁力)、强相互作用力(简称强力)、弱相互作用力(简称弱力)]的作用,具有重大意义和贡献";美国麻省理工学院原院长杰米韦森说:"丁肇中教授的研究,为人类开拓了宇宙未知的领域,使基本粒子物理迈进了一个新的境界。"1975年2月14日，美国总统福特致信丁肇中，对他取得的成就表示祝贺。

J/ψ粒子的发现，对今天的科研工作至少有三点启示。一是当代物理学的重大发现必须借助于高精密实验仪器和设备。没有一流的高精密实验仪器和设备，就无法获得一流的发现，也无法进行一流的科研工作。二是高超的实验技能和创新思维是获得重大科学发现的前提。在现代科学探索中，科研工作者应具备高超的实验技能，并以创新的思维进行实验设计，寻找科学发现的突破点。三是高素质的研究团队及良好的合作攻关意识是成功的保证。现代科学探索和大规模技术开发是一种高强度、快节奏的集体行为，特别是重大课题的组织和研究，单靠少数人是很难承担的。

（三）数理科研方法示例

【例4-3】 行星运动三定律的发现，是观察方法和数学方法联合应用的经典事例。

著名的丹麦天文学家第谷·布拉赫（Tycho Brahe，1546～1601年）一生辛勤地仰望星空，通过大量的观察，收集到非常精确的天文资料。第谷是望远镜发明之前最后一位伟大的天文学家，也是世界上前所未有的最仔细、最准确的观察家，他的记录具有十分重大的科学价值。

作为第谷的接班人，德国天文学家约翰尼斯·开普勒（Johannes Kepler，1571～1630年）很幸运地获得了这些宝贵的资料，他认为通过对这些记录进行仔细的数学分析，可以检验哥白尼日心说、托勒密（Claudius Ptolemaeus，或Ptolemy，约90～168年）地心说、第谷的观察这三者的正确性。但是，经过多年煞费苦心的数学计算，开普勒发现第谷的观察与上述两种学说都不符合。最终，开普勒发现了问题的症结：他与第谷、哥白尼及所有的经典天文学家一样，都陷入了假定行星轨道是由圆或复合圆组成的传统思维。实际上，行星轨道不是圆形，而是椭圆形。找到问题的突破点以后，开普勒仍不得不花费数月的时间进行复杂而冗长的计算，以证实他的学说能够与第谷的观察相互吻合。1609年，开普勒出版了《新天文学》这部伟大的著作，提出了行星运动第一定律和第二定律。十年后，他又提出了行星运动第三定律。

开普勒发现行星运动三定律的过程，直接体现了科研方法学习与应用的重要价值。其表现为：①耐心细致的观察是获取科研真实资料的基础。从事科研工作需要耐心和毅力，有时需要历经长时间的寂寞。②深厚的数学功底是克服科研障碍的有力武器。科研工作者要重视数学修养，做科研必须打好数学基础，同时也要掌握一些必备的数学方法。③不迷信权威是获得重大科研成就的必备品质。科学史上不迷信权威，冲破传统理念取得的重大科研成就的事例不胜枚举。英国物理学家牛顿曾说过："如果说我比别人看得远些的话，是因为我站在巨人的肩膀上。"

二、现代科研方法示例

现代科研方法虽然被冠以"现代"之名，但其被正式作为理论提出并建立自身系统的时间并不久远。而其中的某些原理与实际操作手段，早在千百年前就已经得到了充分的应用。当然，在科学技术日益发达的今天，各类现代科研方法不仅形成了完整的系统，也得到了更广泛的应用与发展。以下是中国古今两个典型示例。

【例4-4】 中国古代"一举三得"工程的设计与实施，是系统方法应用的典型事例。

中国古人已知道并成功地运用系统方法研究和解决复杂工程中的人力、物力和财力等综合调配问题，北宋科学家沈括（1031～1095年）在《梦溪笔谈》中记载的"一举而三役济"故事就是一个典型实例。该工程的大意是，宋真宗大中祥符年间（1008～1016年），都城开封的皇宫失火，亭台楼榭付之一炬。宋真宗命晋国公丁谓（966～1037年）负责，限期修复被烧毁的宫室。开工初期，有两个棘手的问题需要解决：一是填充基地需要大量土，但取土地点离皇城很远，运费高，速度慢；二是从皇城外运送材料的船只停泊在汴河边，需通过陆路将材料运送到较远的施工现场，时间长，劳力巨。根据实际情况，丁谓采取了如下解决方案：一是"挖沟取土，解决土源"，命令工匠从皇宫周围的街道上挖土烧砖，数日内，街道形成沟渠，创造性地解决了第一个问题；二是"引水入沟，运输建材"，把汴河水引入新挖成的沟渠形成运河，再用很多竹排和船只将修缮宫室要用的材料顺着运河运到皇宫周围，顺利地解决了第二个问题；三是"废土建沟，处理垃圾"，在宫殿修复工作完成后，把烧毁的器材和建筑垃圾填进深沟，平整后仍为街道，有效地解决了开发、建设与修复之间的矛盾。实施这"一举三得"的优化方案，既大大缩短了工期，又"省费以亿万计"，堪称运用系统方法解决复杂工程问题的典范。

【例 4-5】 中国"神舟"系列飞船的研制、发射与回收，是有关现代科研方法综合应用的典型事例之一。

中国古代先驱很早就有了"飞天"的梦想，而实现载人航天飞行一直是中华儿女的心愿。"神舟"系列飞船的研制与发射成功，圆了中国人的"飞天"梦想。自1999年开始，中国自行研制的"神舟"系列飞船开始发射升空，到2022年"神舟"十四号飞船已成功发射。"神舟"一号飞船到"神舟"四号飞船，都是无人飞船。自2003年开始，"神舟"五号飞船首次进行载人航天飞行（航天员杨利伟），历经"神舟"六号飞船（航天员费俊龙、聂海胜）、"神舟"七号飞船（航天员翟志刚、刘伯明、景海鹏）、"神舟"九号飞船（航天员景海鹏、刘旺、刘洋）、"神舟"十号飞船（航天员聂海胜、张晓光、王亚平）、"神舟"十一号飞船（航天员景海鹏、陈冬）、"神舟"十二号飞船（航天员聂海胜、刘伯明、汤洪波）、"神舟"十三号飞船（航天员翟志刚、王亚平、叶光富）、"神舟"十四号飞船（航天员陈冬、刘洋、蔡旭哲），其间共有十多位中国航天员被送入太空，实现了中国历史上第一次太空行走实验、第一次空间对接实验等突破。中国航天员出舱进入太空挥动着国旗，开创了中国航天史上的新篇章，中国人登上月球并进行星际旅行的日期指日可待。

载人航天飞行是一个典型的将系统方法、控制方法和信息方法进行综合运用的工程。航天器结构异常复杂，推进舱、返回舱、轨道舱中的控制部件数以万计，操作指令不计其数，信息流时刻变化，其中的困难程度不可想象。要保证研制单位、科研工作者、资源调配、跟踪控制、维护保障等诸多因素协调并有序运作，就必须采用现代科研方法加以管理。中国"神舟"系列飞船的研制及成功发射，是广大航天科研工作者付出无数心血和智慧获得的成果。现代科研方法的应用，无疑也是实现这一宏伟目标的助力之一。正如党的二十大报告所述，"必须坚持系统观念。万事万物是相互联系、相互依存的。只有用普遍联系的、全面系统的、发展变化的观点观察事物，才能把握事物发展规律"[1]。

---

[1] 引自2022年10月26日《人民日报》第1版的文章：《高举中国特色社会主义伟大旗帜 为全面建设社会主义现代化国家而团结奋斗》。

第五章

科研思维及培养

科研思维是人类的智慧之花，创新思维则是其最美丽的花朵之蕊。

——笔者题记

■ 第一节 科研思维概论

任何一位科学家或科研工作者在从事科研工作的过程中，都必然要运用理论思维，这是由科学本身的性质决定的。科研过程是人对自然、社会及精神活动的一种认识过程，它和人类的一切认识过程一样，都只能在一定的世界观、认识论和方法论的指导下进行。科学是用概念和逻辑的形式反映自然、社会及思维规律的知识体系，它要形成概念、运用逻辑、发现规律，最终建立起一个知识体系。正如毛泽东在《实践论》中所指出的那样，"要完全地反映整个的事物，反映事物的本质，反映事物的内部规律性，就必须经过思考作用，将丰富的感觉材料加以去粗取精、去伪存真、由此及彼、由表及里的改造制作工夫，造成概念和理论的系统，就必须从感性认识跃进到理性认识"（毛泽东，1986）。

一、科研思维概述

1. 思维概念

思维是一种认识活动，是认识的理性阶段，是对感性材料进行加工，形成概念、判断、推理的过程。思维具有抽象性、概括性、间接性、逻辑性、加速性等特点。

（1）抽象性。科研工作的目的是发现研究对象的内在规律，研究的过程就是发现规律的过程，即舍弃非本质因素从而抽取本质属性的认识过程。

（2）概括性。在科研工作中，科研工作者需要对所发现的研究对象的本质属性进行概括，并凭借合理的假设、缜密的逻辑、足够的实验和科学的判断，将其推广到具有该属性的一类研究对象之中。

（3）间接性。科研工作者在借助科研工具（仪器）获取感性认识的基础上，通过大脑的科学思维活动，将其与记忆库中的知识进行比对、甄别，从而对研究对象产生间接的反映。

（4）逻辑性。科研思维属于抽象思维，而逻辑性是抽象思维的一种基本特性。因此，探索并总结科研活动中科研思维的逻辑方式及其规律，是科研工作者应该特别关注的问题。

（5）加速性。科研的目的在于探索并发现规律，而科研思维的运用则会有效地促进科学认识和科学发现过程。因此，科学思维是科研工作的加速剂，正确地进行科学思维可以加速实现科技创新。

2. 科研思维

科研思维是科研工作者在科研工作中为解决科研问题而采用的科学思维方式。科研思维具有客观性、能动性、多样性、交叉性等特点。科研思维的基本过程如图5.1所示。

图 5.1　科研思维的基本过程示意图

二、科研思维价值

1. 科研思维影响研究成效

进行任何科研思维活动，都必须运用一定的思维方式，都要使用思维规定和逻辑范畴。而各种思维方式都是一定的方法论的体现，同时也促进了科研方法的发展。古今中外的科学家及科研工作者在科学上的成败得失，既有客观因素，也有主观因素。在客观条件一定的前提下，支配他们进行研究的哲学思想和科研方法，将对其研究工作产生重要影响。共产主义运动领袖弗里德里希·冯·恩格斯（Friedrich von Engels，1820~1895年）曾经深刻地指出："一个民族要想站在科学的最高峰，就一刻也不能没有理论思维。"（中共中央马克思恩格斯列宁斯大林著作编译局，1995）科研思维仅仅作为一种能力而言并不是与生俱来的，而是靠后天认真的观察、思考和科研实践，靠不断进行的思维锻炼获得的。

2. 科研思维促进全面发展

科研思维的重要性不仅体现在科研工作方面，在其他方面的作用也是不容忽视的。在当今竞争激烈的科研领域，大家在知识的广度与深度上也许相差不多，但不同的科研工作者一般拥有不同的思维方式，且在从事科研工作时对思维方式的运用也有一定区别，这导致他们最终的研究成果往往差别很大。纵观整个科学发展史可以发现，那些思维方式别具一格的人，往往能够取得巨大的，甚至是惊人的科研业绩。

三、创新思维简介

1. 创新概述

创新是一个非常古老的概念，英文为innovation，该词起源于拉丁语。笔者认为，创新包括三层含义：一是"创造"，即由无到有；二是"更新"，即以新代旧；三是"改变"，即固而思变。创新作为一种理论，最初形成于20世纪。1912年，美国哈佛大学教授约瑟夫·阿洛伊斯·熊彼特（Joseph Alois Schumpeter，1883~1950年）在其德文著作《经济发展理论》中，首次提出了"创新"的概念。熊彼特认为，"创新"就是把生产要素和生产条件的新组合引入生产体系，即"建立一种新的生产函数"，其目的是获取潜在的利润。熊彼特的理论一开始并没有受到足够的重视，直到1934年他的作品被用英文出版后，才引起学界的广泛关注。熊彼特从企业的角度提出了创新的五个方面：采用一种新产品——也就是消费者还不熟悉的产品，或一种产品的新的特性；采用一种新的生产方法；开辟一个新市场；控制或掠取新的原材料供应来源；实现任何一种工业的新的组织，如造成一种垄断地位或打破一种垄断地位。熊彼特的研究成果标志着人们已经将创新与现代理论相结合，创新已经成为一种可以量化的机制。

2. 创新思维

笔者认为，创新思维是科学思维体系的重要组成部分，也是最具活力的科学思维形式。有关创新思维的概念，国内外学者有诸多观点，目前学术界还没有一个统一的定义。以下是笔者归纳的几种对创新思维的解释。

（1）创新思维是在非常规的刺激下，通过非逻辑思考方式产生的顿悟或启迪。这种解释强调了思维活动中灵感、直觉、想象等因素的关联和激发作用。

（2）创新思维是对常规思维的突破，是逆常规思维认识事物的一种新的思维方式。创新思维的产生通常是在偏离正常思维的轨迹上（如反向思维、发散思维等）实现的。

（3）创新思维是一种与生俱来的天赋。这种解释片面强调了人的天赋的作用，忽视了后天的学习和训练。天赋固然重要，但若无知识学习、经验积累及技能培训，创新思维就无从谈起。

（4）创新思维是思维发散与收敛交替轮回的作用过程。这种解释给出了一种创新思维产生过程的模式，但也仅揭示了创新思维的一个特征而已。

3. 创新思维特征

创新思维具有如下基本特征，即创新性、批判性和灵活性。

其一，创新性。它是创新思维的基本特征和主要标志，评价创新性最重要的指标是思维成果的新颖程度。其中，创新程度的最高级别是独创。

其二，批判性。它一般指对新旧理论间矛盾的取舍。科研工作者在发现新现象、新事实与既有知识、经验和定律相矛盾且采用常规思维方式无法解决该矛盾时，创新思维的批判性就显得特别重要。

其三，灵活性。其主要指科研工作者的思维活动不受常规思维定式的束缚与局限，并且能够根据具体的科研对象自由、灵活地采用多种思维方式探索问题的答案。

4. 创新思维形式

科研过程是一个创新过程，该过程的完成往往需要采取多种科研方法和创新思维形式。其中的创新思维并非以单一的形式出现，而是表现为多种形式思维的综合运用。笔者根据多年的科研经验，归纳出以下三种创新思维的基本形式。

（1）弹性思维，指思维在广度和深度层面具有弹性特点的思维方式。代表性的弹性思维包括发散思维、收敛思维和联想思维等类型。

（2）多元思维，指思维的指向不拘泥于从单一的方向去分析、探索问题的思维方式。从一维思维空间的指向考虑，具体有正向思维和反向（或逆向）思维；从多维思维空间的指向考虑，有类比思维、水平思维、纵向思维等。

（3）跳跃思维，指思维直接越过逻辑思维的某些既定环节或改变某些操作步骤，非常规地获得结论。跳跃思维不是一个循序渐进的思维过程，其跳跃性会带来认识上的某种突变和飞跃。跳跃思维有诸多的具体形式，如灵感、直觉、想象等。

四、创新思维过程

法国著名数学家朱尔·昂利·彭加勒（Jules Henri Poincaré，1854~1912年，又译作庞加莱）认为，创新思维过程是三段式的，需历经问题提出、探索创造和整理完善三个基本阶段。

（1）问题提出阶段。该阶段是创新思维过程的第一阶段，是进行有意识活动的阶段。在这一阶段，科研工作者提出问题，并调动自己已有的知识去解决它。但当已有的知识不足以获得创造性的结果时，就必然要寻求全新的解决思路和途径，这时便开始进入创新思维过程的第二阶段。

（2）探索创造阶段。该阶段是创新思维过程的第二阶段，通常是进行无意识活动的阶段。由于问题如何解决仍然未知，科研工作者的思维异常活跃，概念、原理、公式、方法等各种已有的"知识单元"开始试探性地进行无意识的自由组合，同时科研工作者通过直觉、经验对这些组合进行筛选。其中，最有价值的组合总能给人以最大的和谐感。对于直觉能力强的科研工作者而言，他们能够瞬间抓住这样的组合，并努力使之上升为创造性的成果。得到了创造性的成果，就可以进入创新思维过程的第三阶段了。

（3）整理完善阶段。该阶段是创新思维过程的第三阶段，是进行有意识活动的阶段。通过对创造性思维成果进行逻辑组织和严密表述，创造性成果会得到进一步的整理和完善。

五、创新思维示例

笔者在第三章提出关于科研问题的问题三层次分析法，即发现问题、梳理问题和提炼问题。其要点如下：科研工作者首先要在本专业或感兴趣的相关领域，发现那些尚未解决（或未完全解决）并感兴趣的问题；其次，要把第一层次发现的问题逻辑化，并从中梳理出具有科研价值的若干"科学问题"；最后，在第二层次若干"科学问题"中，进一步深化提炼出具有科研价值并有望解决的"科学选题"。要达到问题分析的高级层次（第三个层次），科研工作者需要具有敏锐的课题捕捉能力和科学问题表征能力。

下面介绍一个笔者利用创新思维进行科研选题的示例。

1999年10月，笔者开始进行光纤光栅传感方面的研究。按照"问题三层次分析法"方式，笔者首先对有关光纤光栅传感方面的研究历史和状况进行了充分的调研，通过查阅大量国内外相关文献，结合所在课题组的科研条件和自己的研究基础，发现并确定了一个研究进入点，即"基于弹性梁的光纤光栅力学量传感器的设计与研制"课题。其次，将该课题分解，梳理出"基于悬臂梁的光纤光栅力学量传感器的设计与研制"、"基于简支梁的光纤光栅力学量传感器的设计与研制"和"基于扭转梁的光纤光栅力学量传感器的设计与研制"三个子课题。考虑到前两个子课题较为简单且已有所解决，而第三个子课题较为复杂且尚无相关的研究报道，笔者从研究的可行性出发，最后提炼出"基于弹性梁的光纤光栅扭转传感器的设计与研制"作为科研选题。由于严格按照"问题三层次分析法"方式进行选题，选择课题研究方法和策略得当，课题研究在很短的时间内就取得了突破性进展，获得了预期的研究成果。笔者研制的光纤光栅扭转传感器技术指标达到了设计要求，撰写的论文"Linearly fiber grating-type sensing tuning by applying torsion stress"很快被国际学术期刊 Electronics Letters 接收并发表。

笔者对该课题研究过程有两点体会：一是"问题三层次分析法"方式符合科研工作规律，严格按照该方式操作可以有效地进行科研选题；二是正确地选择科研方法和研究策略有助于提高课题研究效率。该课题从调研选题、理论分析、设计研制、器件测试到发表论文等整个研究过程，比原计划完成时间提前了很多。

第二节 典型科研思维

人们对自然界的认识是通过概念、判断和推理来进行的，而概念、判断和推理都是使人们通过科学抽象获得对客观事物全面、具体认识的思维形式。从事科研工作，掌握科学的思维方式，对于科学地认识研究对象、有效地揭示客观规律具有十分重要的意义。

在科研工作中，典型科研思维主要有判断、推理、想象、直觉、证伪和自洽等类型。

一、判断思维

1. 判断的含义

判断是反映客观现实的一种思想，是对研究对象有所断定的一种思维方式。与概念相比，判断是较为高级、复杂的思维形式，并以之为基础获得对研究对象本质、全体和内部联系的认识。

2. 判断的特征

一是有所断定，即必须对某一对象有所肯定或否定。二是或真或假，即判断本身是一个主观认识与客观实际的结合，若二者一致，则这一判断具有真实性，反之就是一个虚假的判断，即对某一判断，二者必取其一。

3. 判断的辩证性

一个判断的表述句由主语、谓语（或系词＋表语）组成。判断由概念构成，概念只反映事物的本质属性，而判断则反映事物具有或不具有某种属性；概念与判断之间相互依赖、相互对立，判断通过概念反映事物的本质。

4. 判断的作用

判断是认识活动的成果，也是科研工作的工具，尤其是辩证判断，在当代科学研究中具有重要的意义。在科研活动中，对任何问题、过程都需要进行真实的判断。可以说，没有判断，科研工作将无法进行，认识亦无法前进。

5. 判断的局限性

判断具有一定的局限性，主要表现在判断不能够简单地进行移植或叠加等操作，如特殊判断过渡到一般判断是否成立，取决于判断的前提、概念的使用及判断之间的关联程度。

二、推理思维

1. 推理的含义

推理是由一个或若干个判断过渡到新的判断的思维方式，是比判断更为高级的思维形式。一切推理都是由前提（已知判断）、结论（推出的新判断）和推理根据（真实前提与结论之间的必然联系）三个部分组成的。

推理的要领如下：一是需要充分的基础；二是需要反复深入的思索；三是要基于正确的假定；四是要采用正确的逻辑；五是不能将事实混同于对事实的解释。

2. 推理的种类

推理有多种分类方式，如直接推理和间接推理。前者是只有一个前提的推理，而后者则是有两个以上前提的推理。

3. 推理的意义

推理如同概念、判断一样，具有其客观基础。推理过程中涉及的研究对象并非孤立的，而是具有内在一致的联系性。推理过程受到科研工作者的控制，具有积极、主动的特征。推理最大的特点在于该过程可以使人获得新认识、新结论。

4. 推理的局限性

推理的局限性主要表现为推理需要拥有严格的前提、结论和根据，因此推理过程相当严谨，不能够随意使用未经证实的猜想或模糊的结论作为前提，也不能够得到模糊的结论。提出和证明猜想，已经成为当今创新的一条重要途径，仅仅使用严格的推理对创新就有一定的约束作用。例如，进行类比推理时，需要保证一定的条件，如进行推理的前提事实要可靠、推理根据的属性应具有可类比性、各个判断之间的逻辑具有必然性等，否则得到的推论是不可靠的。

三、想象思维

1. 想象的含义

想象是人类所拥有的一种智能，是一种高级的形象思维活动。科学想象是指科研工作者在反复思考一个问题时，对已有的表象进行加工和重新组合而建立新形象的过程。想象往往能够激发灵感，有助于创造性的思考。

2. 创造想象

按照预定的目的，依据现有的描述，在人们的头脑中独立地创造出来新的形象"蓝图"的过程，即创造想象。科学研究中的理论构建、工程技术发明等，均需具有创造性的想象思维为之开路。在创造想象中，建立新形象常用的手段是联想、拼接、移植、扩大或缩小等。

3. 想象的作用

著名物理学家爱因斯坦指出："想象力比知识更重要，因为知识是有限的，而想象力概括着世界的一切，推动着进步，并且是知识进化的源泉。严格地说，想象力是科学研究中的实在因素。"可以说，想象力是科学发现和技术发明过程中不可或缺的因素，它并非单独工作，而是物化在整个研究过程之中，并起到催化科研成果诞生的作用。

4. 培育想象力

想象力是一种十分可贵的才能，但并非天生固有，而是通过后天的学习、锻炼而产生，并在科研实践中逐渐地被培育起来的。渊博的知识积累、丰富的记忆表象储备、勤于动脑思考、善于吸纳他人智慧、勇于开拓创新及有目的、有方向性的联想等都有助于想象力的培养。科研实践亦证明，拥有良好的想象力，有助于挖掘灵感源泉、激励创新思想、突破科研难题。

四、直觉思维

1. 直觉的定义

直觉，一般是指对研究情况的一种突如其来的领悟或理解，亦指突然跃入脑际的、能阐明问题的思想。所谓直觉方法，是指在经验基础上不经过逻辑推理，而凭借理性直觉，直接且迅速地获得对事物本质认知的洞见能力和方法。恰当地利用直觉，有可能直接从大量错综复杂的数据中迅速提取出关键内容，总结出规则、定律。

2. 直觉的特点

直觉思维往往表现为在研究问题时突然对问题有所领悟，直接跳过逻辑思维的某些论证环节而获得认识上的飞跃。直觉一般产生于大脑的潜意识活动，这时，大脑也许已经不再自觉地注意这个问题，却还在潜意识中继续思考它，一旦获得结果，就有可能被捕捉到而形成直觉思维。在该思考过程中，调用资料和进行判断均在潜意识中进行，因此思考速度可能远远快于表层意识。通过直觉得到的结论并未经过严格的逻辑推理与认证，因此该结论未必可靠，很可能存在疏漏甚至错误。从这个意义上说，直觉具有突发性、跳跃性、或然性和不可靠性等特点。

3. 直觉的作用

直觉在科研及创造活动中有着非常积极的作用，其功能主要体现在两个方面。

一是有助于科研工作者提出创造性的预见。创造都要从提出问题开始，而问题的解决方法，往往有许多种可能性，能否从中做出正确的抉择就成了解决问题的关键。

二是能够促进科研工作者迅速做出优化选择。直觉往往偏爱知识渊博、经验丰富并有所准备的人，只有那些具备深厚功底的科研工作者，才有可能在很难分清各种可能性优劣的情况下做出优化抉择。

4. 直觉的产生

直觉的产生多在大脑功能处于最佳状态的时候，而思绪繁杂、混乱或疲惫时一般不容易产生直觉。在大脑功能处于最佳状态时，大脑皮层形成优势兴奋灶，对特定的信息进行迅速而准确的分析，使出现的种种自然联想顺利而迅速地被接通。直觉经常出现在不研究问题的时候，要善于捕捉。直觉转瞬即逝，因此必须随时记录，最好是用笔记录，以备后查。专注的思想活动，如学术讨论、感情刺激、思想交流等形式，对直觉的产生有积极的促进作用；使注意力分散的其他兴趣或烦恼、工作过劳、噪声干扰等，将有碍于直觉的产生。

五、证伪思维

1. 证伪的概念

证伪是指对已有的理论或学说举反例以论证其谬误或不完备。人们对自然现象及本质的认识都是不断地通过对错误假说和理论的证伪而逐步深入的。证伪主义的代表卡尔·雷蒙德·波普尔爵士（Sir Karl Raimund Popper，1902～1994年）将证伪思维方式归纳为：问题→试探性解决办法→排除错误→新的问题。

2. 证伪的价值

证伪思维实质上是一种试错思维，体现着一种批判精神，即科学是不断发展的过程。这种批判精神体现着科学发展的创造性思维，即不拘泥、不守旧、不盲从于权威。据此，波普尔提出，科学发展的一般模式为：问题→猜想→反驳→问题。科学是在真理和谬误之间的永恒运动中不断向前推进的。

3. 证伪的作用

证伪对理论或假说的作用在于其具有一例否决的特性，即只要有一例无可辩驳的实验事实，即可对该理论或假说做出否决的判定。证伪思维在科研工作中具有特殊的重要作用，任何科学假说或理论的提出，都需要经过严格的实验检验，而采用证伪思维方式，则可使验证更具科学性和权威性。

古人云：积疑起悟，渐博相通。又云：学贵知疑，小疑则小进，大疑则大进。证伪的前提是怀疑，科研工作者不仅要有对权威论点或结论怀疑及挑战的勇气，更重要的是也要有求实的态度和缜密的证伪。如此，才能在司空见惯、众说一致的理论中开辟一条通向新学说的途径。由此可见，怀疑精神及证伪思维方式在科研工作中具有特殊的重要意义。

4. 证伪的局限性

证伪存在着一定程度的不足，其局限程度受以下因素制约，即证伪实验的完善程度、判断的可靠性、假说或理论的完善程度等。证伪主义有时片面地强调批判和革命性，对科学发展长时期的积累、静态的增长等常规建设性活动有所忽略，对此需引起注意并加以避免。

六、自洽思维

1. 自洽的含义

自洽指科研工作者提出的科学理论、学说（或假说）应具有内在的一致性，即在内容、体系上是自相容且完整的，并与公认的理论或学说在逻辑上不矛盾，能够自圆其说。

2. 自洽性的意义

自洽性是任何科学假说建立的最基本要求之一，它要求假说与旧理论（或学说）具有内在逻辑上的一致性。若对该假说进行的关键实验与假说的预言基本相符，并且该假说可以解释现有诸多与旧理论相矛盾的新现象，则该假说很可能会变为真正的科学理论。

3. 自洽的特征

对于新旧两种理论（或学说），二者在逻辑上具有一致性，新理论传承旧理论；二者在内容的发展上具有一致性，即新理论包含旧理论之精华；新理论的预言及某些推论，能够解释现有诸多与旧理论相矛盾的新现象。

自洽思维是一种和谐思维，理论的自洽性在科学上则体现出一种和谐美。科学中的美是与科学的真结合在一起的，脱离真理的学说将失去美的价值。假如科学理论不能用简洁的数学语言来描述，从科学美的角度看就存在一定的缺憾。因此，科研工作者在课题研究中，应该自觉地探索、追求科学知识及科学体系的完美性。

4. 追求自洽性

科学家及科研工作者从事科学研究，在提出问题和解决问题的过程当中，不断提出对问题的科学认识，通过建立模型或理论进行科学阐释。如果这种科学阐释比较好地满足了理论分析的自洽性，其自洽程度越高，则该理论就越容易被同行接受。于是，这种科学阐述（或假说）就有可能转化为科学理论。

第三节　创新思维培养

笔者认为，若把科研思维比作人类的智慧之花，那么创新思维则是其最美丽的花朵之蕊。正是有了创新思维这种新型思维方式，人类的科学技术水平才得以如此高速地发展和进步。在拥有详尽资料的前提下，科技创新活动常常需要有科学的思维。那么，应该如何进行科研思维特别是创新思维的培养和训练呢？根据笔者多年科研的切身体会，下述内容应引起特别的注意。

一、科研逻辑方法的学习与应用

学习并正确地应用科研逻辑方法是创新思维训练的必要前提。在科研工作和技术开发过程中，尤其是实验（或实证）性课题的研究，常常会获得大量的数据。要得出一般性的结论，就必须采用分析与综合的方法对这些数据进行处理。分析是在综合指导下的分析，综合是分析的提高，两者是相辅相成的，不可割裂。归纳与演绎、抽象与具体也是科研工作中常用的逻辑方法。归纳是从特殊到一般，可以看作分析、综合、抽象的一个过程；而演绎则是从一般到特殊，由已知的一般性结论推出某些特定或具体条件下的未知情况。在开始某一实验之前，我们常常需要根据某一已知的理论，演绎可能出现的实验结果；实验结束后，就必须对实验数据进行分析、归纳，得出较为普适性的结论。由此可见，逻辑方法在科研工作中具有重要的作用，要想在科研工作中取得成功，必须掌握一定的逻辑方法。

例如，牛顿第一运动定律的提出，就是科研逻辑方法具体应用的一个很好的例证。

1687年，牛顿出版了《自然哲学的数学原理》一书，正式提出了三条运动定律，这也成为经典力学的基础。其中，第一定律，又称惯性定律，是三条定律的基础。第一定律的提出，是科研工作中归纳和演绎方法的具体应用。

在古代，人们对运动的观点多来自生活实践。移动物体通常需要力的作用，而不施加力的物体一般会逐渐停止运动，因此，亚里士多德提出了"力是维持物体运动的因素"这一观点，并且得到不少人的赞同。

一直到17世纪，这种观点才被动摇。伽利略通过大量的实验，发觉这一观点存在问题。他在实验中让小球从一个斜坡上滚落，小球会滚上另一个斜坡，但不能够到达原来的高度，且轨道越光滑，到达的高度就越大。因此，伽利略得出结论：力不是维持物体运动的因素，导致物体停止运动的因素是摩擦力等阻力。接着，伽利略利用外推法对理想条件下的情况进行了推测：当斜坡绝对光滑时，小球可以升到原来的高度，且不受斜坡倾角的影响；当斜坡完全放平时，小球将一直运动下去，速度恒定，永不停止。继伽利略之后，笛卡儿将这一条件推广，指出：小球不仅会保持速度不变，运动方向也不会改变，将沿着最初的方向进行直线运动。最终，牛顿对前人的工作进行了总结，提出了第一定律，即一切物体均会保持静止或匀速直线运动状态，直到有外力迫使它改变这种状态为止。他同时提出，物体本身具有维持自身运动或静止状态不变的性质。虽然无法用实验直接验证第一定律，但通过第一定律得到的一切推论都已经经受住实践的考验。因此，第一定律已经为世人所公认。

伽利略、笛卡儿、牛顿等的工作，具体地应用了逻辑方法中的归纳与演绎方法，从大量的实验现象中提取出共同规律，再对这一规律进行理想化的推广，最终得到了普遍适用的规律。亚里士多德的观点虽然也经过了对事实的归纳，但由于他没有完全理解事实中的全部因素，得到的结论与事实相违背。由此可见，逻辑方法需要严密的观察和推理，不可仅凭经验空想。

二、科研思维方式的学习与实践

学习并实践创新思维方式，是训练创新思维的有效途径。其中，弹性思维中的发散思维，对于拓展问题的解答思路就具有十分重要的意义。例如，第二次世界大战中的"鱼雷登陆作战"就是一个很好的例证。

在第二次世界大战期间，苏联的一艘潜艇发现，德国在新罗西斯克港设有特殊的布防，在高厚的防波堤后面，修筑了迫击炮和大口径机枪阵地。苏军认为，要在这个港口登陆一定会遭到德军的猛烈反击。对防波堤后面的布防，苏军舰艇上的炮火无法准确攻击，而用飞机轰炸又会遭到德军防空火力的强大打击。针对这种情况，苏军多次召开作战会议进行研究。有位舰长提出用鱼雷去对付迫击炮，并讲述了一次演习的亲身经历。在那次演习中，他们舰艇发射的一枚鱼雷从海面冲到沙滩上，并向前滑行了20多米。这说明鱼雷具有"登陆作战"的可能。

苏军对这项建议很重视，立即着手"鱼雷登陆作战"的调研。当时，摆在苏军面前需要克服的主要问题有两个：一是如何防止鱼雷碰撞防波堤后爆炸的问题；二是要使鱼雷越过防波堤在迫击炮阵地上引爆。苏军兵器专家、军械人员绞尽脑汁去攻克这些难题，终于发明了一种合适的惯性引信，使鱼雷可以飞过防波堤高度之后爆炸。通过改装鱼雷并进行实弹试射，结果令人满意，证实了鱼雷可以用于"登陆作战"。在正式攻击新罗西斯克港的战斗中，针对港内防波堤，苏军一个中队的鱼雷艇发射了数十枚鱼雷。这些鱼雷冲出水面，越过防波堤在德军阵地内爆炸，德军瞬间失去了战斗力。于是，苏军发起登陆冲锋，很快占领了港口，取得了该战役的胜利。

该战役给人诸多启示：按照常规思维，鱼雷是水中兵器，迫击炮是陆上兵器，二者风马牛不相及，将其结合似乎是不可能的。然而，战争形式复杂，战场情况多变。就某一局部战役而言，往往会遇到使人难以预料的困难局面。为了夺取胜利，必须根据当时的具体情况采取灵活多变的战略战术。上述"鱼雷登陆作战"，就是成功运用发散思维，将水、陆两种武器有机结合，摆脱不利局面并夺取最后胜利的典型战例。

有鉴于此，对于那些计划将科研工作作为自己未来职业的科研工作者而言，在当今这个需要不断创新的社会中，更应当不断地开拓进取，努力培养自己的创新思维。

三、有效克服科研思维中的障碍

常识、习惯和经验常常会影响并束缚人们的创造力。思维定式是人们从事某项活动时的一种预设心理状态，这种状态一旦形成某种程度的固化，就容易导致思维活动出现障碍。从这个意义上说，科技创新必须跨越常识，突破习惯，修正经验。

量子假说的提出，就是有效克服思维活动障碍的一个很好的例证。19世纪末，黑体辐射问题是困扰物理学家的重大难题之一。黑体是指在任何温度下，都能将入射的任何波长的电磁波全部吸收而没有一点反射的一种物体。在相同温度下，黑体发射出的热辐射比其他任何物体都强。当然，自然界并不存在这种理想的黑体，但在某些条件下可以找到近似于黑体的物体。然而，科学家在研究黑体辐射问题时，却遇到了被称为黑体辐射的"紫外灾难"。

当时，科学家通过对黑体辐射的研究总结出若干经验定律。1896年，德国物理学家威廉·卡尔·维尔纳·奥托·弗里茨·弗兰茨·维恩（Wilhelm Carl Werner Otto Fritz Franz Wien，1864～1928年）根据热力学理论，把光看作一种类似于分子的东西，提出了一个经验公式。维恩公式在短波波段与实验数据相符，但是在长波波段失效了。后来，英国物理学家瑞利（Third Baron Rayleigh，1842～1919年）与英国数学家、物理学家、天体物理学家詹姆斯·霍普伍德·金斯（James Hopwood Jeans，1877～1946年）根据经典电动力学和经典统计物理学，把光看作振动着的波的汇集，提出了另一个公式。但瑞利-金斯公式仅适用于长波波段而不适用于短波波段。特别值得指出的是，使用瑞利-金斯公式会推出一个荒谬的结论：在短波紫外光区，理论值随波长的减少而很快增长，以致趋向于无穷大，即在紫色一端是发散的，这显然与实际不符，因为在一个有限的空腔内，根本不可能存在无限大的能量。面对理论推论与实验结果之间出现的巨大矛盾，当时的物理学家无法做出合理的解释。因此，人们就把这个科学难题称为"紫外灾难"。

20世纪初，为解释"紫外灾难"这一现象，德国著名物理学家马克斯·卡尔·恩斯特·路德维希·普朗克（Max Karl Ernst Ludwig Planck，1858～1947年）采用内插法，创造性地提出了黑体辐射能量密度公式，并精确地描述了已获得的实验结果。但是，该公式中引入了一个"普朗克常数"，无法由经典物理的理论推出。值得一提的是，该公式对黑体辐射能量的描述不是连续分布的，而是间断地、一份一份地进行的，这与经典的能量均分原理相矛盾。经过多次失败和痛苦的思考，普朗克尊重事实，突破了经典物理的思维定式，勇敢地提出了量子假说。这一新的观点把人们带入一个神秘莫测的近代物理领域，并直接导致了量子力学的建立。

四、大胆怀疑、缜密求证、超越自我

批判性是创新思维的基本特征之一。批判的前提是怀疑。对科研工作者而言，怀疑

是科研的一种基本素养，是从事科研工作很有价值的一种思想素质。自信是对自己有信心的一种肯定性心理状态，从事科技创新活动，科研工作者需要在新发现的科学事实基础上，重新对以往的观点、理论、结论和经验等进行评价。而在这一过程中，科研工作者不断地怀疑、论证、评价，逐步建立起怀疑、批判的自信心，并提高求证的能力，最后超越自我，做出科技创新的成就。

血液循环学说的建立，就是大胆怀疑、缜密求证、超越自我这一过程的一个很好例证。

在公元2世纪，古罗马医生、医学与哲学家克劳迪亚斯·盖伦（Claudius Galenus，129～199年）提出血液运动系统学说，认为血液由肝脏产生，进入心脏后，由右心室直接进入左心室，然后流向全身，最终被身体吸收。16世纪，已有不少医生和教授从医学实验中发现这一理论内部存在的矛盾。但因为他们囿于传统思维，不敢怀疑权威结论，结果这些已经接近发现真理的科研工作者痛失良机！而英国生理学家、胚胎学家、医生威廉·哈维（William Harvey，1578～1657年）则是一个例外。

哈维发现，人的头部和颈部静脉瓣膜所朝的方向与当时的假说不符，这促使他对盖伦学说产生了怀疑。为此，他解剖了80多种动物，包括爬行类、甲壳动物和昆虫。研究中，他敏锐地意识到，静脉中的瓣膜只能使血液由静脉流入心脏，而心脏的瓣膜则只能使血液流入动脉，即血液流动只可能是由静脉通过心脏而流入动脉的单向运动。哈维假定同样数量的血液在体内不停地循环，血液通过动脉流出并经静脉流回。他进行了大量实验以验证这一理论，并于1628年出版了《论心脏与血液循环的运动》一书。在该书中，他以确凿的实验事实证明了心脏的肌肉收缩是血液循环的机械原因，建立了血液循环学说。该学说在医学科研方面打破了传统谬误观点的桎梏，对破除中世纪的迷信、解放人类思想起到了巨大的推动作用，堪与哥白尼的日心说相媲美。

事实上，认识一个预想不到的新发现，承认一个与传统理论或观点不相符的新事实，即使它们已十分明显或确凿，对于普通的科研工作者也是有一定困难的。因此，在科技创新活动中，我们要有意识地树立大胆的怀疑精神，培养缜密求证的技能，提高超越自我的意识。

一个民族要想自立，一个国家要想强大，就离不开创新的灵魂。创新思维能够帮助我们掌握科学的创新方法，开展科技创新活动。从这个意义上说，学习、掌握科学的思维方式，对培养科学的思维习惯、取得科研的成功进而推动科技进步都有莫大的裨益。我们要在掌握典型科研方法和科研思维方式的同时，注重科研态度的培养和训练，因为从事科研工作（包括做任何事情），态度决定一切，"attitude is everything"。因此，无论在哪个领域从事科研工作，要想获得成功，我们都应该做到：有追求真理的事业心；有循序渐进的平常心；有难以满足的好奇心；有坚持不懈的进取心；有一丝不苟的敬业精神；有求真务实的踏实作风；有克服万难的决心毅力；有无私无畏的奉献精神；有团结协作的合作精神；有服从事实的宽广胸怀。

■ 第四节 科研思维示例

一、发散思维示例

发散思维是指大脑在思维时呈现的一种扩散状态的思维模式，属于弹性思维基本类型之一，与收敛思维相对。其特点是思维视野广阔，不墨守成规，不拘泥于传统做法，从一个目标出发扩散思考，探求多种答案，创新途径宽阔。在科研活动中能否有效地利用发散思维，是衡量科研工作者创造力高低的重要标志之一。

【例 5-1】 光纤光栅传感器研究方法。

光纤光栅是 20 世纪 70 年代末出现的一种新型的无源光子器件，它是利用光纤材料的光敏性在光纤内建立的一种空间周期性折射率分布，其作用在于改变或控制光在该区域的传播行为与方式。光纤光栅结构多变且具有多种优异的性能，其在光纤通信和光纤传感领域扮演着独特且十分重要的角色。

笔者在光纤光栅传感器研究过程中，根据光纤光栅特性、传感机理、结构设计及技术实现等，采用发散思维方式，归纳并提出了如下几种具有代表性的实用研究方法。

1. 基于参数化的研究方法

从被检测量的个数考虑，有单参数化方法与多参数化方法之分。其要点是：检测参量的筛选、敏感结构的设计、温度与应变交叉敏感机制的分析，以及解决方案的设计与实现。其中，参数的敏感性及其定义与检测仪器的灵敏度有关。

（1）单参数化方法。它是指选择敏感的被检测量为某一物理、化学或生物量，如光纤光栅压力传感器、光纤光栅温度传感器、光纤光栅扭矩传感器等。该类方法尚属简单之例。

（2）多参数化方法。它是指选择敏感的被检测量为某几个物理、化学或生物量，如光纤光栅温度/应力传感器，实现温度和应力的单光栅同时测量。目前，人们研发的光纤光栅温度/磁场、温度/电场、应力/磁场、应力/电场及扭矩/磁场、扭矩/电场的双参数传感，取得了一些阶段性研究成果。多参数化方法相对较难，双参数化方法一般以筛选关联相对较弱的两个参数为宜。

2. 基于作用方式的研究方法

从对光纤光栅的作用方式而言，有机械传感、电磁传感、热传感及振动传感方法等。其要点是：选择适当的能将光纤光栅刚性粘贴于其上的衬底材料，如有机玻璃、弹性钢片等。同时，对衬底材料的形状、尺寸等也有一些特殊的要求。

（1）机械传感方法。它是指通过机械作用（如应力、扭矩等）使光纤光栅的性质（如光栅常数及弹光效应）发生变化以达到传感目的的方法，如基于悬臂梁、简支梁和扭转梁的光纤光栅波长线性与非线性调谐技术等。

（2）电磁传感方法。它是指通过电磁作用（如电场、磁场）使光纤光栅的性质（如光栅常数及弹光效应）发生变化以达到传感目的的方法，如基于磁致伸缩棒及压电陶瓷的光纤光栅调谐技术等。

（3）热传感方法。它是指通过热效应使光纤光栅的性质（如光栅常数及热光效应）发生变化以达到传感目的的方法，如光纤光栅复用温度传感、光纤光栅的温度增敏等。

（4）振动传感方法。它是指通过周期性的外力作用（可调变频）使光纤光栅的性质（如光栅常数及弹光效应）发生变化以达到传感目的的方法，如光纤光栅频率传感器、基于微悬臂梁的光纤光栅振动传感技术等。

3. 基于光栅性质的研究方法

光纤光栅是一种新型的光无源器件，因具有波长绝对编码特性而成为一种性能优良的光传感器件，并极大地拓宽了光传感技术的应用范围。从改变光纤光栅写入技术角度，有均匀周期（如布拉格、长周期等）、非均匀周期（如啁啾、相移、超结构、摩尔等）光纤光栅研究方法等。根据光纤光栅的波长编码性质，可以设计并研制性能优良的光纤光栅传感器，并将其用于物理、化学、生物等领域中多种参数的感测。

（1）波长漂移方法。它是指通过光纤光栅中心波长的绝对或相对漂移量来达到传感目的的方法，如基于光纤布拉格光栅、长周期光纤光栅等均匀光纤光栅来感测应变、位移、温度等参数的传感器。

（2）带宽传感方法。它是指通过光纤光栅带宽的展宽或压缩变化量来达到传感目的的方法，如基于啁啾光纤光栅、超结构光纤光栅等非均匀光纤光栅来感测应变、位移、温度等参数的传感器。

4. 基于技术途径的研究方法

从技术实现途径方式而言，亦可采用相关分析法及多向型发明构思法等。具体有模仿法、移植法、横向法、立体法、交叉法、类比法、排除法及综合法等。

（1）相关分析法。它是科研工作中常用的一种研究手段，是测定自然、社会及经济现象之间相关关系的规律性，并据以进行预测和控制的分析方法。在相关关系中，变量之间存在着不确定、不严格的依存关系，对于变量的某个数值，可以有另一变量的若干数值与之相对应，这若干个数值围绕着它们的平均数呈现出有规律的波动。

（2）多向型发明构思法。组合创新是一种极为常见的创新方法，目前，大多数创新成果都是采用这种方法取得的。组合创新的形式主要有功能组合、意义组合、构造组合、成分组合、原理组合、材料组合等。

随着光纤光栅写入技术的不断发展，更多的新型光纤光栅预计会出现，以满足各种领域不同类型的传感器设计要求。新型光纤光栅技术的发展，不仅会使传感技术日新月异，而且在光通信及光传感领域将开创新的技术革命。因此，在光纤光栅传感方面不断探索新方法、开发新技术，进而促进光纤光栅传感系统的不断发展无疑是一个具有现实意义和深远意义的热点课题。

二、联想思维示例

联想思维是指在一个物体的启发下想到另一个物体的过程，是一种基本的思维方法。联想思维属于弹性思维范畴，通过由此及彼的思维过程，开拓科研工作者的思路。联想思维在科研工作中具有重要作用。

【例 5-2】 感悟生物进化的航行。

1831 年，查尔斯·罗伯特·达尔文（Charles Robert Darwin，1809～1882 年）以博物学家的身份参加了贝格尔号军舰的世界航行。就在这次航行中，他感悟到了生物进化论。

达尔文在参加这次航行之前，也并非进化论者。在航行过程中，达尔文对各地的生物与化石进行了研究，总结出两个规律：一是南美洲自北向南的生物类型在逐渐演变；二是在同一地区的地层中埋藏着的化石与地面上生存的生物十分相似。在当时的生物界，除了教会宣扬的"上帝创物论"之外，占据统治地位的理论仍然是亚里士多德提出的"目的论"，即生物体的每一种生理结构均是以适应生存环境为目的，主动形成的。达尔文认为，这些事实及其他许多事实不仅不可能用"上帝创物论"来解释，也无法用"目的论"来解释，因为有目的地创造和生长绝不可能造成形态逐渐演变的结果。只有假设物种是在自然环境中逐渐产生变异的，这些事实才能够得到合理的解释。

航行考察奠定了达尔文科学事业的基础，在该次考察结束之后，达尔文继续研究，收集了大量相关资料。他曾反复考虑，自然界是否存在类似人工选择的过程。一天，他无意中看到马尔萨斯的《人口论》，读到"生存斗争"时受到启发，联想到在生存竞争的条件下，有利的变异可能被保存下来，而不利的则往往容易被淘汰，结果就形成了新的物种。由此，达尔文在人工选择原理的基础上，总结出自然选择原理，为创立进化论奠定了坚实的基础。1859 年，达尔文出版了著作《物种起源》，第一次把生物学建立在完全科学的基础上，以全新的生物进化思想推翻了"神创论"和"物种不变"的理论。

【例 5-3】 巧化腐朽为神奇。

众所周知，塑料与金属不同，一般情况下是不能导电的。因此，人们经常将塑料用作绝缘材料，如普通电线中间是铜导线，而外层可用塑料作为绝缘层。但令人惊奇的是，荣获 2000 年诺贝尔化学奖的三位科学家艾伦·J. 黑格（Alan J. Heeger，1936～）、艾伦·G. 麦克迪尔米德（Alan Graham MacDiarmid，1927～2007 年）和白川英树三位科学家打破这个常规认识。他们发现，经过某些方面的更改，塑料能够成为导体。

1973 年，美国的麦克迪尔米德教授开始从事不同寻常的导电无机聚合物（SN）x 研究。1975 年，他在日本东京报告了其研究工作，并展示了制出的无机聚合物（SN）x 金黄色晶体和薄膜。在会间休息时，他与白川英树相遇，对方再一次详细观看了他的样品。在受邀参观东京技术学院实验室时，白川英树也将自己的银白色聚乙炔薄膜样品展示给麦克迪尔米德，该样品的制作方法源于白川英树的一位研究生错把比正常浓度高出上千倍的催化剂加入聚乙炔黑粉中产生变化的启示。麦克迪尔米德立刻意识到该项工作的重要意义，随即邀请白川英树去美国进行合作研究。

1976 年，白川英树应邀赴美国宾夕法尼亚大学，与黑格、麦克迪尔米德合作研究半导性聚乙炔膜电导性的改进问题。塑料是聚合体，构成塑料的无数分子通常都排成长链并且有规律地重复着这种结构。聚乙炔是结构很简单的低维共轭聚合物，白川英树先前合成的聚乙炔是结构不明的不熔不溶的粉末，从半导体物理学的角度来看，该类聚合物是存在诸多缺陷且无法应用的"废品"。若使塑料能够传导电流，就必须使碳原子之间交替地包含单键和双键黏合剂，还必须能够使电子被除去或者附着上来，亦即氧化和还原。如此，这些额外的电子才能够沿着分子移动，塑料变为导体才有可能实现。三位科学家通力合作，于 20 世纪 70 年代末最先发现了这一原理，通过将微量碘加入聚乙炔的方法，真正实现了塑料导电，创造了一个巧化腐朽为神奇的科研思维典型。

科研过程中会产生大量的"负结果"（即所谓的"失败产物"），其中很可能蕴藏着科学发现的机会。表面看起来毫无关联的两种物质若组合在一起，就有可能创造出奇迹。该实例说明，如果没有大胆设想、创新的勇气，不打破常规进行联想思维，这堆"废品"将永远被弃置在科学的荒野里。

三、反向思维示例

反向思维是相对于正向思维而言的，即沿着常规思维（或习惯思维）相反的方向去思考，以实现新发明和新创造的思维方法。正向思维一般是从原因到结果的思考，而反向思维则是从结果追溯原因的思考。思维方向的改变，往往会出现意想不到的奇迹。

【例 5-4】 非欧几何的发现。

俄国的伟大学者、非欧几何的创始人之一尼古拉·伊万诺维奇·罗巴切夫斯基（Никола́й Ива́нович Лобаче́вский，1792～1856 年），在尝试解决欧几里得第五公设问题的过程中，经过多次失败发现并证明了第五公设不可证明，从而发现了新的几何世界——非欧几何。其证明的方法源于逆向思维，即反证法。非欧几何的创立，是人类认识史上一个富有创造性的伟大成果，不仅推动了数学的巨大发展，而且对现代物理、天文学及人类时空观念的变革，都产生了深远的影响。

欧几里得的《几何原本》两千年来一直是几何学的基础，这本书在第一卷提出了五条公设（即几何学中的公理）。第五公设的内容为"若一直线与两直线相交，且若同侧所交两内角之和小于两直角，则两直线无限延长后必相交于该侧的一点"。早在古希腊时期不少数学家就曾经怀疑这条公设，认为它并非不证自明的公理，应该可以从其他公理和定理中推导出来。两千年来，无数的数学家呕心沥血地证明第五公设，但他们的工作无一例外地遭遇了失败。后来，人们又发现第五公设与平行公理、三角形内角和等于 180°这两个命题是等价的，因此也有不少人想要证明这两条结论，但同样一无所获。

罗巴切夫斯基从 1815 年开始试图证明平行公理，但十余年的艰辛努力均告失败。前人和自己的失败从反面启迪了他，使他大胆思索问题的相反提法：可能根本就不存在第五公设的证明。于是，他便调转思路，着手寻求第五公设不可证的解答。这是一个全新的，也是与传统思路完全相反的探索途径。罗巴切夫斯基正是沿着这个途径，在试证第五公设不可证过程中发现了一个崭新的几何世界。其实，在罗巴切夫斯基之前，德国数学家约翰·卡尔·弗里德里希·高斯（Johann Carl Friedrich Gauss，1777～1855 年）早在 1792 年就已经产生了新几何学的思想萌芽，到了 1817 年已经基本成熟。但是，高斯害怕新几何学会激起学术界的不满和社会的反对，会由此影响他的尊严和荣誉，生前一直没敢把自己的这一重大发现公之于世，只是谨慎地把部分成果写在日记和与朋友的往来书信中。另外，匈牙利的年轻数学家波约伊也在 1823 年发现了这种新几何学，但也未能发表。因此，后人将这种新几何学称为"罗氏几何"，它与后来的"黎曼几何"一起构成了"非欧几何"体系。

【例 5-5】 火箭卸载增推力。

1964 年 6 月，航天专家王永志（1932～）第一次走进戈壁滩，执行发射中国自行设计的第一种中近程火箭任务。当时正值七八月，天气很炎热。在计算火箭推力时，大家遇到了一个难题：火箭发射时的推进剂温度增高，密度就会变小，其发动机的节流特性也将随之变化。正当大家绞尽脑汁想办法时，一位高个子年轻中尉站起来说："经过计算，只要从火箭体内卸出 600 千克燃料，这枚导弹就会命中目标。"在场的专家对此持怀疑态度，有人不客气地说："本来火箭能量就不够，你还要往外卸？"于是，再也没有人理睬他的建议。

这个年轻人就是王永志。面对一片怀疑声，他没有放弃，想起了坐镇酒泉发射场的技术总指挥、著名科学家钱学森。在火箭临射前，他鼓起勇气走进了钱学森的住房。当时，钱学森还不太熟悉这个"小字辈"。王永志仔细阐述了自己的意见，钱学森听后与火箭总设计师进行了认真讨论，认为这个年轻人的意见可行。火箭经过改进后，正式试射。果然，火箭卸出一些推进剂后射程变远了，试射时连打3发导弹，全部命中目标。从此，钱学森记住了王永志。

在中国开始研制第二代导弹的时候，钱学森建议：第二代战略导弹让第二代人挂帅，并推荐王永志担任总设计师。几十年后，当中国人民解放军总装备部领导在看望钱学森时，钱学森提起这件事深有感触："我推荐王永志担任载人航天工程总设计师没错，此人年轻时就崭露头角，他大胆逆向思维，和别人不一样。"这是一个运用辩证法的反向思维例证。

【例 5-6】 无漏油圆珠笔诞生。

当年日本成功发明圆珠笔时，有一个难题困扰着生产厂家：一支圆珠笔芯大约写到20万字的时候，就开始漏油。究其原因，是圆珠磨损到一定程度。于是，技术人员按照圆珠→磨损→漏油的思路，采用从原因→结果的思维方式，想方设法地寻求解决办法，但一时无法解决。有一天，东京山地笔厂的青工渡边回到家里，看到女儿把几支崭新的圆珠笔芯扔到一边，便询问缘由。他得知这些圆珠笔芯内仍有油墨却已经漏油时，忽然有所感悟，随即直接找到东京山地笔厂老板，建议将笔芯截短，保证其只写到18万～19万字就已经将油耗尽，即可避开圆珠磨损问题。这样，漏油问题巧妙地解决了，无漏油圆珠笔诞生了。从思维方式而言，这是典型的反向思维实例，采用从结果→原因的思维方式，按照漏油→截短→止漏的思路，既解决了漏油问题，又重新振兴了东京山地笔厂。

四、灵感思维示例

在科研工作中，科研工作者一般习惯于遵循已定的研究路线朝前思考。研究期间必然会遇到疑问，某些难题可能难以按照原先的思路解决。这时，若是采取迂回方式，转个弯求解，或许会有灵感求得破解难题的妙法。这种思维方式是非直线式的，属于U形思维。迂回法在发明创造中具有特殊的价值，其关键是要找出合适的"迂回中介"。

【例 5-7】 避直就曲。

电冰箱中的冷冻机中充满了氟利昂和润滑油，如果密封不良，氟利昂和润滑油都会外漏。传统的查漏办法是直接观察，既费时又不可靠。那么，能否发明一种新方法实现自动检测呢？有人想到了一种避直就曲的办法：将掺有荧光粉的润滑油注入冷冻机中，然后在暗室中用紫外光照射冷冻机，根据有无荧光出现来判断是否出现渗漏和渗漏发生在何处。这种方法不仅简便，而且避免了近距离观察可能给人带来的危险。

【例 5-8】 增敏或减敏。

在光纤光栅传感器的设计中，由于裸光纤光栅的应变系数很小，且机械强度难以承受较大应变的作用，故一般不被直接应用于大型建筑结构的应变检测之中。对此，寻找合适的"中介材料"（即包覆材料）对裸光纤光栅进行敏化（增敏或减敏）和封装，既可提高其应变灵敏度，同时又通过保护性封装增加了机械强度，一举两得。这种方法和技术已被广泛应用于光纤光栅传感器工业化产品的设计与制造之中。

【例 5-9】 危机生存设计。

自然灾害、战争和恐怖袭击,在给人类造成巨大灾难的同时,也迫使人们寻求某种避难的方法和措施。不管多危险,人们还是义无反顾地创造发明。好的设计是我们通往一个更安全、更宜居世界的最强有力的证明。于是,为预防或减少灾难损失而进行的"安全"产品设计受到普遍关注。

近年来,地球上的天灾人祸接连不断,人们对灾区特需品的需求有增无减。有关"安全"产品的设计,主要涉及以下不同层面——避难所、武器、材料、日常生活、紧急情况和警惕,它们分别在不同的方面探讨如何保护生命,使人们生存的环境安全可靠。例如,为保障汽车驾驶员的行车安全,人们设计了最先进的汽车安全气囊;对传染病的恐惧,激发了服装和个人物品的新设计;对飓风、海啸和地震的恐惧,使建筑设计和地形规划都有了全新式的改造。又如,为高层楼房设计的降落伞,是美国"9·11"事件后的产物;许多城市为了防止炸弹袭击,在公共场所采取了许多的防御措施;有的城市把公共垃圾桶改成直接挂在铁环上的透明塑料袋,使袋内的东西一目了然;至于人们每天都在提倡的环保设计,则是出于对地球有限资源将被挥霍殆尽的恐惧;等等。

五、直觉思维示例

【例 5-10】 放射性元素钋和镭的发现。

玛丽·居里夫人(Marie Curie,1867~1934 年)在深入研究铀射线的过程中,凭直觉感到,铀射线是一种原子的特性。除了铀外,还会有别的物质也具有这种特性。想到了立刻就做!她马上暂缓对铀的研究,决定检查所有已知的化学物质。不久,她就发现另外一种物质——钍也能自发地发出射线,且与铀射线相似。居里夫人提议把原子的这种特性叫作放射性,将铀和钍这些有此特性的元素叫作放射性元素。居里夫人全力以赴地研究放射性,她检查了全部的已知元素,发现只有铀和钍有放射性。于是,她又开始对矿物的放射性进行测量。突然,她在一种不含铀和钍的矿物中测量到了新的放射性,而且这种放射性比铀和钍的放射性要强得多。凭直觉,她大胆地假定:这些矿物中一定含有新的放射性物质,它是当时还不知道的一种化学元素。有一天,她用一种勉强克制着的激动的声音对同事说:"你知道,我不能解释的那种辐射,是由一种未知的化学元素产生的……这种元素一定存在,只要把它找出来就行了。我确信它存在!我对一些物理学家谈到过,他们都以为是实验的错误,并且劝我们谨慎。但是我深信我没有弄错。"在这种信念的驱使下,居里夫人和丈夫一起历经千辛万苦,经过对矿物的艰苦提炼和实验,终于发现了两种新的放射性元素:钋和镭。居里夫人在放射性元素方面做出了出色的成绩,因此两次荣获诺贝尔奖。

直觉在创造性思维中的重要作用已被一些学者证实。以下一些典型事例颇有启示。

(1)古希腊哲学家、数学家、物理学家、科学家阿基米德(Αρχιμήδης,英译 Archimedes,约公元前 287~前 212 年)在洗澡时发现浮力定律。

(2)法国数学家、科学家和哲学家笛卡儿,据说是早晨睡在床上时有了重大发现。

(3)英国博物学家、进化论者阿尔弗雷德·罗素·华莱士(Alfred Russell Wallace,

1823～1913 年）在患疟疾时想到了进化论中的自然选择观点。

（4）彭加勒演绎非欧几里得几何变换方法，并说过躺在床上睡不着时产生了出色的设想。

（5）约翰·沃尔夫冈·冯·歌德（Johann Wolfgang von Goethe，1749～1832 年）等都认为早上睡醒后平静的几个小时最有利于新发现。

（6）著名的德国物理学家、量子力学创立人之一沃纳·卡尔·海森堡（Werner Karl Heisenberg，1901～1976 年）深通物理精髓，其数学功底却显得相当薄弱。尽管他不会严格计算湍流，但是他根据自己的直觉猜出了湍流解，并且这个解被其他物理学家证实。

（7）早期的物理学家爱因斯坦和列夫·达维多维奇·朗道（Лев Давидович Ландáу，1908～1968 年）属于直觉极强的人，他们往往能在人们感觉无能为力的时候凭直觉发现真理。爱因斯坦也曾说其有关的时间和空间的深奥概括是在病床上想到的。曾有人感叹：若朗道早出生十年的话，量子力学的产生也许就不会那么曲折了。

（8）托马斯·阿尔瓦·爱迪生（Thomas Alva Edison，1847～1931 年）有一次让助手测量实验用的灯泡的容积，1 小时过去了仍然不见结果。爱迪生告诉助手，只要往灯泡里灌水，然后将水倒入量杯就能测出灯泡的容积。由此可见，爱迪生的助手还缺乏像他那样的直觉思维能力。

第六章

论文撰写与发表

年轻科学家还要注意科学论文写作的技巧和艺术。

——〔英〕贝弗里奇

第一节 论文特点及类型

一、科研论文概述

科研论文是自然科学、社会科学、工程技术及应用开发中的科研探索、社会调查及技术开发等论文的统称,是反映和传递科技信息的主要来源,是记录人类科学进步的历史性文件,是科研工作者创造性劳动的智慧结晶。

笔者认为,对科研论文的理解应从三方面入手,即论文含义、撰写与索引。

(1) 科研论文含义。它是以文字形式对最新科研成果的记录,是科研成果的一种直接体现,也是学术交流的重要形式之一。发表高水平科研论文会使作者终身受益。

(2) 科研论文撰写。它是科研工作者必备的一种基本技能,是科研工作的重要过程,也是科研工作者的基本素养之一。

(3) 科研论文索引。它是反映论文价值的最直接体现,是评价科研成效的公认尺度。论文引用率高,说明论文受到同行的关注,其学术价值或社会意义亦高。

二、科研论文特点

科研论文的主要特点是创新性、学术性和可读性。

1. 创新性

科研成果的创新性(或独创性),是指科研论文报道的主要研究成果应当是以往没有被发现或发明的。一篇文章中若是没有新的观点、见解、结果或结论,就很难称其为科研论文。创新性是科研论文的生命力之所在,是衡量科研论文质量高低的重要标志,这主要表现在两个方面。

(1) 科研成果。表现在科研所取得的成果上,必须是报道新发现、总结新规律、阐释新见解、创建新理论、提出新问题等。

（2）科研方法。表现在科研所应用的方法上，必须是对实验程序进行全新设计或是重大改进，或是测试的精度有较大提高，或是运用新技术、新仪器取得了新成果等。

2. 学术性

科研论文的学术性是指科研论文所具有的学术价值。对于通过实验、观察或者其他方式所得到的结果，要用足够的事实和缜密的理论对其进行符合逻辑的分析、论证与说明，并形成科学的见解。学术性表现在专业上，主要体现为以下三个方面。

（1）研究的科学性。科研论文报道的研究结果是真实可靠的，且具有可重复性。一般要求科研论文在分析论证上实事求是，提出的观点明确，推证符合逻辑，科研设计严谨合理，测试数据充分可信，数据处理恰当精确，等等。因此，对科研论文而言，"无科学性即无学术性"。

（2）内容的专业性。科研论文中阐述的内容，通常是某个专业领域中在理论或实验方面具有创新意义和学术价值的知识。因此，科研论文的内容具有很强的专业性。

（3）读者的专业性。科研论文面向的读者，主要是具有一定学术水平和专业知识的科研工作者。因此，对于科研工作者来说，应努力扩大自己的专业知识面，以便更好地阅读并理解相关领域的科研论文。

3. 可读性

科研论文中的文字描述是科研结果整理和表达的主要方式之一，应该简单明了地阐述研究结果，如理论、实验、开发、设计、证伪的概要及图和表的内容等要点，切忌重复具体数据。

三、科研论文类型

科研论文承载着科研工作者的研究成果。科研论文因作者和所涉及领域的不同，其发表方式也存在差异，故科研论文具有多种形式。按照一定的标准，合理地对科研论文进行分类，不仅可以使对科研成果的总结条理清晰、层次分明，还可以使科研工作者在查阅前人的工作成果时节省大量时间和精力。

（一）根据研究领域分类

从研究领域考虑，科研论文一般可分为理论性科研论文、实验性科研论文、应用性科研论文等基本类型。

1. 理论性科研论文

在自然科学、社会科学及技术开发应用领域，都有层出不穷的理论研究成果。这些理论研究成果是科研工作者个人或者研究集体对某一自然、社会或思维等现象的内在规律性进行的理论探讨，将它们以科研论文的形式表现出来，就形成了理论性科研论文。具有创新价值的科研论文的发表，对于科学发展和技术进步具有重大的推动作用。

例如，麦克斯韦在 1855~1856 年发表的第一篇电磁学论文《论法拉第力线》，建立了法拉第力线模型，提出了电磁场的六条基本定律。1861~1862 年，他在论文《论物理力线》中提出了电位移和位移电流的概念。1865 年，他在论文《电磁场的一个动力学理论》中提出了电磁场方程组，预言电磁波的存在和电磁波与光波的同一性。其创立的电磁场的数学理论在 19 世纪的电磁学史上树立起一块丰碑，该理论激励了一代人去探索和证明电磁波的存在，鼓励和指导过数代人利用电磁波为人类造福，对当代科学与技术的进步产生了巨大的影响。

又如，爱因斯坦 1905 年发表的第一篇狭义相对论论文《论动体的电动力学》，也是物理学中具有划时代意义的历史文献。他在该论文中引入光速不变原理，在空间的各向同性和均匀性假设下，对同时性下了可度量的定义。在狭义相对论中，空间间隔（长度）、时间、时间间隔、同时性都变成了相对的量，时间和空间彼此不再独立，质量也不再是一个绝对不变的量，它们都随物质运动的速度而变化。该理论用严格的数学公式，以自然科学定律的形式深刻诠释了时空同物质运动、时间与空间之间的统一性，从中可得出一系列重要结论，如运动的尺子缩短、运动的时钟变慢、光速不可逾越等。相对论观点的出现，把人们的思想引向一个奇妙的新世界，并对时空概念进行了重新解读。

2. 实验性科研论文

实验性科研论文的重点在于实验的设计方案及对实验结果进行的观察和分析。它有两种基本形式，一种以介绍实验本身为目的，重在说明实验装置、方法和内容；另一种以归纳规律为目的，重在对实验结果进行分析和讨论，从而总结出客观的规律。

例如，1826 年，德国物理学家乔治·西蒙·欧姆（Georg Simon Ohm，1789～1854 年）在《化学与物理学学报》上发表了论文《论金属传导接触点的定律及伏打仪器和西费格尔倍加器的理论》。他在论文中叙述了十余年来对导体中电流与电压关系的研究工作，也介绍了使用的仪器装置，最后从大量数据中归纳出结论：通过给定导线的电流与导线两端的电压成正比。这一发现得到了多位科研工作者的验证，被英国皇家学会称为"在精密实验领域中最杰出的发现"。1881 年，国际电工委员会将电阻的单位定为"欧姆"。

又如，1841 年，英国物理学家焦耳在《哲学杂志》上发表了题为《关于金属电导体和电池在电解时放出的热》一文。他在该文中介绍了测量电热的实验及其装置图示，该实验利用已知数量的水吸收通电线圈放出的热，通过测量温度变化来确定电热（Q）与电流（I）、电阻（R）、通电时间（t）的关系，并最终得出 $Q = I^2Rt$ 的结果。后来，俄国物理学家海因里希·楞次（Эмилий Христианович Ленц，1804～1865 年）重复了焦耳的实验并得到了相同的结果，该定律被称为焦耳-楞次定律。

3. 应用性科研论文

将理论研究成果应用于解决实际问题是科研工作者的使命。在自然科学研究领域，应用研究的核心是技术开发，包括技术研究和产品研制两个方面。产品研制是技术开发与应用成果的继续和发展，即利用所开发的技术研制出各种型号和规格的产品，以满足生产和其他领域的需求。在社会科学研究领域，根据科学理论提出的各种改革方案，就是社会科学应用研究的一种方式。

例如，荷兰物理学家克里斯蒂安·惠更斯（Christiaan Huygens，1629～1695 年）在伽利略的工作基础之上，进一步确证了单摆振动的等时性，并将其应用于计时器，从理论和实践两方面研究了钟摆，实现了计时器从原理上保持精确等时性的可能。他在 1658 年发表的论文《摆钟》和 1673 年发表的论文《摆式时钟或用于时钟上的摆的运动的几何证明》中，对三线摆、锥线摆、可倒摆、复摆等进行了详细研究，并根据自己的研究成果制成了世界上第一架计时摆钟。在《摆钟论》一书中，惠更斯详细地介绍了制作有摆自鸣钟的工艺，还分析了钟摆的摆动过程及特性。许多世纪以来，如何准确地测量时间始终是摆在人类面前的一个难题。惠更斯的工作，使得人类进入了一个新的计时时代。

又如，深圳经济特区的创设与实践，就是社会科学应用研究的一个很好的示例。1979 年，国家正式制定经济特区发展规划；1980 年 5 月，中共中央与国务院发出 41 号文件，正式将深圳定为"经济特区"；1988 年 11 月，国务院批准深圳市在国家计划中实行单列，并赋予其相当于省一级的经济管理权限。在设立经济特区后的二十余年中，一系列经济政策的实施使得深圳的经济发展水平突飞猛进，已经成为中国人均地区生产总值最高的城市之一，2003 年其人均地区生产总值已经达到 6 510 美元。

（二）根据发表形式分类

就发表形式而言，科研论文一般包括期刊论文、学术论著和会议论文三种基本类型。

1. 期刊论文

期刊论文是指发表在国内外正式出版的学术期刊上的科研论文，它是科研论文的重要形式之一，也是科研工作者进行学术交流和技术推广的重要途径。在学术期刊上发表论文，是科研工作者实现科研成果推出最快捷、最直接、最有效的方式之一。一般而言，课题研究中的大多数科研成果是以期刊论文的形式推出的。期刊论文主要有以下三种类型。

（1）综述性文章。它是指对某一领域的研究状况或某一专题的研究进展进行综合分析、详细阐述的综述性论文。综述性文章的基本类型有整理型综述、研究型综述等类型，前者综述的内容完全是别人的研究成果；后者综述的内容既有别人的研究成果，也包括作者自己的研究成果（包括最新成果）。在学术期刊的版面安排上，综述性文章一般都排在前面，它的分量较一般专栏性文章和报道性文章为重。笔者归纳的综述性文章特点如下：一是对该领域研究情况总结较为全面；二是对最新研究成果进行分析和评述；三是指出存在的问题并展望发展方向；四是为读者提供较为翔实的参考资料；五是期刊论文中综述性文章篇幅最长。

在科研选题阶段，科研工作者（特别是初学者）阅读综述性文章是一个必要过程。从综述性文章中，读者可以迅速地了解该领域的研究历史和当前状态，从中可获取研究理论、分析方法、技术流程及最新成果等一系列有价值、可利用的科研信息。一般而言，每个领域（或专业）都有一些经典的综述性文章，科研工作者应有意识地收集、阅读和利用。

（2）专栏性文章。它是对某一问题（理论、实验）给予比较完整的论述并在学术期刊的某一专栏上刊载的论文，其内容主要为介绍创新性研究成果、理论性的突破、科学实验或技术开发中取得的新成就。专栏性文章的基本类型有理论性文章、实验性文章等。前者指提出新的理论或新的计算方法的科研论文；后者指设计的新实验、设计的新方案及技术发明或创新。笔者归纳的专栏性文章特点如下：一是提出创新性理论观点和实验发现；二是比较完整地报道最新的研究成果；三是介绍研究方法和技术开发新进展；四是阐述新产品及新工程的最佳方案；五是期刊论文中专栏性文章篇幅居中。

专栏性文章是科研工作者在科研工作中必不可少的参考文献，也是追踪国内外科研前沿最直接的科研信息来源。由于学术期刊发表的论文绝大多数是专栏性文章，因此对于从事科研工作的专业技术人员（特别是初学者）来说，经常查询与本研究领域相关的专栏性文章，从中获取最新的科研资讯，不仅是进行课题研究的必要工作，也是引导科研工作、促进课题研究的一种有效方式。

（3）报道性文章。它也称简讯、简报或快报，是将最新研究成果（理论、实验）在学术期刊上以最快的速度刊载的学术报道。报道性文章一般篇幅较短，刊载迅速。笔者归纳的报道性文章特点如下：一是快速报道理论或实验的最新发现；二是简明扼要地报道最新的研究成果；三是期刊论文中报道性文章篇幅最短。

科技快讯对科研工作具有非常重要的意义。留意最新的研究报道，及时查询报道性文章，从中可以了解最新的研究动态，获取新原理、新技术等有价值、可利用的科研信息。如此，在科研工作中，就能有效地避免重复研究或者落后于他人。

2. 学术论著

学术论著也是科研论文的重要形式，一般包括学术著作和学位论文。出版学术论著是科研工作者研究成果的集中体现，是关于某个课题或论题的观点、理论、实验或调查的系统性研究成果，是评价科研质量、体现学术水平最重要的衡量尺度。一般而言，科研工作者经过较长时间的科研成果积累，就有可能总结、提炼并撰写出比较有分量的学术论著。

（1）学术著作。它是指对某一专题具有独到学术观点的著作，一般为作者多年研究成果的积累或者是已发表的科研论文的集成，具有论点深刻、论证严谨、阐述全面、学术性强、完成周期长等特点，是体现作者在该领域科研成果的高级形式，一般有独著、合著、编著、主编、编写等类型。

例如，开普勒在1609年出版了《新天文学》，在1620年出版了《宇宙的和谐》，提出了行星运动三定律，丰富并发展了哥白尼体系，促进了天体力学的巨大进步。又如，笛卡儿在1637年出版了《方法论》，在1644年出版了《哲学原理》，以数学为基础发展了古希腊的演绎法，有力地促进了近代科研方法的发展。再如，牛顿在1687年出版了著作《自然哲学的数学原理》，建立了经典力学体系，并在1704年出版了《光学》，提出了光的微粒学说。

（2）学位论文。它是为了申请相应的学位或某种学术职称资格而撰写的研究论文。学位论文的特点：一是选题源于科研项目；二是具有一定的独创性（创新性）；三是取得有一定显示度的科研成果；四是写作必须符合学位论文规范；五是已经发表或完成了一定数量和水平的期刊文章。

学位论文是高等院校和科研机构的毕业生用以申请授予相应学位而撰写的论文，一般由系列专题论文集合而成，主要反映作者在该研究领域具有的学识与研究水平，其篇幅亦应达到规定的要求。学位论文由低到高分为以下三个等级。

第一，学士论文。它是本科生为取得学士学位而撰写的毕业论文。合格的毕业论文反映出作者准确掌握了大学阶段所学的专业基础知识，学习并掌握了综合运用所学知识从事科研工作的科研方法，能够完成带有一定研究性质的题目（课题），以及在科研、治学等方面具有了一定的能力。学士论文题目的范围不宜过宽，一般可选择本学科某一重要问题的某个侧面或某个难点加以论述，选择题目应避免过小、过旧和过长。对此，笔者的建议是：有限目标，力所能及。

第二，硕士论文。它是硕士研究生为取得硕士学位而撰写的学位论文，该论文的质量和水平集中反映了作者在攻读硕士学位期间的学习情况、科研能力和研究成果。合格的硕士论文反映出作者较为系统地掌握了本专业的基础知识，具有良好的科研能力，对所研究的课题（论题）拥有新发现和新见解。论文内容不仅应当条理清晰、层次分明、符合写作规范，而且必须具有一定的深度，以保证论文具有较好的科学价值或应用价值，对提高本专业的学术水平或技术改造具有积极的推广作用。

第三，博士论文。它是博士研究生为取得博士学位而撰写的学位论文，该论文的质量和水平集中反映了作者在攻读博士学位期间的研究情况、科研能力和研究成果。合格的博士论文反映出作者系统而深入地掌握了本学科有关领域的理论知识、科研方法及实验技能，具有独立从事科研工作的能力；在导师的指导下，能够根据自己的科研基础，结合课题组的科研条件进行选题；研究工作较为系统，有相当的深度，并取得了一定的创新性研究成果。论文应当具有较高的学术价值，对本学科的发展具有重要的推动作用。

3. 会议论文

会议论文是指某一次学术会议之后发表的论文集中包含的论文，论文由该次学术会议主办者征集并经专家评审通过，并曾经在该次学术会议上进行过报告或张贴。会议论文在收录进相应的论文集之前，一般需经会议主办者修改、编辑。会议论文包括特邀报告（invited paper）、口头报告（oral paper）、张贴报告（poster paper）等形式。

（1）特邀报告。它是指作者受主办学术会议的主席之邀而撰写的会议论文，一般要在主会场或会场做报告。特邀报告的作者一般都是某一领域的学术权威或资深专家（学者），受到特邀是一种学术荣誉，也是对该作者学术成就的一种肯定。

（2）口头报告。它是指在学术会议上进行口头报告的论文。目前，大多数会议报告者都要事先准备报告的演播文件，如演示文稿（power point，PPT）文件等，会议组织者会提供相应的演播设备供报告者选用。

（3）张贴报告。它是指在学术会议上以张贴的形式进行交流的论文。论文作者必须在大会指定的时间和地点张贴论文，并且要在现场接受咨询并回答提问。

需要指出的是，张贴报告与口头报告具有同等的地位，二者均被收录到大会论文集中。

■ 第二节　论文撰写的规范

一、论文撰写要求

科研论文承载着科研工作者的研究成果，是科研工作者发布学术成果的主要方式之一。为了促进科学进步、提高学术水平，同时也为了便于科研工作者对相关内容的查找、阅读与理解，任何一篇科研论文都必须满足一定的撰写要求，方可公开发表。这样可避免学术质量不高的文章滥竽充数，或是研究成果由于撰写水平不高而难以得到学术界的认可。

（1）"两高原则"。撰写并发表高水平、高质量的科研论文，不仅对相关科研领域的发展具有重要的推动作用，也是科研工作者工作能力强、学术水平高的体现。笔者根据多年的科研工作和论文写作经验，总结并提出撰写高质量科研论文的"两高原则"：①必须取得高质量的科研成果。科研工作者在科研工作中取得的高质量科研创新成果（理论、实验、调查等），是撰写高质量科研论文的事实基础，这是第一"高"。没有创新性的研究成果，就失去了撰写科研论文的基础，高质量科研论文的写作也就无从谈起。②必须具备高水平的写作技能。具备高水平的论文写作技能，是撰写高质量科研论文的必要条件，这是第二"高"。没有高超的论文写作技巧，就无法确切地表达科研成果的创新性和科学价值，就难以使读者充分地认识和理解研究工作的重要意义。尤其是向国际学术期刊投稿时，若不具备写作技能，不能很好地使用国际语言（如英语），就不可能在国际重要学术期刊上发表论文。

高质量的科研成果是撰写科研论文的基础，是发表高水平科研论文的内因；高水平的论文写作技能是撰写科研论文的条件，是发表高水平科研论文的外因。只有具备"两高"，才能实现上述目标。因此，"两高原则"缺一不可。

（2）其他要求。除遵循"两高原则"之外，撰写科研论文还应从以下三个方面统筹把握：①文字表述，要求语言简洁、准确、通顺、完整；②谋篇布局，要求思路清晰，条理清楚，层次分明，论述严谨；③细节规范，如名词术语、数字、符号的使用，图表的设计，计量单位的使用，以及参考文献的引录等，都要符合科研论文的规范化要求。

二、论文基本结构

科研论文的基本结构一般包括题目、作者及单位、摘要（abstract）、关键词（keyword）、引言、正文、结论、致谢、参考文献、附录等部分。其中，尤其要重视题目、摘要、图表、结论和参考文献。

（1）题目。科研论文起着传播科研信息、进行学术交流、指导课题研究的作用。论文的题目是科研信息的集中点，应当可以准确地反映文章内容，同时能够为读者提供有价值的研究信息。因此，科研论文的题目必须具体、简洁、鲜明、确切，并且有特异性和可检索性。

（2）作者及单位。作者姓名在文题下按序排列，作者单位名称及邮政编码则写在作者姓名的下一行。作者署名顺序应主要按照各位作者（或单位）在研究中发挥的作用、做出的贡献及承担的责任由大到小依次排列，而不应论资排辈。对于来自不同单位的多位科研工作者，可在其姓名右上角以阿拉伯数字标注，单位名称应按作者顺序统一进行标注。

（3）摘要。摘要是论文中主要内容的高度浓缩，能够提供论文中的关键信息。论文摘要应简明扼要地描述课题的性质、研究目的与意义、使用材料与方法、结果、讨论和结论中的重要内容。论文摘要一般不超过 200 字。学术期刊论文一般都要求提供中英文双语摘要。

（4）关键词。科研论文一般都要求在摘要下面标出关键词。标出关键词的目的是让论文能够正确地编目，便于做主题索引及电子计算机检索。因此，作者给出的关键词应当简洁、准确，以达到将论文中可供检索点列出的目的。关键词是专业术语，而不是其他词汇，一般要求列 3～8 个。关键词的选用要求能够标出论文所研究和讨论的重点内容，仅在研究方法中提及的手段则可不予标出。关键词应尽量按照国际标准使用，如无法组配则可选用最直接的上位主题词，必要时可选用适当的常用自由词。

（5）引言。引言又称引论或前言，是写在论文正文前面的一段短文，一般为 300 字左右，描述该项研究的背景与动向、研究目的（包括思路）、范围、历史、意义、方法及重要研究结果和结论，起到提纲挈领的作用。有些期刊论文的研究背景知识篇幅较长，应适当加以压缩。引言要切题，起到给读者一些预备知识的作用，并能引人入胜。因此，引言要开门见山、精练且有吸引力，应扼要地介绍与论文密切相关的史料，主要讲清楚所研究问题的来源及论文的目的性。引言的内容无须在论文中重复，有些科研工作者在初次撰写论文时常将引言部分内容和讨论部分重复，这是应当避免的。

（6）正文。正文是论文的主体，即核心部分，占论文的大部分篇幅，由理论推导、实验结果及分析三部分组成。正文撰写的质量反映出论文水平的高低及其价值大小，是形成研究观点与主题的基础和支柱，也是得出论文结论的依据。正文的内容包括理论基础知识、基本关系式、导出的公式、实验方法及仪器、真实可靠的数据、测量结果、误差分析、效果的差异（有效与无效）、科研的理论和实验结论等。对于不符合主观设想的数据和结果，也应对其做出客观的叙述与分析。该部分可根据不同情况分段进行叙述，内容层次较多时可以设小标题，小标题之下亦可再设分标题，以保证正文内容具有足够的层次性和逻辑性。正文中的图表要准确清晰，其中的符号、文字、变量等的大小要小于正文字一号。

（7）结论。结论是论文最后的总体结语，主要反映论文的写作目的、解决的问题及最后得出的结论。任何科研论文都要尽可能地提出明确的结论，用语应言简意赅，反映论文的重要结果；应保证读者在阅读结论后，能够再次回忆和领会论文中的主要方法、结果、观点和论据。结论要与引言相呼应，但不应简单地重复论文摘要或各段小结，一般应逐条列出，每条单独成一段，可由一句话或几句话组成，文字应简短，一般为 100～300 字，不可用图表代替。

（8）致谢。致谢是作者对在该论文中参与部分工作、对完成论文给予一定帮助或指导、修改或校审的有关单位和个人表示感谢的用语。其中，也包括对于给予科研基金资助的课题的致谢。致谢必须实事求是，并征得被致谢者的同意，一般置于文末与参考文献著录之前。

（9）参考文献。参考文献指在研究过程中和论文撰写时参考过的有关文献的目录，必须按照中华人民共和国国家标准《信息与文献 参考文献著录规则》（GB/T 7714—2015）的规定执行。参考文献的意义在于：一是反映作者撰写的论文中涉及的研究内容具有真实的科学依据；二是体现严肃的科学态度，阐明文中的观点或成果是作者原创，还是借鉴他人；三是对前人的科学成果表示尊重，同时也指明了引用资料出处，便于检索。论文引用应仔细校对，切忌出错。

（10）附录。有些科研论文因正文篇幅所限，不能对较艰深、繁难的公式或观点进行详细推导或说明，可以附录的形式附加在论文最后给予阐释。如有若干个问题需要详细推导或阐释，可在附录中编号并逐一列出。附录是作为报告、论文主体的补充项目，并非必需。

三、论文写作规范

一篇高水平的科研论文，不仅要包含高质量的研究成果，还需要满足一定的写作规范，以便于其他科研工作者的阅读与理解。各类科研论文都有一些具体的写作规范，下面分类别对其加以介绍。

（一）期刊论文写作规范

期刊论文可以为读者提供创新性的科研成果，而论文的深层次含义需要读者自行理解。具有严谨结构与合理格式的科研论文，不仅便于读者阅读，而且有助于读者进行内容理解、要点提炼等工作。在学术期刊多年的发展与筛选过程中，期刊论文在整体上已经形成了基本固定的结构，特定类型或涉及特定领域的期刊论文也已经具有了基本固定的格式。此外，期刊论文在遣词造句等细节方面也有一些特殊的要求。一篇论文要想发表在学术期刊上，就必须遵循这些写作规范。

1. 格式规范要求

（1）综述性文章基本格式规范。包括：①前言；②综述以往研究成果，即理论、实验及其应用；③评述最新研究成果，即科学探索与技术创新；④总结与展望，即总结不足，展望今后发展；⑤参考文献，即详列参考资料以供读者参考。

（2）专栏性文章基本格式规范。包括：①理论性文章，具体为前言、理论提出、理论验证、理论应用、结论等；②实验性文章，具体为前言、实验方法、实验结果、实验分析、结论等。

（3）报道性文章基本格式规范。包括：①前言；②研究领域概况；③新成果的描述；④分析及解释；⑤阐释科学意义；⑥结论。

2. 撰写注意事项

（1）关于署名。科研论文的署名是一项严肃而慎重的事情。科研论文的署名一般均署真实姓名，勿用笔名。论文署名既表示对作者的尊重，也体现了作者对论文负责的态度。署名的标准主要从以下五个方面把握：①应按对论文的贡献大小依次排列；②作者应是论文的全部或部分学术内容的创意者；③应是论文中数据的采集者；④应是参加论文撰写或校订其学术内容的人；⑤应是能在科学界为其论文的学术内容进行答辩的人。

（2）关于致谢。凡是论文中的研究成果受到某些科研课题的基金资助的，以及对该论文有一定的贡献但不宜纳入署名之列者，均应在致谢中明确提及，特别是课题基金资助批准号应准确无误。

（3）关于保密。科研论文的保密问题应引起作者的高度重视，应该考虑到论文内容所涉及的知识产权保护问题，以免给国家、单位、课题组造成重大损失，要坚决执行科技部和国家保密局制定的《科学技术保密规定》。要培养将研究成果及时、自觉地向主管部门报告的意识。根据笔者多年的科研经验，论文作者要养成"先申请专利，后发表论文"的习惯。

（4）关于"首次"。有的论文在引言（或前言）中写有"首次提出""首次发现""首次报道""未见报道""目前尚未见报道"等字样。如确系国内外"未曾报道"的，就应明确写出，但前提是必须进行科技查新加以确认，必要时应委托权威查询机构进行国内外专利、专业期刊的查询确认，确认未见报道后方可写上"首次"等关键字样。

（5）关于取舍。有些论文篇幅过长，恰如一个瘦人穿了一件肥大的外衣，给人以不协调之感，也占用了读者的时间。论文作者应紧密结合论文主题精简内容，不要重复论述（特别是数据和图表），删除与主题不紧密的讨论，某些论文的结论或结语也可不要，应向着"少一句不足，多一句烦琐"的方向努力。

（二）学术著作写作规范

学术著作是科研工作者学术成果的总结，一般篇幅较大、内容较多。此外，学术著作通常需要出版单行本，而非与其他论文出版合集。因此，学术著作也有一定的写作规范。下面，分别对学术论著与学位论文应当遵循的写作规范进行简要的介绍。

1. 学术论著写作规范

（1）书名写作。书名是以最恰当、最简明的词语反映学术论著中最重要的特定内容的逻辑组合。因此，从写作的角度考虑，书名要简短精练、醒目易懂，外延和内涵恰如其分，准确得体。

（2）著作署名。作者应是对学术论著或至少对其中一部分内容负责写作的人员，仅仅对学术论著加以讨论或对内容做技术性修改的人员，最好不列为该学术论著作者，可在序言中加以致谢。署名应按对学术论著贡献的大小排序，切忌论资排辈、搭车挂名。

（3）摘要写作。摘要是对学术论著内容的简要陈述，提示学术论著的主要观点、见解、论据。摘要应充分反映研究工作的创新点、特点和意义。

（4）前言写作。前言篇幅尚无统一的规定，需视作者及学术论著内容的需要而定，长者数千字，短者数百字。

（5）正文写作。正文占据论著的最大篇幅，需按既定的目次进行写作。章节的划分和段落的取舍，应视学术论著性质与内容而定，主要包括：①理论部分。其要系统地论述研究工作的理论依据，包括模型构建、设计方法、逻辑推理、分析工具、理论推导、模型验证等。②实践部分。其要全面地介绍实验装置、实验操作、调查过程等内容，并注明实验过程中应注意的安全事项。③数据处理。其要阐明数据分析的方法、精度、误差及有效数字等，作者必须保证所给出测量（或调查）数据的真实性、可靠性、有效性和一致性。④科研方法。其应具体介绍课题研究中的典型思路，为读者提供一些有参考价值的实用科研方法，促进其科研能力和写作技能的提升。⑤结论部分。其是对研究中所取得的主要成果的总结，应尽量把感性认识上升为理性认识，并在此基础上展望下一步工作或论文对本领域发展的意义。

2. 学位论文写作规范

（1）尽早收集相关资料，并着手进行实验方案设计。学位论文反映了学位申请人在专业知识、科研方法与技能、独立从事科研工作的能力等诸多方面的综合水平，因此必须予以特别重视，应尽自己最大的努力保证能够出色地完成并通过专家的评审。为此，应尽早收集相关资料，构建理论模型，提出实验方案设计，并着手进行实验验证；要把学位论文的各项准备工作做在论文撰写之前，以争取充分的修改与完善时间。

（2）答辩之前争取发表若干篇与学位论文相关的文章。高质量的学位论文（硕士论文或博士论文）一般应以若干篇已发表的期刊论文为基础而完成。因此，学位论文完成之前，即答辩之前，应努力争取发表若干篇与学位论文相关的文章，这对于提升学位论文的水平是非常重要的。在专家评审学位论文的意见中，攻读学位期间是否发表过高水平的期刊论文及发表的篇数，是评价学位论文质量高低的重要指标。

（3）根据发表的文章和研究进展开列学位论文纲目。有了若干篇已经发表的文章，就可以其为基础并结合研究工作进展开列学位论文纲目。待论文纲目送交导师审阅、修改后，再将各个章节细化。依据纲要，即可将已有的文章相关内容按章节分别添进既定位置。以这样的方式撰写学位论文，即论文纲目与已经发表的文章相结合，可以加快撰写速度，提高写作质量。

（4）既定章节尽早结束，待定部分按计划分步完成。当学位论文章节确定时，一种有效的撰写策略是：重点完善由已发表文章支撑的章节（笔者称之为"既定章节"），并努力使之尽早结束；对尚无已发表文章支撑的章节（笔者称之为"待定部分"），需按计划分步完成。要充分利用计算机存储、处理信息的强大功能，将已有的内容尽早录入计算机备存。同时，需注意备份已完成的章节，尽量多备份几个文件版本，以免出现计算机故障造成丢失文件的严重损失。

（5）论文内容需多次校对，应避免重大错误的出现。学位论文初稿完成后，首先需送交导师审阅；其次，根据导师的审阅意见对初稿进行认真修改、更正和补充；再次，邀请课题组其他老师及学长（师兄、师姐等）提出意见及建议，使之进一步完善；最后，对论文进行校对，完成论文。其间，要尽量多请有经验者阅览、校对，以避免重大错误的出现。经验表明：校对学位论文的工作不仅非常重要，亦很有必要。如能认真对待，则许多差错可以及早纠正。常见的差错有数字位数不够、公式字符混淆、变量单位出错、丢字或错字、图形与图标不符等。总之，越是认真仔细，出差错的概率就越小。论文校对的基本要求是保证无基本的科学错误。

第三节 投稿及发表规程

一、论文投稿准备

发表科研论文是表述科研成果的最佳方式之一，也是公认的、最权威的学术交流方式。公开发表的科研论文在学术界影响面最大。发表论文涉及三方面的问题：一是科研工作成果的质量；二是科研论文写作的技能；三是论文投稿的方式和策略。

投稿的目的是能够发表论文。投稿工作的各个环节，都与稿件的命运密切相关，必须遵循期刊及出版社的有关规范。

（一）投稿准备

投稿之前，完成一些必要的准备工作，可以增加文章被接收的把握。下面根据笔者的投稿经验，介绍有关投稿准备的注意事项。

（1）题目有创意。审稿人评审论文，或者读者阅读论文，最先看到的是题目。如果题目用词不当，推敲欠妥，就会对论文的评价产生很大的负面影响。论文作者应当通过题目提示审稿人或读者：投稿论文的内容与前沿研究课题或当前热门话题密切相关，研究工作具有重要的意义。

（2）主题要鲜明。论文作者研究的是什么问题？主题是什么？有何重要之处？这些问题需要精心组织材料以做出明确回答，同时需要引证别人的观点来支持自己提出的观点、理论、计划或方案。要指出该问题或课题目前国内外研究的状况及存在的缺陷，以及论文作者的创新思路、解决方案及实施优点等。

（3）论据应核实。论文中的论据（包括实验数据、分析表格、分布曲线图、访谈记录、引文资料等）在投稿前必须进行仔细核实，确定无疑，以保证论文内容的真实性和分析的准确性。有的论文作者往往在关键数据的核实上出现了差错（如小数点、单位有误）导致论文被拒稿，这种教训是深刻的。

（4）论文需定位。给论文进行恰当的定位，可以指导论文作者选择合适的期刊投稿。若论文作者有多次投稿的经验，则对论文的质量和水平不难把握。而对于初学者而言，请教专家帮助把握为佳。一般而言，得到有经验者（特别是那些一直处于该领域前沿的科研工作者）的建议和指导，将使论文作者少走弯路并提高投稿效率。

（二）投稿策略

投稿需要讲究策略。投稿不中（或退稿）有多种原因，笔者根据自身的写作经验，对其进行了归纳。总结起来，主要有以下几个方面。

（1）专业论文为重点。学术期刊大多偏重发表专业性强、题材来源于领域前沿的最新研究和科研成果的凝练与提升的科研论文，较少刊登讨论体系框架的论文或综述性文章（专门刊载综述性文章的期刊除外，如《物理学进展》等）。

（2）期刊选择要适合。高质量科研论文应尽量向影响因子高的期刊投稿，这样被SCI、EI、SSCI、A&HCI、ISSHP、CSSCI等数据库收录的概率就会增大。对于课题组科研项目论文，论文作者可向课题组或实验室负责人征求投稿建议（期刊类型、办刊宗旨、影响因子等），根据论文的质量和水平集体确定最佳投稿期刊。

（3）敢向权威期刊投稿。要敢于向权威刊物投稿，特别是向国外的权威期刊投稿，但前提是确实已经取得了高水平的科研成果。对于初学者，在选择投稿期刊方面应循序渐进，从较为基础的期刊投起。当然，若取得的科研成果质量较高，论文写作水平也较高，亦可选择向高水平的期刊投稿。

（4）学术争论必须有据。所有的研究都有如下一些目的：一是寻找一个最有价值的主题；二是要解决一个具体问题；三是要改进现有的状况；四是希望创造更多的价值。

为此，论文作者可以就不同的学术观点发表自己的意见甚至批评，提出新观点或新理论，但前提是要给出论据，阐明理由。若是对某一学术观点提出的意见没有足够的论据和合理的论证支持，则论文很容易因此被拒稿。

二、论文成果查新

论文成果查新是科研论文投稿前应当首先进行的工作，它反映着论文成果的创新程度。因此，该项工作不可轻视。事实上，未进行论文成果查新便贸然投稿导致被拒稿的情况时有发生。其根本原因在于：一是所做的研究工作创新性不够；二是没有及时查新，不了解国内外同行最新研究成果的创新情况，以致重复研究。

（一）查新流程

查新的主要目的是避免重复研究，确定研究成果的创新程度。在查新过程中要检索大量的数据库，从中得到的某些相关文献还可以拓宽研究思路，提升科研论文的创新性和实用性。下面以科研论文成果委托查新［如论文被三大检索（SCI、EI 和 ISTP）收录情况，引用、摘转及采用情况等］为例，结合笔者有关科研论文及研究成果的查新经历，具体说明有关查新流程及注意事项。

（1）查新委托。委托人（或论文作者）首先在网上下载（或从查新机构获取）查新委托书，然后填写好查新目的、科学技术要点、查新点及要求、中英文检索词及联系方式等。

（2）签订合同。委托人（或论文作者）携带查新委托书和科研论文资料（或课题成果资料）到查新机构登记，办理有关查新手续，签订查新合同，安排查新事宜。若有条件，采取网上登记备案方式可提高工作效率。

（3）双方交流。查新登记备案后，查新机构应安排查新员与委托人（或论文作者）进行充分的交流。交流的目的在于双方能够在查新目的、科学技术要点、查新点及要求、中英文检索词等方面的理解上取得共识，为实施查新工作打好基础。

（4）试验检索。在双方取得共识的基础上，查新员根据科研论文（或课题成果）的特点选定检索词，开始试验检索，即试检索。在试检索期间，需根据词的同类、隶属、相关等关系，找出检索词的各种形式，如学名、俗名、同义词、近义词、上下位词等，尽可能找全关键词的各种表达形式（如英文词 fibre 与 fiber 等）。

（5）正式检索。查新员根据已确定的检索关键词、检索策略和检索数据库，进行正式检索。在正式检索期间，查新员可以要求委托人（或论文作者）提供必要的查新相关资料，但查新员的查新工作应保证独立性。查新员在整理检索结果和文献对比分析的基础上，写出查新报告初稿。

（6）审阅初稿。查新报告初稿需请专家帮助审阅，以确定其可靠性。必要时，在查新机构负责人同意的前提下，委托人（或论文作者）可根据检索出的文献调整查新有关项目的内容和要求，如科学技术要点、查新点及要求、中英文检索词等。

（7）出具报告。查新员和查新审核员审核查新报告，确认无疑后签字；查新机构盖章后，出具查新报告终稿；委托人（或论文作者）交付查新费用，领取查新报告，结束该项查新工作。

（二）查新要素

有关查新的主要项目如下所述。

（1）查新名称。它是指查新项目（或论文）的名称。对于国内查新，可不填英文名称。

（2）委托人。它是指委托查新的论文作者或课题组成员。

（3）查新机构。它是指具有科技成果查新资质的专业机构或部门。

（4）查新目的。它是指查新报告的用途，如文章创新性查新、项目申请立项或结题等查新。

（5）查新要求。在国内外相关领域，分析并证明检索域内是否已有与查新点所定义的创新科学或技术内容相同或类似的专利等知识产权、科技成果、政府科技报告、论文、新闻、企业出版物、企业产品发布等公开报道；提供科技部规定内容的查新报告；其他要求（从略）。

（6）项目简介。它针对项目核心技术内容及查新点所述创新定义展开说明，也可采用将本项目与相近技术或背景技术进行特点对比的方式进行说明。

（7）查新要点。它是指用一段文字准确定义项目中的科学发现、创新技术、创新产品的新功能、突破的指标及相应领域；国外查新除需填中文查新点外，还要提供中英文对照关键词及其同义词、俗称、商业名称。

（8）材料提供。查新需要论文作者（或课题组成员）提供发表的含查新点科技内容的论文、专利、成果、报道及立项申请书和可行性研究报告等，要求注明出处、署名及该署名与查新委托人的关系。

（9）查新周期。它是指查新机构在委托书提交并经查新机构确认后，完成查新合同确定的查新报告的时间期限。

（10）查新保密。它是指查新机构要保证对合同及所附资料的技术内容在查新工作期内保密。查新完成后，有关电子、纸介材料存档备查一周年后销毁。查新合同及所附资料的技术内容如有泄露，查新机构将承担《中华人民共和国保守国家秘密法》规定的经济及法律责任。

（11）查新交费。查新交费的方式有转账、刷卡或现金。

（12）提交报告。提交报告的方式有面交（直接提交）或特快专递寄回。

（13）违约与赔偿。查新期间若有一方违约，违约方应给予对方一定的赔偿。其违约金或者损失赔偿的计算方法，由双方签订查新合同时协商确定。

（14）争议解决。在查新合同履行过程中发生争议，双方应首先友好协商解决，或请求查新机构的上级主管部门（如省科学技术厅）及委托人（或论文作者）的主管部门进行调解。如属经济问题，则按国家有关规定，通过司法程序解决。

（15）合同期限。指查新合同的订立及有效日期，需双方共同签字生效。

三、论文发表规程

一篇论文，从期刊编辑部收到来稿到正式刊登发表，需要经过一定的程序。了解论文的发表规程，不仅可以及时对编辑部的要求做出反应，还可以合理地安排自己的研究工作，避免在等待中浪费时间。图6.1为论文发表流程图。

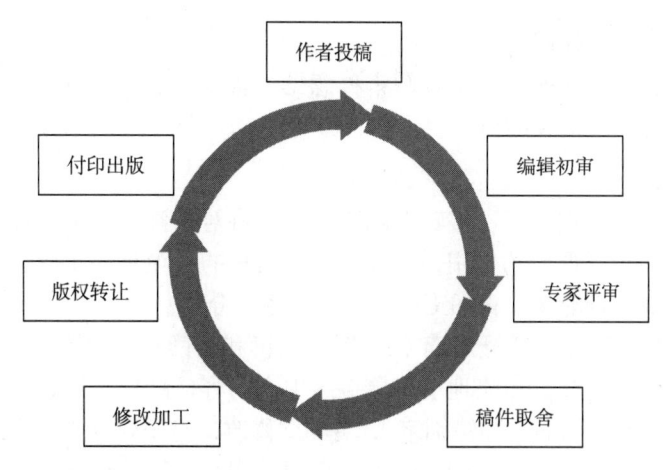

图 6.1 论文发表流程图

下面根据笔者对国内外学术期刊论文的评审经验，就论文发表规程进行具体说明。

（一）作者投稿

论文作者将初稿（一式两份：一份原稿，一份复印件）投到有关期刊的编辑部（社），由编务人员登记后转送编辑。同时，编辑部（社）以信函或者电子邮件（E-mail）等方式通知论文作者稿件收到并附上稿件编号。

（二）编辑初审

由编辑对稿件进行初审，主要就该稿件是否符合刊载宗旨、篇幅是否适中、文字是否清晰等进行形式审查，确定是否送专家评审。如无送审价值，则退还给论文作者，也有些期刊只给论文作者退稿通知但不退还原稿。

（三）专家评审

对于有送审价值的稿件，编辑部从已建立的审稿专家库中抽选评审专家（一般为两位）负责审稿。送审的稿件一般要求审稿人在规定的期限内返回审稿意见，超过期限时编辑部会催问。若审稿人因事推迟或时间过长未返回审稿意见，编辑部将协商另选审稿人。

投稿文章一般由两位审稿人同时评审，若两位意见均建议发表，则该稿件基本能够被接收。若其中一位审稿人提出否定意见，编辑部一般会送交第三位审稿人进行裁决。编辑部将根据第三位审稿人的意见综合考虑，对稿件提出取舍意见。值得注意的是：审稿人一般只是编辑部的顾问，而不是稿件的最后仲裁者，但审稿人的意见很关键。因此，如果论文作者认为评审意见有出入，可以向编辑申诉并提出重审要求。

（四）稿件取舍

编辑部把专家评审意见收齐后（有的专家因各种原因可能会延迟一些审稿时间，对此编辑部会及时提醒并催审），对评审意见进行整理，根据需要可将审稿意见转达论文作者本人。对于评审专家提出的修改意见，论文作者需逐条修改并做出说明，在修改稿中以明显的标记标出，及时将修改稿发回编辑部。编辑部或期刊编委会将根据稿件评审意见和修改稿的质量进行评估，最终决定稿件的取舍。对于可刊用的稿件，论文作者会收到一份稿件接收函，并在规定的时间内交付稿件出版费。对不宜刊用的稿件，编辑部将及时通知论文作者自行处理。

以往投稿经验告诉我们，正确理解审稿意见，认真答复、修改并及时送交期刊编辑部，会增加修改论文被接收的概率。

（五）修改加工

评审稿件被确定接收之后，编辑部的工作人员将对稿件进行编辑加工。编辑加工对提高原稿的质量能起到很大的作用，是保证刊物质量的一项重要工序。笔者根据有关规范和权威著作，就科研论文编辑加工的主要问题逐一介绍。

（1）步骤。加工程序一般分通读（粗读）、精读和复读几个阶段。首先，通读。通读也称粗读，即先通读全文，粗略地了解原稿的中心内容、结构布局、图表安排等。若发现较容易修改的问题（如漏字和错别字），可随即修改；对需要仔细考虑或需要做重点修改之处，可标上记号。其次，精读。细致、全面地研究原稿，认真进行加工，不放过每一个细节。对通读时标有记号处，更不能遗漏。最后，复读。认真仔细地复核加工过的稿件，查看有无遗漏或修改不妥之处，如有，应一一补上或更正。如还有疑问解决不了，工作人员会再与论文作者联系，或与有关专家讨论解决。若有较大的修改，应将加工好的稿件送请论文作者过目，征得论文作者的同意后才能定稿。

（2）范围。编辑加工涉及的范围较广，一般可分为内容加工、文字加工和技术加工。这三者既有区别又有联系：①内容加工，包括科学性的内容（如创新性、实用性、准确性和真实性等），政治性的内容（如政治观点、路线方针政策、保密问题、涉外关系、尊重史实等）；②文字加工，包括章法、标题、语法、繁简、逻辑及标点符号的修改等；③技术加工，技术加工一般不改动原稿的内容，主要包括确定版式、批注加工和图表加工。

（3）校对。对编辑加工后的稿件要进行多次校对。校对内容包括：排版错误；编辑加工过程中疏漏的未改错误；调整版式、图表位置；等等。

（4）发稿。经过编辑加工后的稿件，按编排格式进行编排后，准备发给出版社或印刷厂之前的最后一道工序是发稿。发稿前，责任编辑和编辑室负责人必须对所发稿件进行全面审查，保证稿件符合齐、清、定的要求，然后送主编审定发稿。

（六）版权转让

学术期刊在出版论文前，一般都要论文作者填写论文版权转让书，以保护出版社和论文作者的知识产权不受侵犯。对此，双方均需自觉遵守论文版权转让协议的各项规定和要求，行使自己应有的权利，出版社和论文作者都要为对方负责。

（七）付印出版

编辑部将编辑加工好的稿件交送印刷厂进行排版、制版、印刷、毛校，印出的清样交送论文作者校样，返回编辑部后再校对、审签付印，最后出版发行。

第四节 论文和论著示例

一、期刊论文示例

下面以笔者发表在 2017 年《物理学报》第 66 卷第 7 期上的一篇综述文章为例，具体阐述论文写作方面的一些规范和要求。

1. 题目

《新型长周期光纤光栅的设计与研制进展》。

2. 摘要

长周期光纤光栅（long-period fiber grating，LPFG）是一种宽带的透射型无源光子器件，在光纤通信和光纤传感领域应用广泛。本文从折射率空间调制的角度，根据栅格周期长短、折射率调制深度和栅面法线取向三个特征参数，对 LPFG 进行了分类并分析了其不足，定义了新型长周期光纤光栅（novel long-period fiber grating，NLPFG）概念并指出了其研究意义，阐述了典型的 LPFG 写制新技术，建立了 NLPFG 模型和设计理论，提出了 NLPFG 正、反向设计流程，阐述了 NLPFG 典型设计方法；综述了近年来 NLPFG 的研制及典型应用，展望了 NLPFG 研究的发展趋势。

3. 关键词

光纤光栅，长周期光纤光栅，光栅设计，光栅研制。

4. PACS：07.60.Vg，07.60.Ly，07.07.Df

5. DOI：10.7498/aps.66.070704

6. 正文

7. 参考文献（67 篇，从略）。

主要纲目如下所示。

（1）引言，包括：①光纤光栅；②长周期光纤光栅；③新型长周期光纤光栅。

（2）长周期光纤光栅写制新技术，包括：①多次曝光技术；②变迹曝光技术；③外场作用技术；④涂覆填充技术；⑤腐蚀拉伸技术；⑥切纤熔接技术；⑦多维调制技术。

（3）新型长周期光纤光栅设计，包括：①NLPFG 模型构建；②NLPFG 设计理论；③NLPFG 设计流程；④典型设计方法。

（4）新型长周期光纤光栅研制及应用，包括：①偏芯型 LPFG 器件；②多芯型 LPFG 器件；③少模型 LPFG 器件；④交错型 LPFG 器件；⑤错位型 LPFG 器件；⑥过熔型 LPFG 器件；⑦相移型 LPFG 器件；⑧调谐型 LPFG 器件；⑨耦联型 LPFG 器件。

（5）结论。

二、学术论著示例

下面以笔者 2019 年 6 月由清华大学出版社出版的《光波学原理与技术应用（第 2 版）》为例，具体阐述学术论著写作方面的一些规范和要求。

1. 书名

《光波学原理与技术应用（第 2 版）》。

2. 作者

张伟刚（编著）。

3. 内容简介

要点：本书以经典电磁场理论和近代光学为基础，系统论述了光波的基本原理、光波传输规律与特性、光器件设计与研制、光波技术主要应用等。本书结构体系创新，理论与应用并重，内容系统全面，吸纳最新科研成果，各章附小结、问题与思考，可以作为高等学校物理学、光电子学、光学、光学工程、激光技术、光学仪器、信息与通信技术等专业的研究生和本科生教材，也可作为从事光学工程、光电子技术、光通信技术、光传感技术、光测量技术工作的工程技术人员和其他相关专业人员的参考书。

4. 前言

要点：本书首先简述人类对光认识的发展历程，总结并归纳出三个发展阶段；其次，提出"光波学"新体系构想并给出结构体系图和篇章关联图，阐述光波的基本概念、性质及应用；再次，说明撰写本书的目的，简介各章内容及本书适用对象；最后，对支持本书编写及出版的基金资助单位、合作者、文献引用者、学术前辈及亲友加以致谢。

5. 目录

本书共分 5 篇，即基础篇、运动篇、动力篇、器件篇和应用篇，包括 15 章内容（仅列出一级目录）：第 1 章光波学基础知识；第 2 章光波分析方法；第 3 章光传输介质波导；第 4 章光波运动学方程；第 5 章各向同性介质光传输；第 6 章各向异性介质光传输；第 7 章周期性介质光传输；第 8 章光波动力学方程；第 9 章光波与外场作用；第 10 章光波之间互作用；第 11 章光波导调控器件；第 12 章光波导器件研制；第 13 章光测量技术应用；第 14 章光通信技术应用；第 15 章光传感技术应用。

6. 主要参考文献（65 篇，从略）

7. 英文缩略语（从略）

三、学位论文示例

下面以笔者的博士论文为例，简述博士论文写作方面的一些规范和要求。该博士论文被评为 2004 年天津市优秀博士学位论文，并获该年度全国百篇优秀博士学位论文提名奖。

1. 题目

《纤栅式传感系列器件的设计及技术研究》。

2. 摘要

要点：①设计并实现了多种纤栅式传感系列器件及波长调谐结构；②提出并建立了纤栅式传感解调系统的反射式与透射式模型与理论；③系统研究了光纤布拉格光栅波长调谐理论并推导出波长调谐关系式；④系统研究了纤栅式温度补偿传感原理并推导出主动与被动补偿的一般关系式；⑤系统研究了纤栅式单参数、双参数及准分布多点传感原理并推导出一般关系式；⑥设计并实现了基于波分和空分复用技术的温度、位移传感实验系统；⑦引入关联概念，提出光纤光栅传感关联模型并建立了关联解调理论；⑧引入科研方法，构建了纤栅式传感器研究的一般程序。

英文摘要（从略）。

3. 主要关键词

光纤布拉格光栅，纤栅式传感器，器件设计，阵列传感，科学研究方法。

4. 创新点

要点：①纤栅式传感系列器件的研究、设计与实现；②纤栅式双参数传感装置的研究、设计与实现；③纤栅式传感器温度补偿研究；④基于弹性梁的光纤光栅波长调谐原理与技术研究；⑤光纤布拉格光栅波长与带宽独立调谐技术研究；⑥纤栅式传感解调关联理论研究；⑦纤栅式传感器研发方法研究；⑧光纤光栅温度与应变交叉敏感的关联分析方法。

5. 课题来源

论文课题源于国家自然科学基金项目（69637050、60077012、69977006）、教育部博士点专项基金项目、国家 863 计划课题［863-307-15-5（11）］、天津市科技攻关项目（003104011）、天津市自然科学基金项目（013800511）、天津市科委攻关项目（013601811）等。

6. 主要内容

论文共分七章（仅列出一级目录，内容从略）：第一章，引论；第二章，光纤光栅传感理论；第三章，纤栅式单参数传感器件设计；第四章，纤栅式双参数传感器件设计；第五章，光纤光栅波长调谐原理与技术；第六章，纤栅式准分布多点传感研究；第七章，光纤型传感器研究。

7. 总结与展望

要点：主要成果一是器件设计与实现，包括纤栅式单参数传感器件的设计与实现、纤栅式双参数传感器件及多点传感系统的设计与实现、纤栅式波长调谐结构的设计与实现、光纤型传感器的设计与实现；二是理论研究与实验分析，包括模型构建与理论分析、系统研制与实验测量两部分；三是方法创新与论文撰写，包括科研方法建立与应用、论文撰写与发表等。

8. 攻读博士学位期间发表（含接收）的学术论文

作为第一作者在国内外学术期刊及国际会议发表（含接收待发表）论文 30 多篇，其中被 SCI、EI 收录 20 余篇，另有几篇正在评审中（内容从略）。

9. 攻读博士学位期间参加的科研项目

在攻读博士学位期间，参加了如"5. 课题来源"所述的科研项目。

10. 攻读博士学位期间参加的国际学术会议

连续参加三届国际光学工程学会（International Society for Optical Engineering，SPIE）学术会议（2000 年 11 月 8～10 日，北京；2001 年 11 月 13～15 日，北京；2002 年 11 月 27～30 日，新加坡）。

11. 参考文献

参考文献采用分章列出，总计 200 余篇（从略）。

12. 后记

主要表达对导师、课题组师生、南开大学现代光学研究所领导，以及老师、父母、亲友、家人的感谢（内容从略）。

四、会议论文示例

下面以笔者在 2004 年澳大利亚悉尼举行的 SPIE 国际学术会议上发表的一篇论文为例，对会议论文写作方面的一些格式和要求做简要说明。

1. Paper number
5649—83

2. Corresponding Author
Weigang Zhang. Institute of Modern Optics, Nankai University, Tianjin 30071, China

3. Title
Novel two-dimension FBG sensor based on rectangle cantilever beams for simultaneous measurement of force and temperature

4. Abstract
In this paper, for the first time to our knowledge, we report a novel FBG-type two-dimensional sensor that is able to simultaneously measure two-dimension (2-D) force and temperature, and the 2-D force sensing process can be tuned by applying rectangular cantilever beam (RCB). In the vertical directions of the RCB axis, the wavelengths shifts of two FBGs bonded to the surface of the RCB are quasi-linear with respect to the 2-D force and temperature, respectively. Two FBGs are experimentally demonstrated to have the 2-D force sensitivities of ~5.32 nm/N and 3.21 nm/N, a temperature sensitivity of ~0.095nm/℃ between 0℃ and 70℃, respectively.

5. Key words
Fiber Bragg grating, two dimensional sensor, simultaneous measurement of force and temperature.

6. Contents
(1) Introduction: ①FBG-type one-dimensional sensor technology: Now, many FBG sensors, which are based on one dimensional (1-D) axial strain sensing mechanism, such as temperature, displacement, strain, stress, pressure, acceleration, torsion angle, electric and magnetic field, etc, have realized in civil structure monitoring applications, etc. ②Proposed a novel FBG-type two-dimensional (2-D) sensor: In this paper, for the first time to our knowledge, we report an improved 2-D FBG sensor that is able to simultaneously measure force and temperature, and the force sensing process can be tuned by applying rectangular cantilever beam (RCB).

(2) Device and principle: Fig. 1 shows the schematic diagram of our proposed FBG-type 2-D sensing device（图形从略）.

(3) Experiment and discussion: ①Sensing device and relative parameters（参数从略）; ②Experimental results: Fig. 2 shows that the experimental plots between $\Delta\lambda_{1xT}$, $\Delta\lambda_{2xT}$ and F at $\theta \approx 45°$ respectively when $T = 20$℃. Fig. 3 shows that the experimental plots between $\Delta\lambda_{1yT}$, $\Delta\lambda_{2yT}$ and F at $\theta \approx 45°$ respectively when $T = 20$℃（图形从略）.

(4) Conclusion: We proposed a novel FBG-type two-dimensional sensor based on a rectangular cantilever beam (RCB), which is able to simultaneously measure force and temperature in this paper. A fiber-grating cluster consisting of two FBGs with different center wavelengths is bonded to the two neighboring side surfaces of the RCB, crossing the joint

between fixed part and beam but along the neutral axis direction of the RCB. In the vertical directions of the RCB axis, the wavelengths shifts of two FBGs are quasi-linear with respect to the force, respectively.

7. Acknowledgment

This work is supported by the National 863 High Technology Project under Grant No. 2002AA313110 in China, by the Science and Technology Innovation Foundation of Nankai University, China.

8. References: 20 papers（从略）

9. Copyright（从略）

第七章

专利撰写与申请

发明是百分之九十九的汗水加百分之一的灵感。

——〔美〕爱迪生

■ 第一节 发明创造概论

发明创造,是人类在认识自然、改造自然过程中最强大的动力。正是凭借千百年来历代先人不计其数的发明创造,人类才走到了今天,跨入了文明社会。人类的生活,也因此更加方便、更加舒适。发明创造,已经成为人类社会中一项不可或缺的工作。

一、发明创造概述

发明创造,指的是科研工作者在实践的基础上,进行了前人未曾进行的工作,并得到了前人未曾获得且具有一定用途的成果。这种意义上的成果,一般是指各种实用的产品或方案,人们应当能够凭借其获得一定的经济利益或社会效益。

与发明创造密切相关的概念是科学发现。科学发现具有如下一些显著功能。

1. 科学发现引导发明创造

科学发现,一般被理解为发现新科学事实和新科学理论的创造过程。科研工作者若是缺乏创造性的思考,即便发现了新的科学事实,也不能称为完整意义上的科学发现。有的科学事实虽然不一定直接导致新科学理论的建立,但经过对其进一步的研究,能创造出直接造福于人类的成果。

2. 科学发现促进知识增长

科学发现是积累和增加科学知识的手段。没有科学发现,科学便失去了生命力。人类在认识自然和利用自然规律的过程中,会不断地发现新的科学成果。这些科学成果不仅帮助人类创造了丰富多彩的生活,而且深刻地改变着人类对自然和自身的认识。

3. 科学发现促进技术发明

大量的实践表明,科学发现是技术发明的重要源泉之一。由发现产生的发明,往往是一种开创性的"种子"型发明,通过这种"种子"型发明孵化、繁殖、转移和综合的过程，又会形成多种改进型发明。同时，技术发明也会推动科学发现，这种推动主要是通过技术手段的更新来实现的。若是技术手段未能达到足够的水平，许多科学假说和科学定律就不能够得到验证，许多全新的科学现象也难以得到深入研究，其中蕴含的全新内容也就难以被发现。

二、发明创造原则

对科学技术史或技术发明史比较了解的人都知道，发明是一种难以预料的事情，有时甚至是完全无法预料的。一种新发明或新构思的出现，不仅令一般人惊异，就连发明者本人也常常为自己的灵感而感叹。事实上，为从事发明创造工作的人提供一些必须遵从的基本原则，指出完成发明所要经历的一些必要步骤，介绍一些可供参考的发明技能技巧、经验教训及应该避免的问题，使其对发明过程有一个总的认识，这些工作对不拘一格地发现创造性人才、推动发明创造工作是非常有益的。

笔者根据自身的科研实践，总结、提炼出发明创造的如下基本原则。

1. 目标性原则

发现并确定发明的目标是发明的开端，而发明的目标就是人们的某种需求，即人们面临的难题或某种需要改进的东西。当人们设计出某种新装置或提出某种新方法满足了这种需求，该项发明即告完成。因此，发现并确定发明的目标，是科研工作者致力于发明创造之前需要首先思考的问题。

2. 灵活性原则

发明创造的过程并非一成不变，仅仅按部就班进行操作，通常难以达到发明的目的，而期间各个发明步骤的顺序可能有多种变化。从逻辑上讲，发现发明的目标应是整个发明活动的前提，无目标即无法发明。在实际中，一般是先有设想，然后进行试验，再进行评价决策，最后申请专利。但也可能是先提出一种新颖而又有突出价值的设想，为了抢先获取专利权而未经试验就对其申请专利加以保护，然后再去试验和改进。因此，发明者可根据实际需要进行操作，不必拘泥于固定的发明程序。

3. 群体性原则

现代发明创造活动表现出群体性的发展态势。一项重大的发明创造，从成果的产生到实际应用，仅仅依靠个人的创造能力已经难以实现，必须代之以群体的协作，方能如愿以偿。创造活动具有群体性特点，创造群体的社会属性则确定了群体创造的内涵，这是由现代创造的复杂性及创造发明的高起点特性决定的。

三、发明创造类型

发明创造的成果可以是实用的新产品、新材料，也可以是能够解决实际问题的新工具、新方法等。由于发明成果多种多样，发明创造也具有多个类型，以下是几种有代表性的分类方法。

1. 按照创新性程度分类

发明创造就是设计并发明原来没有的新东西，就其发明的创新性程度而言，有开创性发明和改进性发明之分。开创性发明在人类发明的总数中所占比例不大，改进性发明的所占比例甚高。

（1）开创性发明。它是真正的"无中生有"，是直接由科学发现转化而成的全新型发明或"种子"型发明，往往能够填补某一科技领域的空白或开创前所未有的技术领域。例如，中国古代四大发明、激光器、超声波技术、晶体管、电视机、电子计算机、航天飞机等，这些都是划时代的开创性发明成果。

（2）改进性发明。它一般属于"有中生无"，是在已有技术的基础上，通过对其局部加以改进、补充或优化，将已有的几种技术进行综合所获得的发明创造成果。例如，洗衣机的发明年代久远，现今市场上新推出的全自动洗衣机、智能型洗衣机、健康型洗衣机等，都属于洗衣机领域内的改进性发明。

2. 按照专利受理范围分类

依据专利文献中的规定，国家将所受理的发明创造专利划分出 16 个范围，这些受理范围基本涵盖了社会上出现的发明创造成果的各个方面，从中可以归纳出如下基本类型。

（1）原料加工：开采，浓缩，提炼，萃取。
（2）制造：零部件，装置，消费品，工业用品。
（3）建筑：大型建筑物，住房，城市规划，公路。
（4）交通：车辆，飞行器，船舶，交通管理。
（5）通信：发射，中继，接收，分布。
（6）电力：发电，配电。
（7）农业：耕，种，收获，保管。
（8）医药：药品，器械，系统。
（9）渔业：设备，加工，鱼饵。
（10）食品加工：贮藏，烹调。
（11）军事：后勤，武器，系统。
（12）家庭用品：用具，室内固定设备，家具，舒适品，维修。
（13）办公用品：用具，设备，维修。
（14）玩具：游戏，运动，设备，系统。
（15）个人用品：服装，化妆品，保管。
（16）娱乐品：公用，家用。

3. 发明创造的过程

发明创造是一个过程，在此期间要经历发现目标、确定任务、构思方案、实验和试制等基本阶段。

（1）发现目标。发现发明的目标是发明的开端，发明的起点在于社会的需求，即发现人们的某项需要、面临的某个难题或需要改进的某种东西。"需要是发明之母"，事实上，大多数发明都是从发现某种需求开始的。有志于从事发明创造的科研工作者，要注意锻炼发现问题的敏锐眼力，经常留意社会对科技方面的一些需求，这对自己在科研工作中取得实用的发明成果是有帮助的。

（2）确定任务。发现发明目标之后，就要分析目标并确定发明任务。该阶段主要解决的问题是：考查该目标目前没有满意解决办法的关键所在，调研为实现目标所需解决的办法，为实现新发明所需要的客观和主观条件等。

（3）构思方案。发明任务确定之后，应针对其关键问题和具体目标构思技术方案，制订可实施的操作计划。在该阶段，要充分激发创造性，促进发散思维，获得创新灵感，构思富有创造性和实用性的新技术方案。

（4）实验和试制。技术方案制订后，应迅速进行必要的实验和试制。大量事实表明，一项新的发明或基础创新，需要经过反复实验和试制，从中发现问题并进行多次修改才有可能最终成功。真正说明问题的还是实验，技术方案的优劣也需要经过实验的检验方可确认。事实上，某些看起来很有把握的发明设想，在实验检验中可能会被直接否定。因此，实验和试制是发明过程中非常重要的阶段，不可忽略。至于为抢先获得专利权而未经试验就申请的专利，必须在申请后尽快进行必要的实验和试制，以检验原来的设想是否可行。

发明创造的目的在于最终推向市场并产生社会效益。通过实验和试制获得真实的数据，可以避免设想不切合实际造成严重损失的事件发生。

四、发明创造的风险性

1. 风险性概论

所谓风险性，是指从事创造活动需要投入一定的人力、物力和财力，但最后有可能无法取得预期的创造性成果，甚至还会因创造失误或失败而使科研工作者遭受损失。创造失误或创造失败，是指创造活动达不到预期的目的，因而体现不出创造成果的使用价值。发明创造是对前所未有的事物进行探索的过程，走的是前人未走过的路，解决的是前人未解决的问题。在这一过程中必然会遇到各种各样的未知问题和困难，因此，任何发明创造活动都具有一定的风险性。由于现代社会环境比过去更加复杂，创造性活动的风险性较以往更加令人关注。可以说，风险性是现代创造活动的一个突出特点。

2. 风险性降低方式

为了避免或尽量降低发明创造的风险性，发明者在创造过程中应在以下几个方面谨慎考虑：一是切忌重复已有的发明创造或创新程度不够的发明创造；二是不要贪大求全，要针对有选择的发明点进行攻关；三是发明创造的周期应尽量缩短，否则发明创造成果完成之日就很可能是其被淘汰之时；四是注意发明创造所受的环境资源制约，要使之成为可持续发明的有利条件；五是面对风险，发明者要有足够的心理承受能力与准备，步步为营，循序渐进；六是要及时地整理和提炼新思想、新方法、新构思，并申请专利，保护自身的知识产权。

第二节 专利特征及类型

一、专利概述

"专利"这个概念在当今的社会上非常流行。通俗地说，专利就是以国家的名义在一定地域内、一段时间内保护某项发明成果。专利观念在社会上的推广，对于保护研究产权、推动科研进步、维护竞争氛围，都具有相当重要的作用。

专利是专利权的简称，其基本概念是指某人就一项发明创造向专利行政部门提出申请，经过审查合格后授予申请人的专有权，专利权是一种独占权。

二、专利特征

独占性是专利的根本特征。按照《中华人民共和国专利法》(以下简称《专利法》)第十一条的规定，发明和实用新型专利权被授予后，除《专利法》另有规定的以外，任何单位或者个人未经专利权人许可，都不得实施其专利，即不得为生产经营目的制造、使用、许诺销售、销售、进口其专利产品，或者使用其专利方法及使用、许诺销售、销售、进口依照该专利方法直接获得的产品。对于外观设计专利及专利产品，只保护制造、许诺销售、销售、进口等行为，使用行为则不在保护之列。

三、专利类型

专利的具体内容复杂多变，但专利的基本类型并不多。此外，各类型专利的格式通常是统一的，并且包括一些相同类型的条目，这样既便于专利行政部门分类，亦便于科研工作者查询。专利的基本类型有发明、实用新型和外观设计三种。

1. 发明专利

《专利法》第二条第一款规定："发明，是指对产品、方法或者其改进所提出的新的技术方案。"从该定义来看，发明专利应当是一种完整的方案，仅仅一种构思或设想则不足以构成发明。发明必须是新技术方案，是利用自然规律获得的成果，一般以新方法的提出和创新来申报发明专利者居多。例如，首次问世的关于发电机的技术方案就是一项发明，它是利用电磁感应这个自然规律做出的。而经济管理技术、演奏技术、字典辞典编排技术等与自然规律无关的技术方案，都不是《专利法》所指的发明。

2. 实用新型专利

《专利法》第二条第二款规定："实用新型，是指对产品的形状、构造或者其结合所提出的适于实用的新的技术方案。"由此可见，实用新型专利也是一种新技术方案。在这一点上，它与发明相一致，也是一种发明。然而，相对于发明而言，实用新型的发明创造性要求较低，有人称之为"小发明"。实用新型专利与发明专利有如下区别。

（1）实用新型必须是产品。方法发明，无论是大发明还是小发明，绝对不能申请实用新型专利，只能申请发明专利。

（2）实用新型必须是有形状、构造的产品。这里讲的形状，是指宏观形状、构造，不包括微观形状、构造。没有固定形状的产品，如气态、液态、膏状、粉末状、颗粒状的产品，以及不是以端面形状为技术特征的材料发明，不能申请实用新型专利。

3. 外观设计专利

《专利法》第二条第三款规定："外观设计，是指对产品的整体或者局部的形状、图案或者其结合以及色彩与形状、图案的结合所作出的富有美感并适于工业应用的新设计。"外观设计也叫新式样设计，它不是技术方案，这一点同发明、实用新型大不相同。实用新型也讲产品形状，但必须是为了达到某种技术目的。外观设计必须是对产品外表所做的设计，且应当富有美感，并且适合在工业上应用，即能够大批量生产（包括通过手工业大量地复制生产）。

4. 不能申请专利范围

《专利法》第二十五条规定："对下列各项，不授予专利权：（一）科学发现；（二）智力活动的规则和方法；（三）疾病的诊断和治疗方法；（四）动物和植物品种；（五）原子核变换方法以及用原子核变换方法获得的物质；（六）对平面印刷品的图案、色彩或者二者的结合作出的主要起标识作用的设计。对前款第（四）项所列产品的生产方法，可以依照本法规定授予专利权。"

四、专利查询

专利查询是指在国家知识产权局所发布的专利数据库中，对有关某一特定方面或某些特定类型的专利进行查询的过程。与论文查新类似，专利查询工作不仅可以对研究成果的先进性与独特性做出判断，还可以获取相关方面的专利资料，这对促进发明工作进展、把握发明工作方向等方面都有很大的帮助。

1. 专利查询途径

由于各项专利的相关专利文献均由国家知识产权局公开出版，并被公共的专利数据库收录，目前查阅专利并不十分困难，一般可通过如下途径进行。

（1）利用文献检索工具查询，如通过网络进行查询等。

（2）到专利文献中心或图书馆查询。到专利文献中心或图书馆查询各国出版的专利说明书（包括其他类型的说明书）。

（3）委托专业查新机构查询。可委托专门的情报信息部门（如具有国家承认的专业资质科技查新网站）进行某一领域的专利查询。

2. 专利查询领域

专利查询的关键之一是要知道所要查询的专利说明书的专利号或者申请号。各国专利行政部门都制定了专利文献分类方法和分类表，并且定期出版分类的专利文摘或按类分别编排的专利题录索引。因此，可以根据有关技术的分类去查阅专利文摘或题录，从文摘中或题录上获取所需专利号或申请号。

国际分类法将各种技术领域分为8个部分，并用8个英文字母表示。

（1）A部：人类生活需要。

（2）B部：作业、运输。

（3）C部：化学、冶金。

（4）D部：纺织、造纸。

（5）E部：固定建筑物。

（6）F部：机械工程、照明、加热、爆破。

（7）G部：物理。

（8）H部：电学。

其中，各部分还要进一步细分为几个层次，以表示一项比较具体的技术，并给出相应的分类号。在外国专利文献中，美国、欧洲各国和日本的专利文献均具有较高的利用价值。

3. 其他查询方式

除上述专利查询途径之外，还有如下所述的一些相关途径可供使用。

（1）分类题录和文摘刊物。中文的分类题录和文摘刊物《专利文献通报》，是一个很方便的查询专利的工具。该刊物共分 45 个分册，其内容涉及美国、英国、日本、德国、法国、俄罗斯等 15 个国家及专利合作条约、欧洲专利公约两个组织的专利文献内容。由于该刊物以报道文摘为主，阅读时比较容易断定每一项专利的核心内容。对于那些从发明名称来看似乎有关，而实际内容却与自己兴趣无直接关联的专利，可直接判定，而不必再去查阅说明书原文。

（2）专利行政部门出版的专利公报。在需要与可能的情况下，也可以直接利用各国专利行政部门出版的专利公报。这些公报一般为周刊、旬刊、半月刊或月刊，按期报道申请专利或批准专利号码、名称、申请人、申请时间，还会报道专利失效和到期等其他一些专利变动情况。合理地利用专利公报，可及时了解最新专利的分布情况，还可追踪某些专利所处的状况，往往有利于专利申请与保护工作。

五、专利保护

专利保护是指专利保护的客体经申请后获得的专利权，即保护专利发明人对该专利的专有权。根据《专利法》第二条的规定，我国专利保护的客体包括三种，即发明、实用新型和外观设计。专利保护具有一定的地域性和时间性。

（1）地域性。专利保护的地域性是指仅在授予专利权的国家或地区内有效。

（2）时间性。专利保护的时间性是指专利权都有一定的期限规定。

我国专利权的期限有明确的规定。根据《专利法》第四十二条的规定：发明专利权的期限为二十年，实用新型专利权的期限为十年，外观设计专利权的期限为十五年，均自申请日起计算。

第三节 专利撰写与申请要求

一、专利撰写

欲申请专利，需要向国家知识产权局提交书面文件，这些文件称为专利申请文件。《专利法》及《中华人民共和国专利法实施细则》（以下简称《专利法实施细则》）对专利申请文件的撰写有一系列规定。对于撰写不符合要求或经修改补正后仍不合格者，即使发明创造本身具有专有权，也不能取得专利权。因此，专利申请文件的撰写工作在专利申请的过程中具有相当重要的地位，申请人对专利申请文件的写作格式及规范必须予以足够的重视，否则，很有可能造成严重后果。

（一）"两先原则"

与发表高水平、高质量的科研论文相类似，申请专利并获得授权，也是科研工作者发明创造能力的体现。笔者借鉴撰写高质量科研论文的"两高原则"，结合专利撰写的特点，总结并提出撰写专利申请文件的"两先原则"。

1. 专利申请文件撰写前要先进行专利查新

在撰写专利申请文件之前，必须进行专利查新，以确定欲申请的专利是否具有创新性。若查新结论表明将要申请的专利在相关的专利文献上已有类似报道，或者其发明点或关键技术已经有人申请或者授权,则应改变该技术的研究方向或者在其基础上进行更深入的研究,以期获得真正处于领先地位的发明点或关键技术。

值得指出的是,有些科研工作者仅凭个人能力在网络上进行专利查新,这样做的效果并不理想。这是因为,某些专业性很强的专利网站或者专利文献库,未经授权是不能随意进入查询的。因此,为了稳妥起见,应该委托专业的查新机构进行全面查询,以判定该项成果是否具有创新性,是否值得申请专利。

2. 专利申请要先于论文投稿

该项原则要求科研工作者先申请专利,得到批准后再撰写论文并发表。特别是对于那些适合申请专利的新技术、新工艺,必须在论文投稿之前及时申请发明专利或实用新型专利,不可拖延。否则,与论文相关的专利申请将因其关键技术已经公开而被驳回。对于那些已经获得新发明或新技术的科研工作者,遵循这项原则能够有效地避免急于发表相关论文且忽视专利申请导致的专利知识产权丧失等类似情况的出现。

专利查新是专利申请的前提条件,而专利申请先于论文投稿则是专利申请的必要策略。归根结底,专利申请的基础取决于科研工作者的科研成果是否具有可证明的创新点,是否具有领先的关键技术,即是否具备专利申请所要求的发明条件。

(二)专利申请文件格式

专利申请文件的核心内容包括专利说明书、权利要求书。此外,说明书附图、说明书摘要及摘要附图也是必要的内容,这些内容可在专利说明书中通过归纳、摘编的方式获得。发明专利和实用新型专利的格式要求基本一致。下面对专利说明书和权利要求书的格式分别进行介绍。

1. 专利说明书格式

专利说明书的结构一般包括专利题目、技术领域、背景技术、发明内容、附图说明、具体实施方式和实施例。

(1)专利题目。专利起着传播技术信息、进行技术交流、指导科技开发的作用。专利题目是专利信息的集中点,应当可以准确地反映专利内容,同时能够为科研工作者提供有价值的专利信息。因此,专利题目必须简明、确切,并且具有技术性和可检索性。

(2)技术领域。无论是发明专利,还是实用新型专利,都属于某个技术领域的科技创新成果。申请人要明确所申请专利的技术领域,并且把申请专利所属技术领域的特征明确地表述出来,这样有利于专利审查工作中的技术领域归类。

(3)背景技术。背景技术是指所申请专利的技术前身、以往与之相关的技术状况,以及当前的发展水平。该项内容还包括所申请的专利在当前是否处于领先地位、是否有类似的报道,以及该专利的应用前景分析等要素。

(4)发明内容。发明内容是专利说明书的主体部分,其内容必须高质量地完成,故应给予特别的重视。在该项内容中,要对专利的设计目的、基本原理、结构设计、具体功能、工作特点、有益效果等进行详细阐述,其中应当包括必要的公式推导、原理阐释、关键技术分析等辅助性内容。

(5)附图说明。附图说明是指在发明内容中应给予图示说明的有关器件或系统的结构设计图示。一般而言,附图说明是专利说明书中必备的内容,对重要器件、系统关键结构及关键技术必须给予图示说明。附图中的所有图示均应按照专利申请要求规范表示。

（6）具体实施方式。在该项内容中，需要对所申请专利涉及的各个器件或系统中的各个部分的性质、连接方式及相互关系等进行说明。应当阐述的内容包括，其技术的实现方法、各个器件或系统中各个部分的连接情况，以及一些结构设计的细节部分说明等。

（7）实施例。实施例是要给出一个具体实现所申请的专利功能的例证。在实施例中，需要给出相应的测量数据、分析结果及必要的实验参数等。实施例的给出，表明申请人在申请该项专利时，具有相关的实验例证，而非仅在理论上加以设想。

2. 权利要求书格式

权利要求书的结构很简单，主要是申请人对该专利各项权利要求的说明。权利要求书的项目一般在十项左右，也有超过十项权利要求的情况。权利要求项数的多少，主要取决于专利的具体内容及申请人对专利权利保护的考虑。

权利要求书第一项的撰写很关键，因为后续权利（从第二项起）的要求均以第一项为基点。若第一项没有写好，漏写、错写或产生异议，则会对专利审查造成不必要的麻烦，延缓专利申请进程，甚至会影响专利审查的通过。因此，权利要求书第一项的内容必须多加斟酌、反复推敲，保证不存在严重的漏洞或缺陷，以免造成不良后果。

二、专利申请

专利申请，通常是指从申请人撰写专利申请文件到国家知识产权局对申请做出批复的整个过程。专利申请工作事关重大，决定了符合条件的发明成果能否获得专利保护。对专利申请的程序与主要内容拥有一定的了解，有助于申请工作的顺利开展，从而增加专利审批通过的可能。由于在提交专利申请文件之后，在审批过程中需要申请人做的工作不多，因此下面仅对专利申请准备与手续做出简要介绍。

（一）专利申请准备

在专利申请之前，需要准备相应的专利申请文件。

1. 基本材料

撰写发明专利和实用新型专利申请文件，应当备齐下列资料：①同发明创造相关的现有技术资料（是外文的，应译成中文）；②有关发明创造目的、技术方案、有益效果和实施案例的资料（有益效果即积极效果，应尽可能用试验数据加以说明）；③发明创造的技术方案仅用文字难以表达清楚的，还应当绘制附图（实用新型必须有附图）。

2. 申请文件

专利申请文件分为申请专利必备文件和申请专利相关文件两大类。

（1）申请专利必备文件。申请专利必备文件是指每件专利申请都必须具备的文件。申请发明专利和实用新型专利的，应当提交请求书（包括专利申请书、实质审查请求书等）、说明书及其附图、权利要求书、说明书摘要及其附图。申请发明专利可以有附图，也可以没有；若仅用文字无法将发明的技术方案表达清楚，则需要附图辅助说明。说明书有附图的，摘要也应当有一幅附图。申请外观设计专利，应当提交请求书和外观设计的图片或者照片。

（2）申请专利相关文件。申请专利相关文件是指除申请专利必备文件之外的辅助性申请文件，它们依具体情况不同而异。例如，科研主管部门对专利申请统一管理所需的文件；委托代理人代办专利申请，应当提交代理人委托书，写明委托权限；等等。

（二）专利申请手续

专利申请文件撰写完毕要打印成册，办理申请，其主要手续如下所示。

1. 提交申请文件

《专利法》第三条规定：国务院专利行政部门负责管理全国的专利工作；统一受理和审查专利申请，依法授予专利权。因此，专利申请文件应直接向国家知识产权局或其派出机构（各地专利代办处）提交。提交方式包括面交（直接提交）与邮寄。凡邮寄专利申请文件者，一律使用挂号信函，不得使用包裹。《专利法》第二十八条规定："国务院专利行政部门收到专利申请文件之日为申请日。如果申请文件是邮寄的，以寄出的邮戳日为申请日。"

注意：申请日的迟早对申请人有重大利害关系，一定要认真对待，谨慎从事，务求准确。

2. 缴纳申请费用

《专利法》第八十一条规定："向国务院专利行政部门申请专利和办理其他手续，应当按照规定缴纳费用。"《专利法实施细则》第九十四条规定，《专利法》和《专利法实施细则》规定的各种费用，可以直接向国务院专利行政部门缴纳，也可以通过邮局或者银行汇付，或者以国务院专利行政部门规定的其他方式缴纳。除按规定向国务院专利行政部门缴纳规定的费用外，如该专利是委托某专利事务所代办，还需向该所缴纳专利代理费。对于发明专利和实用新型专利，前者的专利申请费和代理费均高于后者。

《专利法实施细则》第一百条规定："申请人或者专利权人缴纳本细则规定的各种费用有困难的，可以按照规定向国务院专利行政部门提出减缴或者缓缴的请求。减缴或者缓缴的办法由国务院财政部门会同国务院价格管理部门、国务院专利行政部门规定。"

三、专利文献

科研工作者取得科研成果后，通常会以发表科研论文的形式将其公布。大量的科研论文积累起来，几乎囊括了一段时期内的全部科研成果，这就形成了科技文献。类似地，各种专利申请文件积累下来，也就形成了专利文献。

1. 基本概念

所有实行专利制度的国家都规定，发明人或申请人在就某一项新的技术发明向专利行政部门申请专利时，必须呈交一份用以详细说明该发明的具体内容和要求保护的技术范围的书面材料。这些材料经过专利行政部门初步审查或实质性审查后，会由专利行政部门将其公布和出版，任何人都可以查阅这些材料。日积月累，这些材料就形成了数量巨大的专业技术资料库——专利文献。专利文献在近代所有技术文献中内容最为广泛，最为全面，也最为详尽。一般而言，在非专利性公开文献中介绍的大部分内容，都可以在专利文献中查到；而专利文献中所包含的技术内容，通常仅有5%～6%在其他文献中刊载过。

2. 文献作用

一般而言，许多重大发明，如电视、雷达、碳纤维等，都是在专利文献上公布数年后才见之于其他文献的。由于专利制度要求申请人充分公开相应的技术，以保证该专业领域的一般技术人员仅根据说明书即可实施该技术。因此，为了获得最新技术信息和避免重复发明，科研工作者必须重视专利文献的重要作用。到 2020 年，全世界 90 多个国家（地区）及组织公开出版专利文献，累计达 4000 多万件，且每年出版量超过 100 万件，约占全世界各种图书、期刊每年总出版量的四分之一。

3. 国内状况

中国于 1956 年开始收藏世界上一些主要国家的专利文献，其中大部分保存在北京。从 1985 年 9 月开始公布的中国专利文献，也收藏在国家知识产权局文献服务中心文献馆及其他一些单位，可供申请人随时查阅。此外，中国一些中心城市也兴建了专利文献中心，其中备有大量的国内外专利资料。

第四节 典型专利示例

一、发明专利证书示例

图 7.1 是笔者获得的"基于纤栅干涉结构的二维弯曲矢量传感器"发明专利证书。

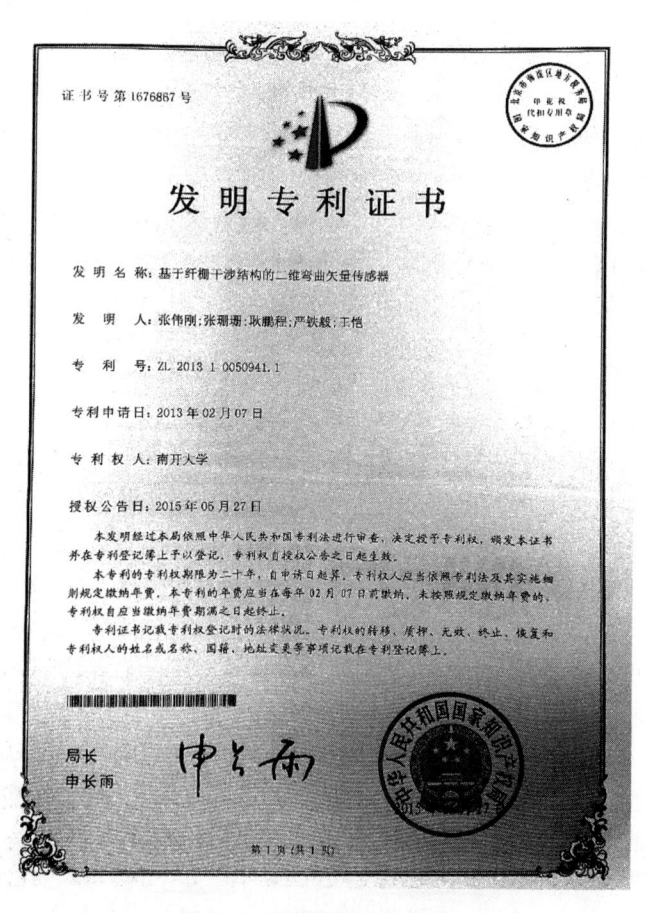

图 7.1 发明专利证书示例

二、实用新型专利证书示例

图 7.2 是笔者获得的"测量范围可调且温度不敏感的光纤光栅流速传感器"实用新型专利证书。

图 7.2 实用新型专利证书示例

三、申请专利必备文件摘选

下面以笔者申请并获授权的实用新型专利为例做简要说明。

说明书

测量范围可调且温度不敏感的光纤光栅流速传感器

1. 技术领域

本实用新型涉及一种光纤光栅流速传感器,能够对流体的流速进行高灵敏度感测,并在一定程度上改变传感及测量范围,属于光纤传感技术领域。

2. 背景技术

光纤光栅是一种新型的光子器件,它是在光纤中形成的一种空间周期性折射率分布,这种结构可以改变和控制光波在光纤中的传播行为。光纤光栅传感器是通过把光纤光栅埋入衬底材料和结构内部或粘贴在其表面，使其对待测参量敏感，并通过光纤光栅波长及带宽的变化来感测待测参量的大小及方向。将光纤光栅传感器阵列化并与波分复用和时分复用系统相结合，可对材料的特性（如温度、应力、应变、压力、位移、曲率、压强、速度、加速度等）实现多点监测。光纤光栅传感器已被广泛应用于建筑结构、航天航空、海洋探测及科学研究等诸多领域，属于一种新颖的无损检测技术。

本实用新型是一种利用自行设计的双锥形状分速装置，将光纤布拉格光栅平行地粘贴在等强度梁中线上表面和下表面靠近固定端处，研制的能对流速进行高灵敏度感测且测量范围可调的光纤光栅流速传感器。检索结果表明，目前尚没有采用光纤布拉格光栅传感器就能对流体流速进行高灵敏度感测，并且具有测量范围可调特性的专利报道。

3. 发明内容

本实用新型的目的旨在设计出一种能对流体流速进行高灵敏度感测、测量范围可调且温度不敏感的光纤光栅流速传感器，其技术方案是：首先，设计可产生线性应变的等强度梁结构及独特的流速管结构；其次，将中心波长不同的两个光纤布拉格光栅平行地粘贴在等强度梁中线上表面和下表面靠近固定端处；最后，将内含等强度梁结构的传感圆筒与流速管连接，整合为流速传感器。

感测原理：（内容从略）该传感器包括流速管、传感圆筒及测量部分。

流速管构成：在管内沿轴向设置一个双锥形体，并将其固定于管壁上；在双锥形体的最大横截半径和二分之一横截半径所对应的管壁处开两小圆孔，并在流速管另一位置再开一小圆孔，这三孔相对于流速管轴线为相同高度。

传感圆筒构成：将光纤光栅沿等强度悬臂梁的中线粘贴在其上表面或下表面固定端的附近，将等强度悬臂梁一端与圆筒一侧相连，一端与锡箔筒的底面相连。

传感器连接方式：光纤耦合器一侧的两根光纤，一根连接光纤光栅，另一根置入匹配液；光纤耦合器另外一侧的两根光纤，一根接光源，另一根接光探测器。传感器工作环境温度是$-20\sim80\ ℃$。

测量方法：光源发出的光经光纤耦合器进入光纤光栅发生反射，反射光再次经光纤光栅耦合器进入光探测器进行检测，从光探测器中提取传感信号，经相关公式转换实现待测参量的感测（流速传感器受力分析及相关公式从略）。

本实用新型的有益效果是，传感基质为双光纤布拉格光栅，结构简洁，易于系统集成；具有温度自动补偿特性，可解决应力/应变与温度的交叉敏感问题。基于光纤光栅本身的优点，这种传感器具有测量精度高、抗电磁干扰、耐腐蚀、适合在恶劣环境下工作等特点。

4. 附图说明

图（1）是测量范围可调的流速管结构图。图（2）是等强度悬臂梁结构图。图（3）是传感圆筒结构图。图（4）是本实用新型的流速传感测量装置图。图（5）是本实用新型常温下的典型测量值。

5. 具体实施方式

内容要点：对图（1）～图（5）所示的结构进行简要说明，对涉及的光元件、检测器件、材料参数及实施方式进行说明。

6. 实施例（具体内容从略）

说明书附图

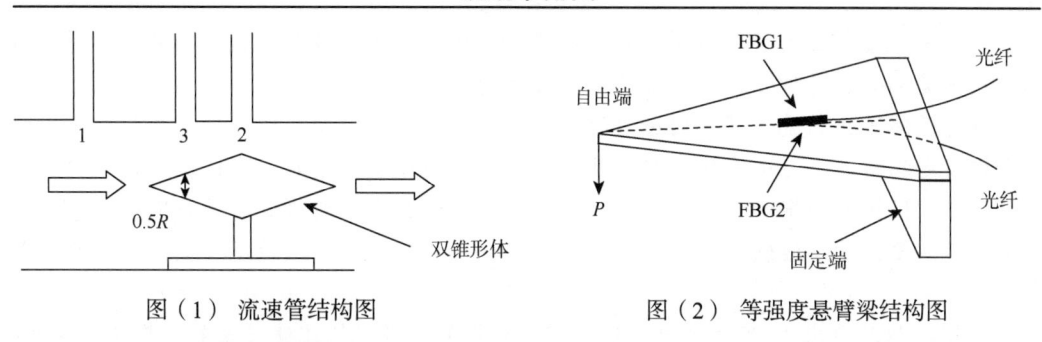

图（1） 流速管结构图

R：传感圆筒半径

图（2） 等强度悬臂梁结构图

P：应力

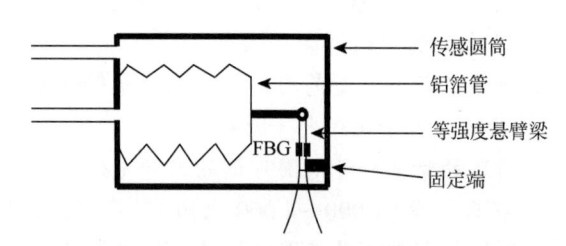

图（3） 传感圆筒结构图

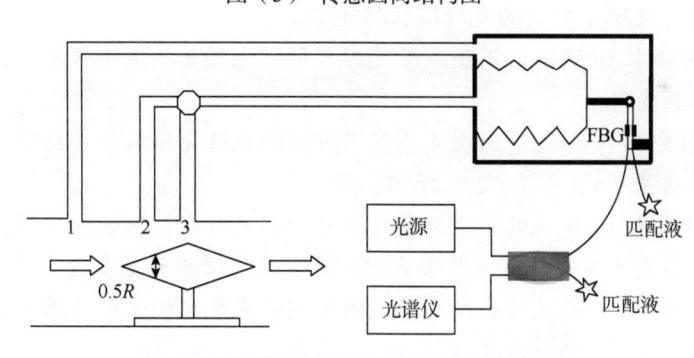

图（4） 实用新型的流速传感测量装置图

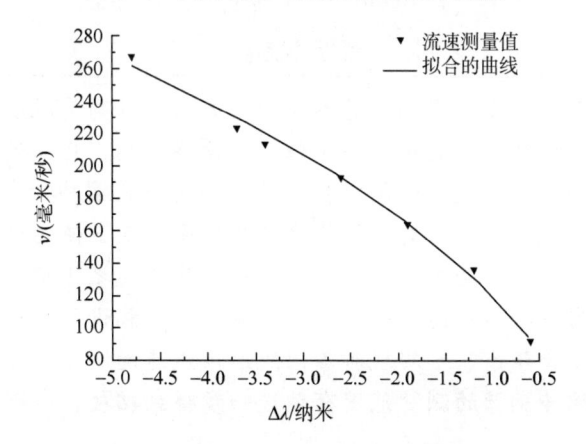

图（5） 实用新型常温下的典型测量值

v：流速；Δλ：两个FBG中心波长漂移量差值

权利要求书

1. 一种测量范围可调的高灵敏度光纤光栅流速传感器，包括流速管部分、传感圆筒部分及测量部分。其特征在于：设计结构独特的流速管开孔结构，导通不同开孔能测量不同流速段的流速。流速产生的压力使等强度悬臂梁产生轴向应变，光纤布拉格光栅粘贴于梁固定端附近。当由流体引起的外力作用于等强度悬臂梁时，光栅反射谱中心波长发生漂移。根据所测得的波长漂移量，利用传感测量公式，获得流速的高灵敏度感测。根据实际需要，调节控制开关的倒向，即不同开孔的导通，可测量不同范围（流速段）的流速。

2. 根据权利要求1.所述的新型测量范围可调的光纤光栅流速传感器，其特征在于：所述流速管内连有一个用于分速的双锥形体，流速管壁开有若干小孔，其中两个小孔用一个开关连接，用于控制两小孔的导通情况。

3. 根据权利要求1.所述的新型测量范围可调的光纤光栅流速传感器，其特征在于：所述传感圆筒材料为有机聚合物、金属或合金材料。

4. 根据权利要求1.所述的新型测量范围可调的光纤光栅流速传感器，其特征在于：所述等强度悬臂梁材料为杨氏模量（1 000～4 000兆帕）的有机聚合物、金属或合金材料。

5. 根据权利要求1.所述的新型测量范围可调的光纤光栅流速传感器，其特征在于：所述的光纤光栅为玻璃或塑料的光纤布拉格光栅。

6. 根据权利要求1.所述的新型测量范围可调的光纤光栅流速传感器，其特征在于：所述的光纤为单模光纤。

7. 根据权利要求1.所述的新型测量范围可调的光纤光栅流速传感器，其特征在于：所述的光纤耦合器是2×2或1×2光纤耦合器。

8. 根据权利要求1.所述的新型测量范围可调的光纤光栅流速传感器，其特征在于：所述的光源是宽带光源或可调谐光纤激光器；所述的光探测器是多波长计或光纤光谱仪。

9. 根据权利要求1.所述的新型测量范围可调的光纤光栅流速传感器，其特征在于：所述的工作环境温度是–20～80℃。

说明书摘要

本实用新型涉及一种光纤光栅传感器，能对流速进行高灵敏度感测且测量范围可根据需要进行调节。该传感器利用一个等强度悬臂梁结构，将双光纤光栅粘贴在等强度悬臂梁上下两表面靠近固定端的附近，且光栅轴向与直梁平行。当由流速产生的外力作用在等强度悬臂梁的自由端时，该梁将产生轴向应变，使粘贴其上下表面的光纤光栅的栅格周期发生变化，两个光栅反射谱的中心波长随之漂移，而环境温度对两个光栅波长差不产生影响。该传感器采用新颖的流速管结构设计，利用开关控制流速管上不同开孔的导通闭合状态，可实现对不同流速段流速的测量。并且，通过优化结构设计及参量变换，该传感器的测量范围有望进一步得到拓展，感测灵敏度可得到进一步提高。

摘要附图

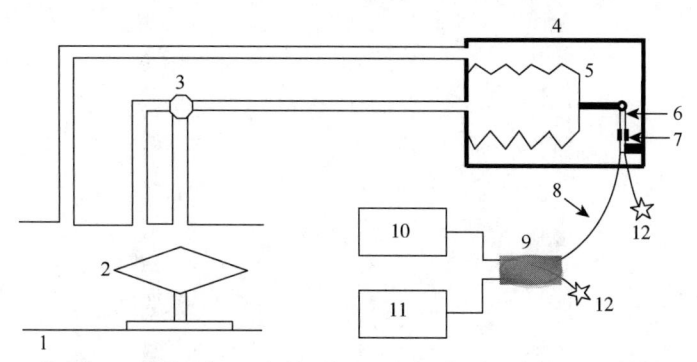

1. 流速管　2. 双锥形体　3. 控制开关　4. 传感圆筒　5. 铝箔管　6. 等强度梁
7. 光纤光栅　8. 单模光纤　9. 光纤耦合器　10. 宽带光源　11. 光谱仪　12. 匹配液

第三篇

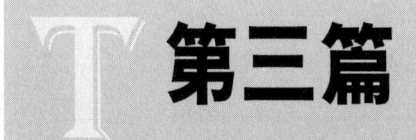

科研实践应用篇

科研方法的实践与应用，是科研工作者从事科学探索与技术创新必经的过程，也是熟悉科研方法和提高科研技能的有效途径。本篇由第八章至第十一章构成，提出课题研究阶段的划分方法，阐述各阶段的主要任务和特点；介绍研究型、实验型和应用型三种科研设计并列举实例进行应用分析；论述科研的战略战术与机智运筹，简要介绍科研阻碍及消除策略；介绍学术会议的特点、类型与模式、报告准备及参会事项等。同时，本篇还给出诸多典型科研机智示例并加以评析。

本篇建立了课题研究三阶段模式，论述了课题前期、课题中期和课题后期的主要内容和特点；对科研设计进行了分类，阐述了研究型设计、实验型设计和应用型设计的特点及应用；提出了"初入课题组策略""科研机智运筹六要素""参加学术会议五要点"等。

第八章

课题研究阶段论

一切推理都必须从观察与实验得来。

——〔意大利〕伽利略

第一节 课题及阶段划分

一、课题概述

1. 课题概念

所谓课题，一般是指科研项目，即在研究方向所指示的具有科研价值的问题当中确立的研究项目。研究方向对课题选择有所限定，而课题则展现出科研的方向。课题的名称不仅应具有字面上的意义，更应当指明研究对象、研究范围，展示研究的目的和意义。选题是研究的第一步，科学学的奠基人、英国物理学家约翰·德斯蒙德·贝尔纳（John Desmond Bernal，1901~1971年）说："一般说来，提出课题比解决课题更困难……所以选择课题，便成了研究战略的起点。"有关选题方面的内容，在本书第三章中有详细叙述。

2. 课题研究

课题研究是科学研究的形式之一。课题研究的含义可以从广义和狭义两个方面理解。

（1）广义课题研究。从广义上讲，课题研究是指一个有目的、有计划的科学探索、技术创新、应用开发及认识自然和社会的过程。

（2）狭义课题研究。从狭义上讲，即对具体的课题研究而言，课题研究是一种创造性的认识活动，以该领域中存在的现象为研究对象，以科学的态度，运用科学的方法，有目的、有计划地探索该领域的现象及规律，对其现象和过程进行阐述、控制、预测，直至发现其规律，并指导科研工作；是有目的、有计划、有组织、有系统地采用一定的途径、手段、工具、方式等，并遵循一定的研究程序和步骤，对该领域的现象进行研究，以获得科学结果的系统性研究过程。

（3）课题研究策略。科研工作需要讲究策略，对于具体的课题研究而言，方法和策略的选择亦很重要。以下是笔者对课题研究给出的一些建议：①课题研究的问题要明确，科研工作者要十分清楚课题的难点，以及需要解决的问题；②选题要扬长避短，一定要紧密地结合本职工作，结合课题组的实际条件；③课题的规模、难度要适当，开始以小一点为宜，逐步深入、扩大；④组建结构优良的研究团队，努力提高科研工作者素质，讲究策略，方法多样。

二、阶段划分

课题阶段划分，在课题研究工作中具有较重要的作用。将课题划分为合理、明确的阶段，可以使研究工作的程序性、计划性更强，对科研工作者的指导意义很大。

根据科研工作的性质及进行课题研究的亲身经历，笔者认为，将课题研究过程划分为三个阶段能够更有效地对课题进行管理，并为此提出"课题研究三阶段论"，构建课题研究三阶段模式。该模式的三个阶段分别为课题前期、课题中期和课题后期。课题研究活动一般是指这三个阶段的全过程。一般而言，三个阶段的划分具有相对性，具体课题因其性质、目标和要求不同而有不同的时间安排，呈现准正态分布。科研工作者在不同阶段的工作各有侧重，分别完成不同的目标。

1. 课题前期

课题前期是课题调研和论证申报的阶段。该阶段的主要任务包括组建课题团队、课题调研查新、收集课题资料、阅读科研文献、整理研究思路、确定科研选题及拟定研究方案，该段时间约占总课题研究时间的 1/6。

2. 课题中期

课题中期是课题研究开展与研究成果积累的阶段。该阶段的主要任务包括分解课题任务、修正研究思路、设计研究方法、实施课题方案及积累研究成果，该段时间约占总课题研究时间的 2/3。

3. 课题后期

课题后期是课题材料整理和研究成果总结的阶段。该阶段的主要任务包括整理课题材料、撰写结题报告、课题成果查新、总结推出成果及推广应用评价，该段时间约占总课题研究时间的 1/6。

三、课题实例

下面以笔者所在的课题组承担的国家 863 计划课题"光纤光栅传感网络关键技术研究和工程化应用"（2002AA313110）为例，简述有关课题研究的相关内容。基于该项目的研究成果"光纤光栅传感技术与应用"获得 2004 年度天津市技术发明一等奖（获奖证书请参见附录）。

1. 课题名称

光纤光栅传感网络关键技术研究和工程化应用

2. 研究目标

一是完成适于恶劣环境的重大土木工程（如桥梁、大型建筑、大坝等）健康监测的光纤光栅应变和温度传感元件及其基于光纤光栅应变传感机理的冰压力传感器；二是完成光纤光栅传感网络信号解调器设备 3 套；三是完成基于光纤光栅传感器的重大桥梁结构健康监测示范工程 1 项，其他工程 1 项；四是申请专利 5~7 项。

3. 研究内容

要点：一是解调技术的研究和解调设备的研制；二是光纤光栅传感器封装技术研制；三是针对重大土木工程结构，研究工程化光纤光栅传感器与布设工艺，建立基于光纤光栅传感器的重大土木工程结构健康监测示范系统。

4. 研究方法

课题拟采取理论模拟与实验分析、工程实践相结合的方法进行课题研究。

5. 技术水平

课题研究成果达到国内领先、国际同类先进水平。

6. 具体指标（从略）

7. 示范工程

一是提供整套光纤光栅的布设工艺与集成技术；二是完成服役于重大土木工程，如桥梁、大跨空间等结构健康监测示范工程 1～2 项。

8. 进度计划

课题研究进度计划表（从略）。

9. 合作协议

合作三方协议要点：一是成立项目协调小组及项目管理小组；二是经费划拨分配；三是项目专款专用管理；四是进度检查与交流；五是项目产品研发与应用；六是合作三方之外的参观、交流方式；七是传感示范工程；八是项目进展资料定期汇总。

10. 外协加工

（1）外协加工程序。外协加工是指因课题研究需要且课题组不具备所需加工的器件或研制的条件，委托有资质的加工场所进行器件加工或委托研制。外协加工因素包括：①准备图纸；②联系厂点；③成本核算；④加工成件。

（2）外协加工事项。在课题研究中，课题组时常由于加工条件（设备、技术、环境等）的限制，某些器件（或设备）必须外协加工。外协加工之前，需要了解有关该器件加工方面的知识、准备待加工器件的图纸、器件检测技能方面的训练等，对成本核算要量力而行。

第二节 课题前期及特点

课题前期是课题调研和论证申报的阶段，该阶段的重点工作围绕课题调研、课题论证和课题申请进行，涉及的主要任务包括组建课题团队、课题调研查新、收集课题资料、阅读科研文献、整理研究思路、确定科研选题及拟定研究方案。

一、课题调研

1. 基本概念

课题调研是课题研究的第一个环节，是科研工作的起点，对于课题能否立项和深入研究至关重要。课题调研查新、收集课题资料等工作是科研工作初始阶段的必要过程。

2. 调研内容

课题调研的主要内容包括：一是课题是否为国家急需或已纳入计划；二是有哪些

研究机构从事该类课题研究；三是该领域目前已解决了哪些重大问题；四是尚有哪些重要问题需要进一步探索；五是该领域目前的研究热点问题是什么；六是近期的研究工作有哪些突破性进展；七是国内外哪些研究机构暂居领先地位；八是该类课题目前达到的最高研究水平；九是课题组在该领域是否具有竞争力；十是该类课题是否具有可持续研究价值。

在课题调研过程中，需要利用查新工具对课题信息进行广泛收集，并对获得的科研材料进行严谨的考证，尽量剔除虚假信息，保留可靠且有价值的研究材料，按照本书第三章提出的"问题三层次分析法"，从中整理出具有研究价值的科学选题，形成课题调研报告。

二、课题论证

在形成课题调研报告的过程中，科研工作者需要对课题的名称、背景、目的、研究方案与技术路线、特色与创新点、可行性等各项要素进行论证，以保证课题研究方案的设计、制订及实施的科学性、严密性、可靠性及实效性。论证的重点应当放在研究方向、研究计划、可行性上。课题论证的目的包括如下六个方面。

1. 课题名称确定

课题名称确定是课题论证的首要任务。题目不确定，后续的课题工作就无法顺利开展。确定课题名称的要求是：在内容上要突出课题的重要性、准确性；在文字上要醒目、恰如其分。课题名称一般由三个成分组成，即主题词、限制性定语和有关技术说明。

2. 课题背景论证

课题背景论证是指通过对该课题的国内研究现状（包括前人已做过的研究的价值、水平、程度、尚需深入研究的方面等）进行阐述与分析，论证提出该课题的必然性和研究该课题的必要性。

3. 课题目的论证

论证课题目的是指对课题研究的目标方向、理论价值与实践意义进行全面分析，以最终确定课题的研究目的是否可行。其重点是考查通过研究该课题能够解决什么问题。

4. 研究方案与技术路线论证

研究方案与技术路线论证是课题论证的重要内容。课题研究工作的开展，有赖于研究方案的科学制订和技术路线的缜密设计。对研究方案和技术路线进行论证，关键在于其是否科学、可行，对不科学、不可行的路线必须加以修正或者重新设计。

5. 课题特色与创新点论证

课题特色与创新点论证也是课题论证的重要内容，直接关系到课题申请能否成功。对课题特色与创新点进行论证，关键在于其是否新颖、前沿。

6. 课题可行性论证

课题可行性论证，是指通过对课题内在因素和外在因素的分析，以及对申请人前期的工作基础和研究条件的阐述，对该课题研究目标的可能性及完成研究任务的可行性进行论证和评估。

下面以笔者申报的国家自然科学基金"微结构光纤多维传感的理论和实验研究"为

例,具体阐述有关课题论证方面的内容。

(1)课题名称确定。课题名称的主题词是"研究",定语"理论和实验"指明了"研究"范围,定语"微结构光纤多维传感"则限定了技术领域。该课题名称醒目、准确、一目了然。

(2)课题背景论证,包括:①光纤技术背景;②光纤光栅技术背景;③微结构光纤及光栅;④国内外研究现状;⑤申请人的研究优势。经对国家自然科学基金立项课题的检索,尚未发现"微结构光纤多维传感的理论和实验研究"内容的立项。因此,当时正是切入微结构光纤传感研究前沿领域、有望获得创新性研究成果的极好时机。

(3)课题目的论证,包括:①基础研究;②模型构建;③研究方法;④实验研究。这些关键问题的成功解决,有望在微结构光纤传感的理论创建和实验发现方面获得创新性研究成果,并为新一代光子传感器的设计与研制提供理论依据和技术基础。

(4)研究方案与技术路线论证,包括:①微结构光纤传感模型的构建及其多维传感基本理论的建立,具体有模型分析、数值计算等;②介质载入技术与微结构光纤光栅写制技术的研究,具体有介质载入技术研究、微结构光纤光栅写制技术研究等;③微结构光纤多维传感结构的设计与实验研究,具体有二维弯曲、二维应力等传感实验。与以往基于微结构光纤的传感结构相比,该方案具有较高的灵敏度,检测方法也更加简单。

(5)课题特色与创新点论证,包括:①课题特色,具体包括基础性、前沿性很强,创新性、先进性突出。②项目主要创新点,具体为构建微结构光纤传感模型,建立微结构光纤多维传感基本理论;提出一种利用微结构光纤光栅包层模进行多维传感的新方法,并进行二维弯曲和应力传感实验;提出一种微结构光纤与普通单模光纤的耦合方法,实现微结构光纤与常规光纤的低损耗耦合。

(6)课题可行性论证,包括:①申请人所在的课题组在微结构光纤及其光栅传感的理论研究和实验分析两方面,取得了一些很有价值的阶段性研究成果,为进一步研究微结构光纤多维传感奠定了基础(具体成果从略)。②申请人所在的课题组在常规光纤及其光纤光栅的传感机理、模型构建、光栅写制、结构设计、器件研制等方面取得了诸多创新性研究成果,积累了许多研究方法和技术经验(具体成果从略)。③在实验条件方面,拥有光纤光栅写制和光纤器件实验两个超净室,以及多台高精度检测仪器,为微结构光纤及其光栅多维传感研究提供了实验保证(实验设备从略)。④课题组成员结构合理,具有创新拼搏、团结协作的精神。课题组的主要成员有完成国家重点基金和重大攻关课题的经验,课题组与国际上多所知名大学和研究机构有着良好的合作关系(合作单位从略)。

综上所述,申请人认为项目研究内容充实,研究方案较合理和完善,并且具备良好的研究基础和科研条件,有能力完成项目计划的各项研究任务。

三、课题申请

1. 课题申请概述

课题申请是科研工作的重要环节,也是科研工作的主要任务之一。对科研工作者而言，申请并争取到研究课题，是开展研究工作的先决条件。课题申请的途径很多，从国家或上级部门编发的"课题指南"中选择适合课题组或科研工作者个人研究的课题，或者直接参与他人正在研究的课题，是比较简便易行的课题申请方法。课题申请需要解决两个问题：一是组建项目研究组；二是撰写项目申请书。项目研究组是课题组的子系统，是因特定项目的申请而临时成立的专题研究小组。大的课题组有时可分别成立多个专题研究小组，其中各个小组的成员互有交叉。在申请、承担国家重大课题这一方面，强大的科研团队是组织基础，以往的科研经历和研究成果是学术基础，素质全面、具有领军才能的课题负责人则是关键。

2. 撰写项目申请书

课题申请体现在操作层面上的工作就是撰写项目申请书。在具体操作方面，可采取先分工、后集中的方式进行，争取在短期内先完成申请材料的各个部分，然后再由一个或几个主要课题骨干人员将材料统筹后拟出初稿，进而对其整理、加工、综合、提高，使之在逻辑上统一、在内容上一致、条理清楚、创新点突出。初稿经过几轮讨论和修改之后方可定稿，并保证按时上报。撰写项目申请书的要求是：初稿讨论，意见综合，仔细填写，修改报送。

下面以国家自然科学基金申请为例，阐述有关课题申请的相关要求。申请书主要包括以下内容。

（1）首页信息，包括资助类别、项目名称、申请人信息、依托单位信息等内容。

（2）基本信息，包括申请人信息、依托单位信息、合作单位信息、项目基本信息、项目摘要及关键词等内容。

（3）项目主要成员，包括项目成员姓名、出生年月、性别、职称、学位、单位名称、个人信息、项目分工、每年工作时间等内容。

（4）项目经费预算，包括研究经费、国际合作与交流费、管理费、与项目相关的其他经费来源。

（5）正文。作为项目申请书的主体部分，正文内容包括：①立项依据；②研究内容、研究目标及拟解决的关键问题；③拟采取的研究方案及可行性分析；④研究特色及创新之处；⑤进度安排及预期研究成果；⑥研究基础与工作条件；⑦申请人简历；⑧承担科研项目情况；⑨完成科研项目情况；⑩签字及盖章，如有合作单位，还需合作单位负责人签字并加盖公章。

（6）附件。若有可支持课题申请的材料（未能列入课题申请书中的），可以附件的形式一并上交课题申请主管部门。附件内容一般包括申请人的一些复印件，如科研获奖证书、代表性学术论文、专利证书、科技查询报告、合作协议（如有合作单位的话），以及其他能够证明申请人学术水平的材料，等等。

3. 课题申请策略

申请书一旦撰写完毕，课题负责人需要认真考虑申请投标的取向。由于不同的课题申请主管部门资助课题的领域和范围各不相同，不同学科的侧重点和资助的强度各有差异，因此，课题申请应遵循"知己知彼、有的放矢、部门对口、学科相符"的基本策略，以增加成功的可能性。

第三节 课题中期及特点

课题中期是课题研究开展与研究成果积累的阶段，该阶段的重点工作围绕课题立项启动、课题方案设计、任务分解实施、课题质量监控进行，涉及的主要任务包括分解课题任务、修正研究思路、设计研究方法、实施课题方案及累积研究成果。

一、课题立项启动

课题立项，标志着课题申请通过了有关专家的评审，被科技主管部门正式确认并给予资助。于是，该课题研究正式启动，并纳入科研项目管理与考核计划之中。与课题立项相关的事项包括以下几点。

（1）确认立项，填报计划。国家或地方科技主管部门下发课题立项确认书或文件，通知课题负责人填写课题任务计划书并签字确认。若是任务计划书内容与原申请材料内容存在出入，需给予详细解释。

（2）审批计划，下拨经费。国家或地方科技主管部门对课题任务计划书进行审批并确认后，下拨课题研究经费（通常按照年度进行分批下拨）。

（3）调整分配，落实任务。课题负责人根据课题任务计划书，对课题组成员进行二次任务调整和分配，并将任务落实到人。大的课题还需分解为若干个子课题，并确定子课题负责人。

（4）分项把关，开展研究。各子课题负责人填写研究计划，建设或改进相关研究条件，带领子课题成员分头开展研究工作，并对课题负责人负责。

二、课题方案设计

科研过程是对科学问题、技术难点的提炼、分解及解决的过程，而课题方案设计则是该过程中的一个重要环节。课题方案设计的正确性、经济性及可靠性如何，对课题研究的进程关系重大，必须认真对待。课题方案设计的基本类型有研究型方案设计、实验型方案设计和应用型方案设计。

（1）研究型方案设计。它一般是指通过理论探索、模拟分析、技术测试等手段，对科研课题的具体内容与方法进行设想和计划安排。

（2）实验型方案设计。它一般是指通过设计实验方案、进行实验操作等手段，对科研课题的具体内容与方法进行设想和计划安排。

（3）应用型方案设计。它一般是指通过设计技术方案、改造工艺流程等手段，对科研课题的具体内容与方法进行设想和计划安排。

课题方案设计需要遵循一些基本原则，课题类型不同，其具体的设计原则、课题设计书亦有所不同，相关内容详见第九章。

三、任务分解实施

从事多年科研工作的人都知道，课题的成功立项，能够鼓舞课题组成员的研究热情，但也可能导致部分人在思想上有所放松，课题负责人对此应加以重视。课题立项后，课题组首要的工作就是将课题任务分解到人，同时制订较为详细的课题研究计划及相应的操作规程，保证课题研究工作能够有序开展。

1. 课题任务分解

研究工作的组织设置是否合理对课题研究的成败关系重大。科研课题申请成功之后，课题负责人首要的工作就是组织课题组成员进行课题任务分解，具体落实到每个人，并且要制订出具体实施的详细计划。对于重大课题，还要根据课题组成员的学识、经验、能力、个性等，组建若干个子课题组，并确定子课题负责人。组建的子课题组要结构合理、优势互补，子课题负责人要善于激发各个成员的工作热情和干劲，提高科研工作效率。

2. 课题方案实施

课题任务分解落实之后，就进入课题方案实施过程。实施过程需注意：一是实验测量系统构建是否完备；二是测量仪器精度是否达到要求；三是实验场地是否符合课题要求；四是实验技术人员技能状况如何；五是实验安全保障机制是否完善；六是研究与实验过程是否能掌控；七是数据处理与可靠性是否肯定。

根据笔者多年的科研经验，采取目标管理与过程控制相结合的方式，能够有效地保证课题的正常运作和既定目标的及时完成。

四、课题质量监控

根据笔者的科研经验，课题质量监控主要包括三个方面，即目标质量监控、过程质量监控和人才质量监控。这三个监控部分共同构成了课题质量的完整监控，任意一项均不可或缺。然而，在实际的课题质量监控过程中，人们往往较多地关注课题任务的完成及课题成果的获得，有关研究成员的培养则容易被忽视。

1. 目标质量监控

目标质量监控是指对课题研究任务完成质量进行监控。对于课题组承担的大课题，从目标上看，其任务完成质量由课题主管部门通过中期检查、课题结题验收进行监控和评价。就课题组本身而言，课题研究任务完成质量主要依靠课题组内部的检查机制进行监控。

以下几个关键点需要特别注意：一是课题研究计划执行情况，包括子课题负责人监控、课题负责人监控、课题组交流监控等；二是课题研究任务完成情况，包括课题组成员定期汇报、子课题负责人定期汇报、课题组定期汇总进展等。

2. 过程质量监控

过程质量监控是指对课题研究重要环节的质量进行监控。课题研究包括诸多环节，每个环节的质量均会直接影响课题研究的整体质量。因此，必须加强课题研究过程的质量监控。

以下几个重要环节需要认真对待。一是组会研讨，包括研讨内容、研讨要求及研讨方式等。二是理论研究，包括模型构建、数值模拟、分析方法、结果预测等。三是实验研究，包括实验操作过程和实验验证过程。四是成果推出，包括论文撰写和专利申请。论文撰写必须遵循"两高原则"，专利申请必须遵循"两先原则"，课题负责人或者导师要把好论文及专利的质量关。五是进展报告，包括年度进展报告（如国家自然科学基金等)、半年或季度进展报告(科研院所、企事业单位等)、月或周进展报告(科研团队或课题组等)。进展报告撰写要求：计划要点和调整情况、主要进展和阶段性成果、下一步工作计划、经费使用情况及下一步预算、存在的问题、建议及其他需要说明的情况、附件等。

3. 人才质量监控

人才质量监控是指对课题组成员的培养质量进行监控。对课题组成员(特别是研究生)的培养质量如何监控？对研究生承担的子课题(具体研究任务)的研究过程如何控制？完成质量应当如何评价？笔者认为，人才质量监控需要抓好四项工作。

首先，严明规程，要制定并严格执行科研管理规定，对课题研究的每个环节进行有效的监控，确保课题研究能够按计划执行。

其次，严格管理，以研究生培养为例，笔者提出"三个完整"概念，具体为：①在导师的指导下，完整地申请一个科研项目并从中获得课题申请经验；②在导师的指导下，完整地参加一个科研项目并从中锻炼提高科研能力；③在导师的指导下，完整地学习并掌握该领域科研必备的科研方法和研究技能。对于研究生管理，要达到"四个严格"：①对研究生的培养方案要严格执行；②对研究生的培养规程要严格遵循；③对研究生的科研工作要严格要求；④对研究生的论文答辩要严格把关。

再次，导师把关，通过定期检查(如课题组会等)与随机抽查(如个别交流等)相结合的方式，导师可以将研究生培养的目标管理与过程控制相结合，保证培养目标的实现。

最后，自我约束，以下几个方面值得课题组成员注意：①要尽可能全身心地投入学习与科研工作之中；②要按时参加课题组会，不可无故缺席；③学习要勤奋严谨，科研要务实求真；④要经常与导师和课题组成员沟通、交流；⑤要及时提交研究报告，写文章要及时请导师审阅；等等。

五、阶段成果积累

在课题研究过程中，会不断出现新现象、产生新观点、获得新发现。随着课题研究的深入，这种新现象、新观点和新发现将不断增加。因此，有计划地积累研究成果，为课题结题做好准备，是课题负责人需要认真思考并应做好的工作。

1. 阶段成果提炼

科研工作者应该实时地归纳、提炼出有代表性的研究成果，并尽可能地在研究中将它们深入、扩大。在课题研究过程的不同阶段，均会产生相应的阶段性研究成果。成果的提炼将以研究报告、学术论文或专利申请等形式提交给课题组存档、备用。

2. 亮点成果累积

课题研究阶段性成果中突出的、具有代表性的创造和发明，笔者称之为亮点成果。对于亮点成果，要及时申请专利，然后撰写论文，争取发表在国内外高水平学术期刊上。亮点成果的及时推出，对项目的阶段性检查及课题的结题与鉴定十分有益。

3. 中期检查报告

课题中期阶段结束时，需要撰写有关科研项目进展的中期检查报告，提交阶段性研究成果（如投稿论文、专利申请、样机或样品的研制进展等），这些都是评价项目进展及研究水平的重要依据。

第四节 课题后期及特点

课题后期是课题材料整理和研究成果总结的阶段，该阶段的重点工作围绕课题成果总结、课题结题与鉴定、课题成果推出进行，涉及的主要任务包括整理课题材料、撰写结题报告、课题成果查新、总结推出成果及推广应用评价。

一、课题成果总结

课题后期阶段是课题成果总结的关键时期。在这一阶段，一方面，要对自课题中期以来获得的阶段性研究成果进行归纳、提炼和总结；另一方面，要对课题研究中的观点、理论、实验及技术成果进行进一步的审查和验证，在改进和提高的基础上使之逻辑化和系统化，形成较为完整的课题成果。课题成果总结工作实际上从课题中期就已经开始了。简言之，课题成果是科研工作者在科研活动中对所提出的新观点、获得的新发现和新创造进行的系统归纳和集成。

（一）课题总结方式

根据笔者的科研经验，课题成果总结可按如下方式进行。

（1）分头总结，集中讨论。采用先分头总结、后集中讨论的方式，争取在短期内将课题成果及申报材料的各个部分率先完成。

（2）挑选骨干，撰写初稿。由一个或几个主要的课题骨干对分头提供的材料进行梳理、统筹，尽快写出成果申报初稿。

（3）加工整理，凝练提升。对申报初稿进一步整理、加工，对其中的材料进行提炼、综合，使材料满足逻辑统一、内容一致、条理清楚、创新突出等要求。

（4）修改定稿，按时上报。经过几轮商讨后，对研究内容、技术路线、创新点、科学价值、应用前景等部分加以重点修改，定稿后按时上报。

（二）课题总结方略

为了保证课题成果总结的质量，笔者根据自身的科研经验提出如下几点建议。

（1）根据课题任务计划指标，对比阐述完成情况。材料整理的首要任务是根据课题合同或任务书中的计划指标，对所总结的工作成果进行对比检查。例如，是否完成了既定任务，完成的质量如何；是否达到了既定指标，指标是否先进（当初可能先进，现在也许不先进了）；已取得的课题成果是否具有重大的理论价值及应用前景；是否值得继续申报资助；等等。

（2）以表格或图示提供具体数据，附录相关证明。提供具体数据的图示应为原件或其复印件，并注明数据的来源、检测仪器及测量人员等；以表格形式提供的数据，应有数据记录者（包括处理者）的签字；若是由委托机构测量的数据，则需加盖该单位的公章。总之，上报的数据一定要有出处证明。

（3）对课题成果的分析和讨论，重点阐述创新点。课题研究的最终评价在于是否取得了创新性的课题成果。因此，研究材料整理的重点应放在提炼、阐述创新性研究成果上面。同时，应附上有关证明材料，如发表的学术论文原件或复印件及被 SCI、EI 收录的证明，已获得的专利证书原件或复印件，受理专利申报的文件或复印件，等等。

（4）对课题成果的评述，包括先进性、存在的问题及展望。对取得的课题成果要实事求是地定位，不可盲目夸大；给出的评价要有根据，最好有原始材料支持，如 SCI、EI、ISTP 收录证明，有关专家的评价原文，以及鉴定意见书原件等。在对比评价时，对于该领域中他人取得的课题成果或不同的学术观点，要进行客观、公正的分析和评价，而不可简单地对某一观点加以肯定、采纳或者否定、摒弃。成果说明需要提供比较充足的依据（如研究条件、样本、结果、方法等），以供专家评价。

对于课题成果材料的整理，其目的在于能够使评阅者对该成果有一个较为全面的认识。材料的结构由若干部分组成，内容应提供支持课题成果的方法与依据，并且可供他人重复和借鉴。对于其中借鉴他人的方法或技术，则应给予描述，并提供所借鉴的文献出处。对于创新或做出重大改进的方法或技术，则必须给出准确、详细的阐述，力求完整。对于课题研究的不足或失误，必须认真分析并指出其中的原因，最好能给出改进意见和设想，以利于他人借鉴。

（三）撰写研究报告

课题研究工作结束之前，一项重要的工作就是撰写课题研究报告，这是课题研究最后环节的必需工作，也是在按照课题研究计划取得丰硕的课题成果之后需要完成的一项任务。

（1）研究报告。研究报告是科研工作全过程的缩影，也是课题成果的文字记载。研究报告是课题结题及验收的必备材料，也是课题成果总结的重要组成部分，它应该能够将课题研究过程及课题成果全面、正确地反映出来，体现出课题成果的科学价值和应用前景。

（2）报告种类。课题研究报告的种类很多，主要类型包括：①研制报告；②实验报告；③调查报告；④案例报告；⑤论文综合。其中，①和②主要是用事实说明问题，报告的材料要具体、典型、有价值；③~⑤则主要通过典型事例（如对确凿材料的介绍、分析）总结出其中的规律性，提出经验、办法、建议，指出存在的问题，提出创新见解（新观点、独特看法等），形成某种新解释、新论点甚至新理论。

（四）课题成果查新

成果查新是科技查新工作中的一项内容。在课题申报、立项评审、中期检查、结题验收、成果鉴定等环节中，都需要进行科技查新，以评价该研究工作的创新性和应用价值等。在对课题成果进行总结与推出之前，尤其是在申报课题成果之前，必须进行成果查新，以确定课题成果的创新性和可能的应用前景。若查新结论表明所得到的课题成果在相关文献上已经存在类似报道，则应改变研究课题或者在其基础上进行更深入的研究，以期得到真正处于领先地位的课题成果。

下面是笔者所在课题组的一份科技查新报告，报告编号 200312d0300001。

项目名称：光纤光栅复用传感网络系统。

委托机构：南开大学现代光学研究所。

委托日期：2002年12月25日。

查新机构：高等学校科技项目咨询及成果查新中心天津大学工作站。

查新完成日期：2003年1月8日。

该查新报告的主要内容如下所示。

1. 查新目的

课题成果鉴定。

2. 查新项目的科学技术要点

该项课题成果是以光纤光栅作为传感基本元件，采用波分复用（wavelength division multiplexing，WDM）、时分复用（time division multiplexing，TDM）、空分复用（space division multiplexing，SDM）技术相结合，将多个不同波长的光纤光栅以线陈、面陈及体陈等多种拓扑结构构建的光纤光栅复用传感网络系统。该系统可对应变、温度、压力、扭转、振动等物理量实时监测。通过光开关来实现时分复用技术。该传感网络使用的寻址系统利用光纤布拉格光栅的反射解调原理和光电二极管为探测主体，特别适用于多点及准分布式多参数的传感测量。

该系统具有的技术特征主要有：①传感通道4～8路，传感点16～32个；②应变测量分辨率1.5微应变，温度测量分辨率0.02℃；③光纤光栅调谐滤波范围不小于16纳米，调谐精度0.002纳米。

3. 查新点与查新要求

（1）查新点：设计、研制及开发各种类型的光纤光栅复用传感网络系统。

（2）查新要求：查证国内外有无相同或类似报道。

4. 文献检索范围及检索策略

（1）数据库。主要包括：①Elsevier电子期刊全文库；②Ei Compendex Web；③INSPEC；④Kluwer Online；⑤European Patents Fulltext；⑥JAPIO-Patent Abstracts of Japan；⑦WIPO/PCT Patents Fulltext；⑧Derwent World Patents Index；⑨中国化学文献数据库（光盘版）；⑩中国科技期刊全文数据库（网络版）；⑪中国科学技术成果数据库（网络版）；⑫中国学术会议论文数据库（网络版）；⑬中国学位论文全文数据库（网络版）；⑭中国专利文摘数据库（网络版）；⑮中国科技经济新闻数据库（网络版）。

（2）检索词。光纤光栅 fibre/fiber grating，传感网络 sensor network，波分复用 WDM/wavelength division multiplexing，时分复用 TDM/time division multiplexing，空分复用 SDM/space division multiplexing。

（3）检索策略。S1（fibre OR fiber）(2W) grating and sensor（ ）network；S2 S1 AND（WDM OR wavelength（ ）division（ ）multiplexing）AND（TDM OR time（ ）division（ ）multiplexing）AND（SDM OR space（ ）division（ ）multiplexing）。

5. 检索结果

经采用网络检索和与美国Dialog情报检索系统联机检索相结合的方式，在上述检索范围内，查到与课题相关的文献十余篇，其中密切相关文献8篇，其题目和出处从略。

6. 文献分析

对以上 8 篇文献进行逐一详细分析，具体分析内容从略。

7. 查新结论

经检索国内外的 13 个专利数据库，检出与课题密切相关文献 8 篇。经文献对比分析，在上述检索范围内，已发现有采用波分复用、时分复用、空分复用技术相结合的光纤光栅复用传感网络系统的文献报道，但所采用的方法、手段和应用领域均与该课题有所不同（在文献分析中已详述）。因此得出以下结论：国内外均未发现与该课题技术特征完全相同的文献报道。

二、课题结题与鉴定

课题研究工作按计划完成后，需要按照上级科研主管部门的要求按时结题。结题后，有些应用性课题应当对成果加以推广，使该课题成果能够真正为经济发展和社会进步服务。课题研究和管理的过程是体验科学探索、技术开发、社会调查、人才培养等活动的过程，是间接的应用过程。只有将课题成果应用于生产实践和经济活动，才能对社会进步产生直接的推动作用，获得实际的收获和效益。

在课题结题与鉴定这一环节中，需要做好如下一些工作安排。

（一）材料准备

进入课题结题环节后，需要对课题研究工作中积累的各种文件、计划、记录、报告等加以整理，总结出各类相关材料，以备后续工作的参考与使用。

（1）结题材料。课题结题需要整理、总结相关的结题材料，并将其提供给上级科研主管部门。项目结题所需的材料一般包括：①课题申请书、研究方案、实施计划、立项通知书；②阶段性小结、中期检查报告；③课题研究报告、工作报告、相关成果（论文、专利、样品、样机等）；④课题研究的过程性材料（如实验报告、分析报告等）。

（2）报送材料。申请结题的报送材料包括以下几个部分：结题申请书、课题研究方案、课题研究报告、课题工作报告、有关附件。

（3）鉴定材料。申请结题时，为了让上级科研主管部门能够了解课题成果质量，还应当提供相关鉴定材料，即鉴定申请表和鉴定书。

（二）课题结题

在课题后期阶段，需要撰写并提交课题结题报告。下面以国家自然科学基金结题报告为例，对有关要求加以说明。

1. 结题报告结构

结题报告包括报告正文、成果目录表、成果数据统计表、课题负责人签字及部门审核意见表、附件材料。课题负责人应参照规定的结题报告提纲及其说明认真撰写，并可根据需要自行增设栏目或补充必要的图表。

结题报告要求全面地反映资助项目的工作情况和研究进展，如实地体现资助项目的研究计划要点、执行情况、主要进展与成果、人才培养、合作交流、经费使用及研究计划调整等情况，重点描述研究进展与重要的研究成果；要精心撰写并认真核对，确保"内容真实、数据准确"。在撰写风格上需注意"重点突出，语言精练、准确"，做到"结构合理，层次分明，标题突出，条目清晰"，必要的地方可图表、图文并茂。

2. 正文撰写提纲

国家自然科学基金项目结题报告可参照提纲格式自由撰写，根据需要可分解或增设栏目，要求层次分明、条目清晰、内容准确。正文基本结构如下所示。

（1）摘要及关键词。该部分以深入浅出的语言简明扼要地概括项目的精华，如背景、方向、主要内容、重要结果、关键数据及其科学意义等。关键词一般不超过五个，并用分号隔开。

（2）研究计划要点及执行情况概述。该部分包括研究是否按计划进行，哪些内容做了必要的调整和变动，哪些研究内容未按计划进行，原因何在。

（3）研究工作主要进展和取得的成果。该部分内容是结题报告的核心部分，也是基金资助项目中最有学术价值和可供其他科研工作者进一步研究的基础，要求课题负责人和承担者实事求是地认真撰写，包括介绍代表性成果，说明其水平和影响，并简要阐述其科学意义或应用前景等。根据项目的完成情况提供必要的国内外动态和研究成果的比较、必要的参考文献出处等。

对重要的研究进展或成果，应尽可能"一事一议"，分段撰写，以便今后成果展示或管理汇报时可以整段地剪贴引用。针对在后面成果目录表及统计数据表中的一些内容，如国际学术奖、数据库、软件等，应在该部分中具体地描述。最后，根据个人的实际贡献等概述该项目研究人员的合作与分工，列出项目执行期间主要研究人员和中途调离、退出的研究人员的名单，并简要说明原因。

（4）国内外学术合作交流与人才培养情况（如无，可以不写）。该部分指组织国内外学术活动的情况，包括会议主题、内容、规模、时间、地点、效果等；国际会议大会特邀报告及参加组委会情况等，应提供邀请信等必要的复印件；研究生培养情况，应列出研究生姓名、研究方向、论文题目、导师姓名、已答辩或预计答辩的时间；促进研究成果的传播、应用情况，包括科普等。

（5）存在的问题、建议及其他需要说明的情况。该部分包括课题研究工作中的难点和经验，该课题研究是否达到预期目标，如未达到，分析原因和可能的解决途径，以及今后进一步研究的建议和设想。

需要注意的是，基础研究具有一定的探索性，研究过程中的结果、不成功的试验及不理想的结果都可能具有参考价值，即使失败的经验也是有价值的。如有该类情况，则具体描述研究过程，列出试验条件、现象等要点，其目的是总结经验，使其他科研工作者少走弯路。

此外，课题成果附件（科学技术鉴定证明书、奖励证书、专利证书的复印件），装订顺序必须与课题成果目录中的排序一致。

（三）课题鉴定

成果鉴定工作是科研基金项目管理工作的重要组成部分。做好该项工作，能够为科学评价课题成果、提高成果质量、促进多出优秀成果、多出优秀人才等工作提供重要保障。

1. 基本形式

课题鉴定主要有通信鉴定、会议鉴定、集中鉴定等基本形式。

（1）通信鉴定。它是指通过信函或邮件的方式，对申请鉴定的课题或成果进行评审的鉴定形式。

（2）会议鉴定。它是指通过组织现场答辩会议的方式，对申请鉴定的课题或成果进行评审的鉴定形式。

（3）集中鉴定。它是指在申请鉴定的课题或成果较多的情况下，根据项目属性把同类的课题或成果加以集中安排，统一进行鉴定的方式。集中鉴定可采取会议鉴定或者通信鉴定的方式进行。

2. 一般程序

（1）主管部门（如高等学校、科研机构、企事业组织等）的主持人宣布会议开始，介绍鉴定组各位专家。

（2）鉴定组组长主持鉴定会议，专家听取课题组汇报（包括研究报告、工作报告及成果汇报等）。

（3）鉴定组专家查阅鉴定材料，并对提供的课题资料进行讨论，提出自己的观点。

（4）在答辩会上，鉴定组就课题研究的有关问题向课题组提出疑问，课题组代表进行答辩及说明。

（5）鉴定组起草课题鉴定意见，并就此进行讨论，专家充分发表意见，进一步讨论、修改课题的鉴定意见。

（6）鉴定组对课题进行评述，鉴定组组长宣读鉴定意见。

（7）主管部门主持人讲话，课题组代表致谢，主持人宣布会议结束。

3. 有关要求

（1）专家遴选。鉴定组专家应从建立完善的评审专家库中抽取（一般为5～7人，最多不超过9人），必须具有正高级专业技术职务且与所鉴定项目属同一研究领域。鉴定组专家应当作风正派、专业精深、坚持原则、公正评价。鉴定组专家的选择需实行回避制度和双向匿名制度。回避制度：课题组成员（顾问）及上级单位的人员不能担任该课题或成果的鉴定组专家；课题组不出席鉴定会、不参与鉴定组专家的选择及鉴定过程中的其他具体事务。双向匿名制度：课题负责人和课题组成员信息对鉴定组专家保密；鉴定组专家信息及鉴定过程中的具体情况对课题负责人和课题组保密。

（2）鉴定要求。对课题或成果的鉴定，需从以下几个方面严格要求：①该成果的创新程度、突出特色和主要建树；②该成果的学术价值、理论价值或应用价值；③该成果存在的欠缺及修改、提高的具体意见和建议；④该成果中哪些观点、思想或结论可能或已经引起争鸣。

三、课题成果推出

课题成果推出，是指为了将取得的课题成果让学术界与社会了解并得到认可而进行的一系列相关工作。课题成果是科研工作取得成效的标志之一，如何科学、有效地整理课题成果并将其推向社会且获得承认，是科研工作者必须认真关注且应仔细斟酌的重要问题。成果申报、论文发表及专利申请是课题成果推出的主要途径。

1. 成果申报

成果申报是课题成果推出最直接、最有效的方式之一，也是课题成果得到国家和社会肯定的主要渠道。进行成果申报的目的是将课题成果纳入国家科技成果管理体系，获得社会的认可。同时，根据社会需求，这些成果将得到实际应用，其中成熟的技术能够被迅速推广，产生经济及社会效益。

科研工作者应当在对科研工作过程中所得到的新现象、新观点、新发现及由它们产生的创新、改进等成果进行总结的基础上，整理出可供检查与鉴定的申报材料，进行课题成果申报。科研工作者可根据课题成果的性质、质量及对经济发展和社会进步的影响（或潜在影响）进行归口申报，如国家五大奖项（详见第十五章）等。成果申报的范围广、途径多，包括国家级、省部级、行业部门等不同层面，均有相应设置。对于有重大理论创新、技术创新及实际应用价值的课题成果，成果申报获得成功的可能性很大。

2. 论文发表

论文发表是实现课题成果推出的最快捷、最直接、最有效的方式之一，也是科研工作者进行学术交流和技术推广的重要途径。一般而言，课题研究中获得的很多成果都是以科研论文的形式推出的。论文发表涉及以下三个方面的问题：一是课题成果的质量；二是科研论文写作的技能；三是论文投稿发表的策略。有关科研论文的结构、写作方法、投稿及发表方面的内容，在第六章中已有阐述，在此不予赘述。

3. 专利申请

专利申请也是课题成果推出的最直接、最有效的方式之一，是科研工作者保护自身知识产权的重要途径。对于工程应用方面的项目，如国家、省（部）及市的科技攻关项目及企业科技创新的横向课题等，在项目结题及验收的要求中，是否已经获得国家专利是评价该项目质量的一项重要指标。专利申请包括三种类型，即发明专利、实用新型专利和外观设计专利。有关专利的撰写与申请详见第七章，在此不予赘述。

以上对课题成果推出的主要途径进行了阐述，它们各有特点：成果申报一般需在课题结题之后才能进行，获得社会认可的周期相对较长，但成果比较系统，一般需要系列文章、专利技术、样品样机等进行佐证和支撑，质量和水平较高；专利申请周期也较长，特别是发明专利，获授权一般需三年左右，受保护和认可的程度也较高；论文发表是最灵活、最快捷的成果推出途径，有些专业期刊快报的发表周期仅为三个月或更短，但若没有非常吸引人的创新点，则受关注的程度一般较低。科研工作者可结合课题研究情况，综合考虑并灵活选择课题成果的推出途径，使课题成果能够较快速地转化为生产力，促进经济发展和社会进步。

事实上，除了上述三种课题成果推出的主要途径之外，对于设备改造和技术革新方面的横向应用性研究课题，还有一些其他途径的成果推出方式，如选择某些商业区举办新技术、新产品的推介活动，选择某些人群试用开发的新产品并进行市场调查与反馈，等等。这些方式如果设计合理，运作得当，也会对课题成果推出产生很大的影响，理应引起科研工作者的足够重视。限于本书的篇幅，对此不再加以细述。

第九章

科研设计及应用

在科学上最好的助手是自己的头脑，而不是别的东西。

——〔法〕法布尔

第一节 研究型设计及应用

一、科研设计概论

1. 基本含义

科研选题确定以后，能否取得满意的科研成果，能否达到预期的研究目标，在很大程度上取决于科研设计。科研设计是指制订课题研究技术方案和计划实施方案的过程，它是整个研究工作的蓝图，集中体现了课题人员的设想和构思。科研设计是整个研究工作中极其重要的组成部分。对于一项科研工作来说，科研设计的质量优劣是足以决定其成败的重要因素，它与课题研究的整个过程密切相关，不仅是研究工作开始的先导，也是整个研究过程的依据和结果处理的先决条件。因此，任何一个科研项目、任何一项科研活动都应严格遵循科研工作的基本程序，有条不紊地进行；都应明确科研设计的基本要求，按照科研设计的基本原则做好科研设计。如此，才能保证科研设计的科学性，才能获得预期的科研成果。

2. 主要目的

科研设计的目的主要是保证科研成果具有四个性质，即有用性（适用性、目的性，也包括可行性）、独创性（先进性）、可重复性（在减少或排除系统误差前提下）和经济性（样本的代表性）。就课题类型而言，科研设计一般包括三大类型，即研究型设计、实验型设计和应用型设计。

下面介绍研究型设计及其应用。

二、基本概念

研究型设计有时也称为研究设计，一般是指通过理论探索、模拟分析、技术测试等手段，对科研课题的具体内容与方法进行设想和计划安排，包括专业设计和统计学设计。专业设计是指运用专业理论和知识技术来进行设计，主要功能是解决实验观察结果的有用性和独创性。统计学设计是指运用数理统计学的理论和方法来进行设计，以减少抽样误差和排除系统误差。因此，统计学设计是科研成果可靠性和经济性的保证。

三、设计步骤

研究型设计的一般步骤如下：选题→查询→阅读（专著、综述、论文）→写出综述→方案设计→做实验（样本确定、误差控制）→初步结果→开题报告或研究设计书。

四、设计原则

研究型设计应当遵循的主要原则包括科学性原则、创新性原则、规范性原则和统计学原则。

（1）科学性原则。研究型设计应当符合科学性原则，即合乎一般的自然规律，要在研究中不断发现新现象，修正和调整研究计划或内容，使之更加切合实际；对各种技术和方法的原理及使用范围应当有一个明确的认识，并在研究型设计中准确而有效地应用。

（2）创新性原则。创新性是科学的灵魂，因此，要注意尽可能地在研究型设计中采用新观点、新概念、新方法及新技术，特别要注重提出自己的见解。同时，对提出的新论点、新理论，应当设计具体的验证方案进行科学论证，并请导师或同事进行严格把关。

（3）规范性原则。在制订及实施研究计划时，要严格按照有关管理规范操作，以减少差错和遗漏。规范性原则贯穿于研究型设计最初的资料查询、科研选题、开题报告、研究设计书的撰写等环节中。

（4）统计学原则。在研究型设计过程中，应充分考虑统计学原则。在诸如分组、例数、采用指标、数据表达、误差控制等方面，都应预先考虑研究结束后的数据统计方法，以及这些方法在设计时需要注意的问题。

五、主要内容

1. 格式要求

研究型设计以开题报告或研究设计书的形式体现。科研工作开始之前，需要选择、确定某一研究课题，并就其主要研究内容进行资料收集。开题报告是科研工作者对选择的课题和研究内容所做的调研报告。因此，撰写开题报告是课题初始阶段的一项重要工作。在充分调研的基础上撰写的开题报告，应当能够比较全面地反映课题研究的背景、研究意义及国内外的研究现状，通过细致的分析和比较，确定课题研究内容和研究方向。对博士生或硕士生而言，开题报告的内容由学生本人和导师共同计划、修改、商定。开题报告一旦确定，将直接决定课题研究的方向和内容。

2. 内容要点

（1）题目和摘要，必要时采用中英文双写。

（2）课题来源，即课题组正在承担的项目，应注明课题资助项目（或子课题）的来源和编号。

（3）选题依据，阐述选题背景，突出研究意义及国内外相关研究的现状，具体包括理论、方法和相关技术指标等。

（4）研究内容与创新点，包括主要研究内容、要解决的关键问题、研究方法、技术路线、实验方案等；要详细说明可突破、改进或完善的研究内容和研究方向，以及在学术、技术等方面的有益价值，并说明拟采取的理论模型、研究方法、技术路线、实验手段；要给出课题研究的主要创新点。

（5）可行性分析，包括项目实施方案、技术路线的可行性分析，阐述已有的研究基础、有利条件及所需条件等。

（6）研究目标及计划，应给出切合实际的课题研究预期目标，计划进度一般以半年为一个阶段较为合适。

（7）关键问题及其对策，根据课题组的研究基础、技术经验、工作条件和实验工作，分析可能遇到的关键问题及拟采取的措施。

（8）参考文献及其他，文后附主要参考文献，其他附加内容依课题性质而异，如项目组成员简历及经费预算等。

上述内容可根据课题的性质、规模、经费及完成时间等因素进行取舍。

六、应用示例

下面是笔者所在的课题组研究生提交的一份课题开题报告。

1. 研究题目

非均匀场作用下的光纤光栅传感研究。

2. 课题来源

课题来源于课题组在研的国家 863 计划课题、国家 973 计划子课题、国家自然科学基金等。

3. 选题依据

（1）选题背景。首先，介绍光纤光栅基本概念、性质及应用；其次，回顾光纤光栅发展历程中的标志性事件；最后，说明课题的主要研究工作。

（2）研究意义。通过对比分析工程测试系统中电阻应变片方法与光纤光栅传感方法的差异，阐述光纤光栅传感新方法的优势，论述课题研究的重要意义。

（3）国内外研究现状。简要论述国内外在"非均匀场作用下的光纤光栅传感研究"方面的现状，重点介绍代表性研究成果，其中包括代表性研究成果的作者及其导师近期取得的突出成果。

4. 研究内容与创新点

（1）研究内容。一是光纤光栅非均匀场传感模型；二是光纤光栅非均匀场传感理论；三是光纤光栅非均匀场传感器件设计与实验。这三个方面当前已有阶段性研究成果。图 9.1 是非均匀（线性）应变场作用下光纤光栅反射谱响应的理论模拟图。

经过前一阶段的研究和实验，已经设计出一种新颖的光纤光栅带宽调谐结构，即开口环传感结构，如图 9.2 所示。该结构具有设计新颖、感测灵敏度高、带宽双向可调、可靠性高等特点，满足设计和实验要求。光纤布拉格光栅带宽调谐光谱如图 9.3 所示。

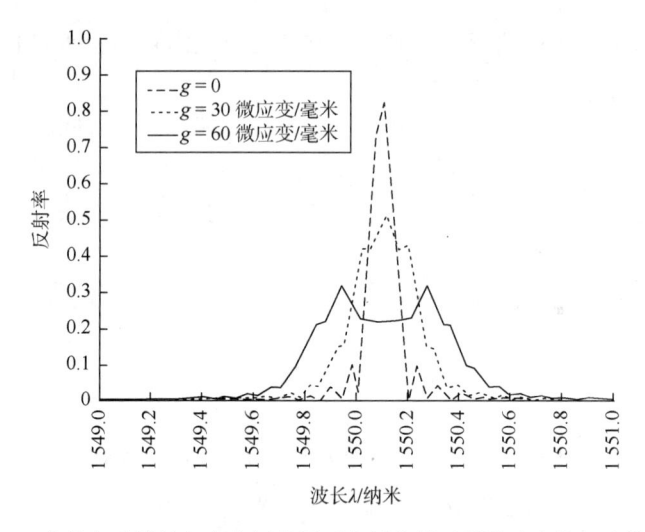

图 9.1 非均匀（线性）应变场作用下光纤光栅反射谱响应的理论模拟图

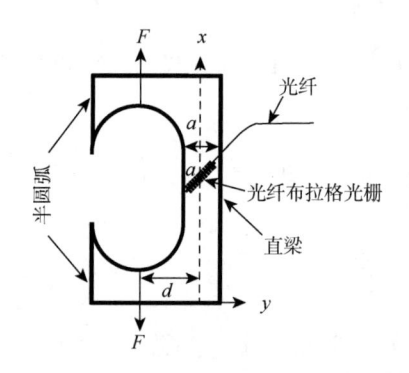

图 9.2 开口环传感结构示意图

F：应力。a：开口环半径。d：力 F 与直梁中线距离

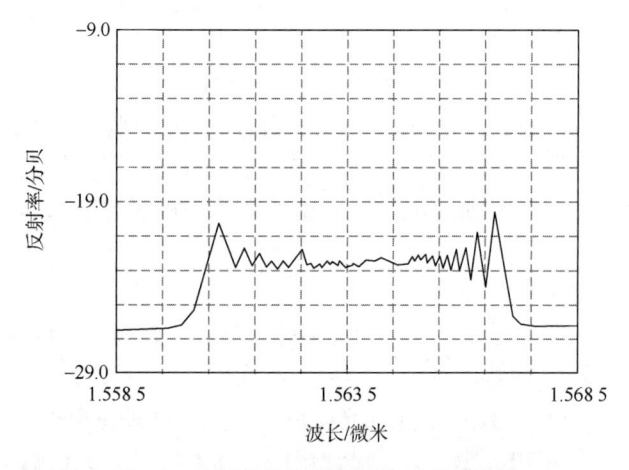

图 9.3 光纤布拉格光栅带宽调谐光谱图

（2）创新点，包括：①首次完整提出在非均匀应变、温度场作用下的光纤光栅传感

理论；②设计并实现一种新颖的光纤光栅带宽调谐结构；③设计并实现非线性场作用下的光纤光栅传感器件。

5. 研究目标及研究计划

（1）总体目标。探讨光纤光栅在非均匀场作用下的响应特性及传感机制；详细研究在非均匀场作用下的光纤光栅传感原理，并采用数值模拟方法研究光纤光栅在非均匀场作用下的传感特性；根据传感原理及数值模拟结果，设计并研制相关光纤光栅传感器件。

（2）研究计划，包括：①2004 年 8 月至 2005 年 2 月，文献调研，非均匀场作用下光纤光栅传感原理研究；②2005 年 3 月至 2005 年 7 月，非均匀场作用下光纤光栅传感数值模拟研究；③2005 年 8 月至 2005 年 12 月，非均匀场作用下光纤光栅传感器件的研制；④2006 年 1 月至 2006 年 4 月，课题总结，撰写毕业论文，结题。

6. 拟解决的关键问题

（1）我们的传感理论尚不能解释实验的某些现象，如反射谱两侧尖峰、两端振荡现象。拟在理论分析中引入应变渐变等思想，进一步完善理论。

（2）前期理论是用龙格-库塔法数值模拟的，计算速度较慢，而传输矩阵法可解决该不足。在以后的理论分析、模拟中，我们拟采用传输矩阵法。

（3）传感器件的结构方面尚需进一步研究、设计。

（4）非均匀场光纤光栅研究中可能需要啁啾光栅，课题组尚无法写制，需购买。

课题组已经在光纤布拉格光栅均匀场作用下的传感研究及器件研制方面做了大量有益的工作，在光纤布拉格光栅在线性应变/温度场作用下的传感研究方面也做了诸多基础性的工作，对课题的研究工作有所启发。另外，课题组拥有优良的实验仪器及良好的科研氛围，也为课题研究任务的完成提供了必要的条件。

7. 参考文献（从略）

第二节 实验型设计及应用

一、基本概念

实验型设计有时也称为实验设计，一般是指通过设计实验方案、进行实验操作等手段，对科研课题的具体内容与方法进行设想和计划安排。实验型设计的基本要素包括处理因素、实验对象和实验效果。下面以医学实验型设计为例进行说明。

1. 处理因素

处理因素即受试因素，通常指由外界施加于受试对象的因素，包括生物的、化学的、物理的或内外环境的因素。但是生物本身的某些特征（如性别、年龄、民族、遗传特性、心理因素等）也可作为处理因素来进行观察。因此，科研工作者应正确、恰当地确定处理因素。

确定处理因素需要注意以下几个问题：①抓住实验研究中的主要因素；②找出非处理因素；③处理因素必须标准化。

2. 实验对象

实验对象即受试对象，受试对象的选择十分重要，对实验结果有着极为重要的影响。

大多数医学科研工作的受试对象是动物和人，也可以是器官、细胞或分子。但中药种植中培育品系的研究则将药用植物列为受试对象。在医学科研中，作为受试对象的前提是所选对象必须同时满足两个基本条件：一是必须对处理因素敏感；二是反应必须稳定。

确定实验对象需要注意如下几个问题：一是实验对象的纯化；二是实验对象的依从性；三是对实验对象影响因素的控制。

3. 实验效果

实验效果即实验效应，其内容包括实验指标的选择和观察方法两部分。指标的选择有以下要求：一是指标的关联性；二是指标的客观性；三是指标的灵敏度；四是指标的特异性；五是测定值的精确性；六是指标的有效性。

受试因素作用于受试对象所引起的实验效应或反应往往是通过具体实验指标来反映的，因此，实验指标的正确选定是非常重要的。

二、设计步骤

实验型设计的一般步骤可表述如下：选题→查询→方案设计→预实验→对比析因→初步方案→优化方案→正式实验→误差控制→初步结果→方案确定。

三、设计原则

实验型设计的意义在于用较少的投入（人力、物力、财力和时间等），获得较高的产出（可靠的实验结果、最大限度地减少误差）。为了达到高效、快速和经济的目的，实验型设计必须遵循以下几个基本原则。

（1）对照性原则。对照性原则是实验型设计的首要原则，有比较才能鉴别，对照是比较的基础。除了受观察的处理因素外，其他影响实验指标的一切条件在实验组与对照组中应尽量齐同。要有高度的可比性，才能排除混杂因素的影响，对实验观察的项目做出科学结论。对照的种类有很多，可根据研究目的和内容加以选择。

（2）随机化原则。在实验研究中，不仅要求有对照，还要求各组间除了处理因素外，其他可能产生混杂效应的非处理因素在各组中（对照和实验组）尽可能保持一致，保持各组的均衡性。

（3）重复性原则。要使统计量（样本指标）代表参数（总体指标），除了用随机抽样方法缩小误差之外，重复实验是保证实验结果可靠的另外一种基本方法，这是实验型设计的另一基本原则。实验要求一定的重复次数，其目的是使均数逼真，并稳定标准差。只有这样，来自样本的统计量才能代表总体的参数，统计推断才具有可靠的前提。

（4）典型性原则。实验的设计要保证实验对象及实验结果具有典型性，如此才能保证实验的有效性，并以其为基础加以推广和应用。对于诸如研制开发的新药，在用于临床试用前，必须对筛选出来的多组动物及人体进行实验观察，以保证其典型性和安全性。

四、基本要求

（1）数据表达。实验结果的表达应具有直观性、简便性。除了基本的数据之外，表示结果还有其他形式：①表，如三线表、矩阵表等；②图，如示意图、扫描图、直方图、线型图、圆形面积图等。

（2）误差控制。实验误差是影响实验结果的重要因素之一，必须认真对待。需要控制的误差有抽样误差（个体）、感官误差（数字化）、系统误差、随机误差、顺序误差、理论误差、非均匀误差等。上述实验误差在某一个具体实验型设计中的影响是各不相同的，应结合具体实验区别对待。

（3）实验标准化。整个实验过程必须采用标准化的方法进行，每一步必须有明确记录，要特别留意实验过程中出现的意外现象及结果，在观察中把握机遇。

（4）失败分析。必须对实验失败的原因进行认真分析，修正后再实验。失败乃成功之母，在失败中往往能够找到解决问题的办法，直至取得成功。

五、主要内容

1. 格式要求

实验型设计一般以实验设计书的形式体现。

2. 具体内容

（1）题目和摘要，必要时采用中英文双写。

（2）课题来源，即应注明实验课题的项目（或子课题）来源和编号。

（3）实验目标，即该实验课题所要达到的具体目标。

（4）预期成果，即该实验课题预期得到的研究成果。

（5）实验内容与创新点，包括主要研究内容、要解决的关键问题、研究方法、实验方案等；要详细说明可突破、改进或完善的实验内容和技术路线，给出课题研究的主要创新点。

（6）已有及尚缺的实验条件。简述课题组已具备的实验研究条件；对于尚缺乏的实验研究所必需的设备或仪器，要提出解决途径及具体实现方式。

（7）实验中可能出现的问题及对策。实验课题的研究必须通过做实验来完成，其间可能会出现各种问题，这要求申请人对可能出现的情况认真加以分析，给出具有针对性的解决方案。

（8）参考文献及其他。设计书后应附有主要参考文献，其他附加内容则依课题具体情况而异，如课题组成员简历、经费预算等。

上述内容可根据实验的性质、要求、经费、条件、安全性及难易程度等因素进行取舍。

六、应用示例

下面是笔者讲授"科研方法论"课程时，由本科生组建的科研小组提交的实验设计报告书。

1. 实验题目

肌肉收缩能力（contractility）的改变对肌肉收缩的影响。

2. 实验目的

用蟾蜍坐骨神经腓肠肌及家兔心脏来试验肌肉收缩能力的改变对肌肉收缩的影响，收缩能力与负荷无关，它取决于肌肉效能内在的特性。采用不同的药物刺激和改换培养的条件达到该目的，以收缩时产生的张力和缩短程度来显示效果。

3. 实验目标

总结归纳出多种稳定的、重复性好的验证实验；尤其是药物对肌肉的功能性有哪些作用；哪种最明显；对制药工程提出建议。

4. 预期成果

提交论文及对比性数据表格和曲线，总结归纳出多种稳定的、重复性好的验证实验。

5. 实验方法

研究骨骼肌及心肌收缩的性能，实验装置如图 9.4 所示，长度-张力曲线如图 9.5 所示。以动物肌肉（蟾蜍坐骨神经腓肠肌及家兔心脏）为标本，以浸泡和灌流的方法进行实验，观察它们受到不同刺激的张力收缩变化曲线，如图 9.6 所示。

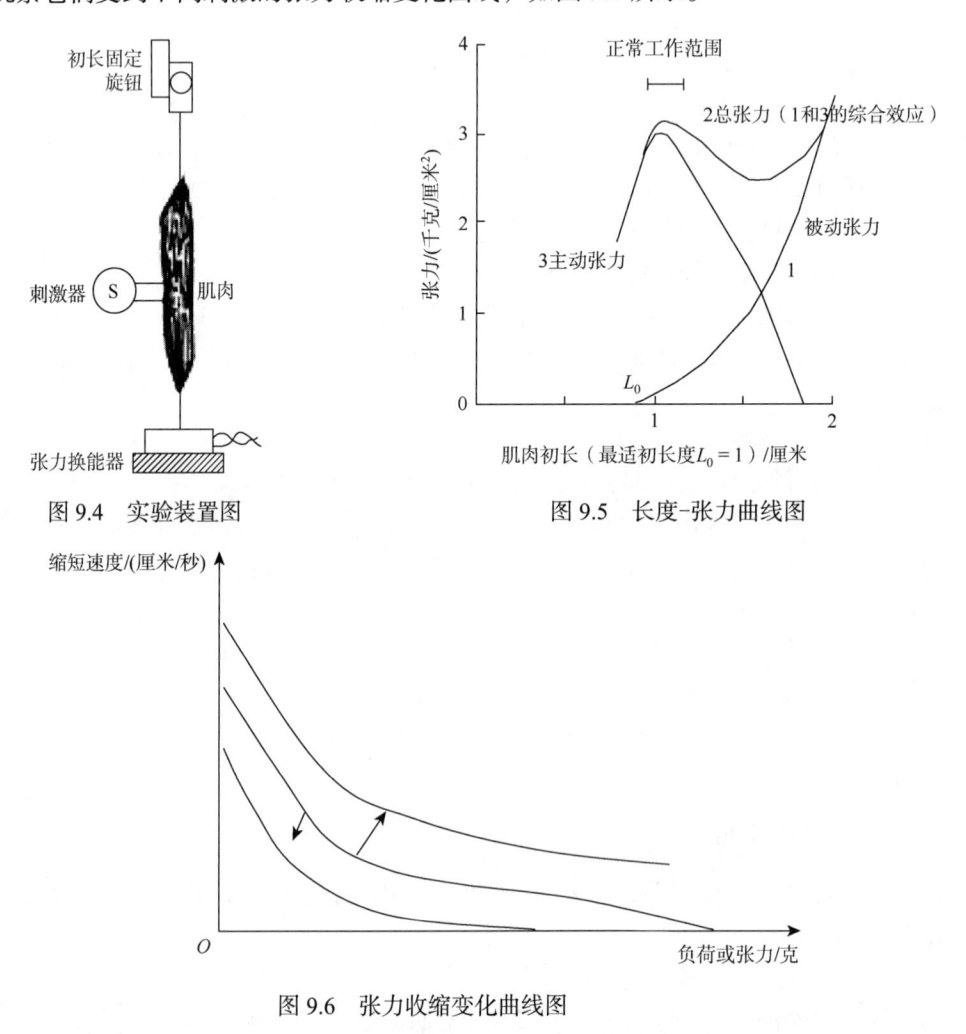

图 9.4　实验装置图

图 9.5　长度-张力曲线图

图 9.6　张力收缩变化曲线图

6. 技术路线

不同药物的收缩速度及负荷和张力影响着图 9.6。因为在实验过程中，要用许多肌肉，它们的性质有所不同，这时需要用 Hill 公式 $(a+T)(v+b)=b(T_0+a)$ 来转化，将不同化一。其中，a、b、T_0为三个独立常数，T为张力，v为收缩速度。

7. 实验内容

第一阶段，对培养环境的改变，以正常溶液培养下的肌肉为对比样，包括：①缺氧和氧过量；②酸稍多量和酸多量；③碱稍多量和碱多量；④腺苷三磷酸（adenosine triphosphate，ATP）的稍多与稍不足；⑤ATP 的过量与远不足。实验结果预测：氧、酸碱、ATP 这些因素可引起兴奋-收缩耦联、肌肉蛋白质或横桥功能特性的改变，会引起图 9.6 的张力-速度曲线纵向平移。

第二阶段，在培养环境中添加营养液中没有的物质，无法吸收可用注射的方法，以正常肌肉为对比样：①钙离子。②咖啡因。③洋地黄类。④去甲肾上腺素和肾上腺素。实验结果预测——可能通过影响肌肉的收缩机制而提高肌肉的收缩效果。心肌和骨骼肌收缩能力上升使图 9.6 的张力-速度曲线平行右上移。⑤钾离子。⑥乙酰胆碱。实验结果预测——心肌和骨骼肌收缩力下降使图9.6曲线平行左移。

第三阶段，在培养环境中添加营养液中没有的物质，无法吸收可用注射的方法，以正常肌肉为对比样。以下条件正在分析（这是实验最关键之处），包括：①钠离子；②青霉素类药物；③红霉素类药物；④其他种类的药物。实验结果预测：目前尚不能预测其实验结果。

第四阶段，比较三个阶段的反应与标准之间的差距，比较骨骼肌与心肌的各组反应的总体变化趋势和两组不同动物肌肉的差别；分析哪种药物的效果更好；其他种类的药物对肌肉的影响程度；有关问题向指导教师询问、商讨。

第五阶段，总结并撰写论文，并提出自己的观点。

8. 已有实验条件

（1）所需仪器：解剖针、解剖剪、剪毛剪、玻璃分针、骨剪（金冠剪）、蛙心套管、蛙心夹、培养皿、烧杯等；电子计算机、数据生物处理软件、张力换能器。

（2）实验场地：医学院生理病理实验室、生命科学学院生理实验室等。

（3）实验人员：医学院在读本科生。

（4）指导教师：医学院教授、教学实习医院教授等。

（5）信息资源：南开大学图书馆、南开大学医学院图书资料室等。

9. 尚缺实验条件

尚缺部分实验标本、实验药品等，这些问题将呈报学院教师统筹解决。

10. 实验中可能出现的问题及对策

（1）浓度大小问题。在实验中，给动物的刺激在一定范围内是有害的。若剂量小可能效果不明显，或者刚出现结果还没来得及捕捉就已经被正常的生理反应调节消失；而剂量太大会出现致死性的反应。

（2）实验动物问题。一是蟾蜍是变温动物，它有冬眠的时间，在一年中不同的时段，其活动性也不同，因此蟾蜍实验应尽量放在夏天进行；二是不同的肌肉收缩的程度范围是不同的，都有一定的误差。

（3）实验周期问题。在一项实验中，要使其重复性好，就应该多次测量取平均趋势，因此实验周期会延长。

11. 参考文献（从略）

第三节 应用型设计及应用

一、基本概念

应用型设计有时也称为应用设计，一般是指通过设计技术方案、改造工艺流程等手段，对科研课题的具体内容与方法进行设想和计划安排。应用型设计需考虑的因素包括机理是否清楚、技术是否可靠、应用是否对口、受益是否面广等。

二、设计步骤

应用型设计的一般步骤如下：需求→调查→审核→方案设计→试验探索→结果分析→方案验证→技术改进→方案优化→工程设计书或应用设计书。

三、设计原则

为了达到保质、可靠和高效的目的，应用型设计必须遵循一些基本原则。笔者根据自身的科研经验，分析、总结和归纳出应用型设计的四项原则。

（1）技术性原则。有些应用性课题并非属于高科技领域，技术先进固然有竞争性，但应用性课题最主要的是要求技术可靠，设计研制的样机或装置适应性强、寿命长、无故障率时间长等。

（2）应用性原则。要求课题成果能够应用于相关的技术领域，采用课题成果后，有望促进相关行业的生产质量和效益的有效提高。

（3）经济性原则。要求课题经费预算合理，课题的投入产出比要高，少花钱、多办事，提高课题研究效率，扩大成果应用范围。

（4）引导性原则。一项应用性课题完成后，其成果的应用应该具有引导性，即该项成果采用的方法和技术能够带动一批相关产业实现技术跃进或提升，使生产力有较大的提高。

四、基本要求

（1）方案合理。应用型设计首先要保证课题方案的合理性，即课题研发的器件、装置、系统或样机，其结构设计符合科学原理，制作过程满足工艺条件，开发过程符合操作规程，实验测试符合行业规范，等等。

（2）技术可行。在保证课题方案合理性的前提下，应用型设计的实现需要可靠的技术加以支持。因此，改进原有的技术及研发平台，根据需要开发新的实用技术和工艺流程，则可以扬长避短，加快课题研究与开发的步伐。

（3）测量稳定。在应用型设计中，实验方案的设计和有效实施具有非常重要的意义。其中，实验测量的稳定性是关键因素之一。一般而言，稳定性通常是相对时间而言的。否则，若针对其他参量，则需明确加以说明。

（4）数据可靠。数据采集和分析是实验方案实施的重要组成部分，要求数据的采集和分析具有可靠性。对于器件、装置、系统或样机的特定参量测量,可重复性是其稳定性测量的基础。数据可靠性要求是理论模型建构科学、实验分析方法有效、数据处理有根据等。

五、主要内容

1. 格式要求

一般以应用设计书或工程设计书的形式体现。

2. 具体内容

(1)题目和摘要,必要时采用中英文双写。

(2)课题来源,即应注明课题的项目(或子课题)来源和编号。

(3)课题意义,即该应用课题在技术创新、产品设计与制造、工程化应用等方面的实际价值和意义。

(4)关键技术或重要结构,即为实现该应用课题所必须突破的关键技术,或者设计出与之密切相关的重要结构。

(5)实验设计,包括实验装置、参数设置、过程设计、实验方法、测量方式,以及关键技术的突破与实现方案等。

(6)性能指标,即该应用课题完成后,研制的装置、样机或产品性能的具体指标和相关要求。

(7)初步测试。根据上述性能指标对研制出的装置、样机或产品进行性能初步测试,分析课题方案是否可行,测量结果是否满足其性能指标的设计要求。

(8)方案改进。由初步测试结果并根据实际需要,优化相关装置结构和系统重要参数,改进研究方案并提高其灵敏度、稳定性和可靠性等。

(9)参考文献及其他。设计书后应附有主要参考文献,其他附加内容则依课题具体情况而异,如课题组成员简历、经费预算、风险评估等。

上述内容可根据课题的规模、条件、经费及完成时间等因素进行取舍。

六、应用示例

下面是笔者所在的课题组研究生提交的一份应用设计书。

1. 应用题目

高精度光纤光栅流速传感器及其应用。

2. 课题来源

课题来源于课题组在研的国家自然科学基金、天津市自然科学重点基金等项目。

3. 课题意义

光纤光栅是一种新型的光无源器件,在光通信、光传感等领域具有极为广泛的应用。我们设计的流速传感器以光纤布拉格光栅为传感基元,采用特种梁和可缩管结构联合方式,自行设计并研制出高精度光纤光栅流速传感器。该流速传感器具有波长绝对编码、精度高、抗电磁干扰、可多点分布式及远程动态监测等优异特性。课题成果在石油化工、工业生产、能源计量、环境保护监测等领域将具有广阔的应用前景和良好的社会效益。

4. 传感结构

在应用型设计中，特种梁采用开口环结构制作，构成等强度悬臂梁；可缩管采用铝箔管自行设计研制。将这两种结构进行联合，研制出的两套光纤光栅压强传感结构如图9.7所示。

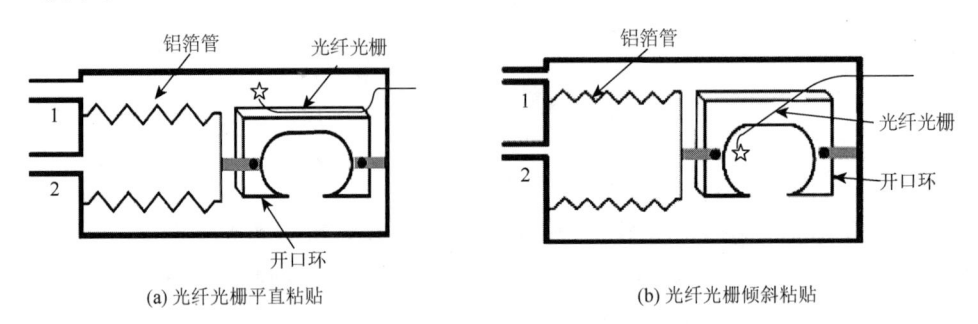

(a) 光纤光栅平直粘贴　　　　　(b) 光纤光栅倾斜粘贴

图9.7　光纤光栅压强传感结构

理论分析表明，该传感结构中两个光纤布拉格光栅中心波长差值 $\Delta\lambda$ 与气体或液体的流速 v 近似成二次关系，且与等强度梁和流速管的结构参数有关。通过测量 $\Delta\lambda$ 可获得 v 的大小，进而得到流量值。于是，优化等强度梁和流速管的结构可进一步提高流量传感灵敏度。

5. 实验设计

实验设计主要包括以下几方面。

（1）传感实验装置：光纤光栅流速传感实验装置结构图如图9.8所示。

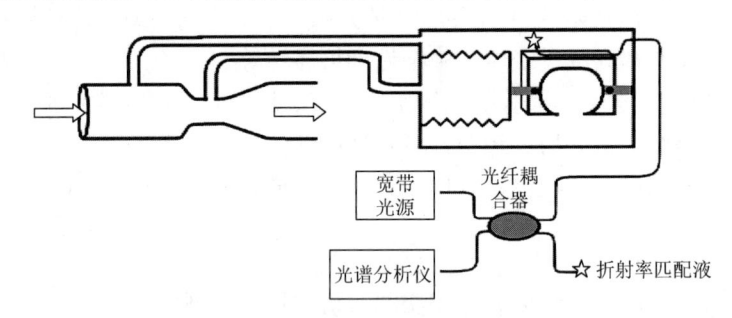

图9.8　光纤光栅流速传感实验装置结构图

（2）实验相关参数：开口环半径 $r = 50.0$ 毫米；等强度梁的直梁长度 $L = 30.0$ 毫米；直梁宽度 $a = 10.0$ 毫米；直梁厚度 $b = 3.0$ 毫米；力与直梁中线距离 $d = 54.5$ 毫米；开口环选用有机玻璃制作，杨氏模量 $E \approx 3\,000$ 兆帕；铝箔管的有效横截面积 $S = 9.5 \times 10^{-3}$ 平方米；光纤布拉格光栅中心波长 $\lambda_0 = 1\,562.0$ 纳米；长度 $l_0 = 12$ 毫米。

（3）实验测量记录：首先，将图9.7中导管2开启与外界大气压平衡，导管1连接待测气体；其次，改变待测气体压强，待铝箔管稳定后，由光谱分析仪（optical spectrum analyzer，OSA）或者自行研发的光信号解调仪记录光谱变化并读出测量数据。

6. 性能指标

该课题完成后，研制的光纤光栅流速传感装置性能指标和要求设计如下。

(1) 动态测量范围:该流速传感装置的动态感测范围为 100.0~800.0 毫米/秒。
(2) 流速分辨率:在上述范围内,微流速变化感测下限为 0.5 毫米/秒。
(3) 传感装置测量重复性和恢复性好。
(4) 精度高、抗电磁干扰、可远程监控感测、价格低廉。

7. 初步测试

对于图 9.7 所示的光纤光栅压强传感结构,初步测量得到的压强传感灵敏度为裸光纤光栅的 3.64×10^6 倍,如图 9.9 所示。

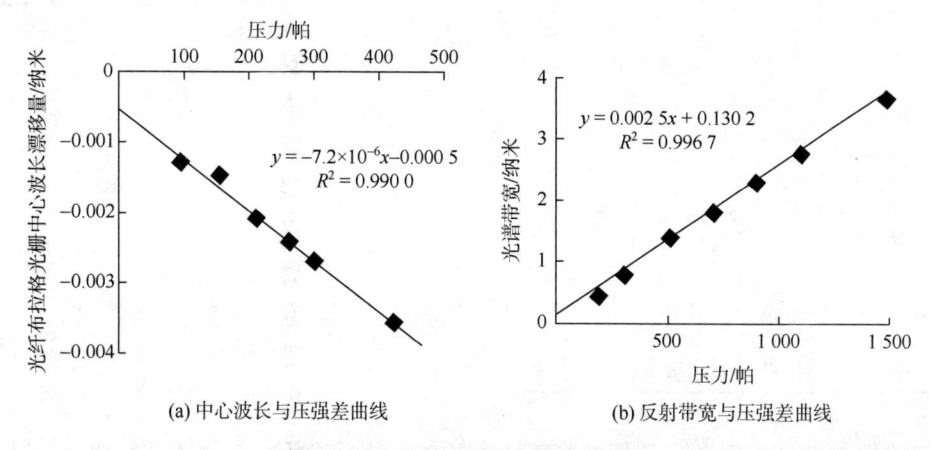

(a) 中心波长与压强差曲线 $y = -7.2 \times 10^{-6}x - 0.000\,5$, $R^2 = 0.990\,0$

(b) 反射带宽与压强差曲线 $y = 0.002\,5x + 0.130\,2$, $R^2 = 0.996\,7$

图 9.9 光纤光栅压强灵敏度曲线图

进一步实验测量及分析表明,该传感结构中两个光纤布拉格光栅中心波长差值 $\Delta\lambda$ 与水流的速率 v 近似成二次关系,与理论分析结果基本相符,其差异可通过引入修正系数 μ 加以修正。

8. 方案改进

根据初步测试结果并参考实际需求,通过进一步优化等强度梁结构(改进修正系数 μ 值)、提高光纤布拉格光栅窄带光谱质量及选用高质量粘贴剂,可以改善等强度梁的应变传递效率,进而提高流量传感的测量精度。因此,根据实际流速测量需要优化光纤布拉格光栅压强传感结构和流速管相关参量,能够进一步提高传感灵敏度和测量精度,并可望拓展液体或气体的流量测量范围。

9. 参考文献(从略)

第十章

科研机智与运筹

敏于思辨，成于方略。

——笔者题记

■ 第一节　科研中的战略和战术

战略的本义是战争谋略，是对战争的大计谋，是对战争中整体性、长期性、基本性问题的计谋。计谋有大有小，小计谋属于战术，大计谋属于战略。大计谋就是对整体性、长期性、基本性问题的计谋。因此，战略是关于一个组织的长远的、全局的目标，以及组织为实现目标在不同阶段实施的不同方针和策略；战术则是针对某一特定活动根据不同的因数采取的不同方案和对策。战略就是创造一种独特、有利的定位，从而在某种特定运作及活动中处于有利的竞争地位。战略从某种意义上讲不是一个目标，而是一种方法和策略。对战略而言，目标要集中、资源要集聚、能量要积蓄。战略就是指导全局的方针，战术是执行战略的手段。战术是战略的一部分，战略是整体，战术是局部。

科研工作如同军事作战，需要讲究战略和战术。军事上的战役成功，关键在于指挥员的军事素养和指挥艺术；而科研课题特别是重大攻关课题的出色完成，课题负责人的组织协调和机智运筹在其中发挥着关键性的作用。

一、科研中的战略

从战略上讲，作为科研团队的学术带头人及科研机构的负责人，需要对以下两项科研战略的重要内容加以重视：一是研究工作的计划和组织；二是科研团队的组织与协调。

（一）研究工作的计划和组织

科研工作具有一定的客观性和主观性。客观性主要是指科研工作的对象、过程、规律、结果具有客观实在性；主观性是指在科研过程中，参与研究的科研工作者对所从事的研究工作要有组织、有计划、有控制、有评判，即具有一定的主观能动性。对国家而言，有关国计民生、安全防卫等国之基础的重大科研课题，需要由专门的国家机构（如科技部、国家自然科学基金委员会等）组织有关专家进行战略调研和分析，提出课题计划,撰写科研战略报告并进行评估。这种全局性的课题计划,其规模和强度都非常大。

一般而言,从宏观层面到微观层面有三种不同的课题计划,即课题方针计划、课题战略计划和课题具体计划。

(1)课题方针计划。课题方针计划是指有关研究方针的计划。这类计划主要由一个科研主管部门(如科技部)进行管理。该主管部门对研究哪些问题、资助哪些项目和人员等具有决定权。

(2)课题战略计划。课题战略计划是指规模较大、时间较长的计划,相当于战争中的战略。参加该类计划的不仅有科研工作者本身,还包括研究工作的指导人员和科研管理机构。课题战略计划一般以"×××科学计划战略研究报告"或者"×××重大(重点)课题研究计划"等形式体现,该战略计划对科研主管部门规划国家或地区的中期、长期科研项目具有重要的指导作用。

(3)课题具体计划。课题具体计划是指科研工作者本身对研究工作的具体处理方案,相当于战争中某个具体战役的战术。对于实际参加科研课题的科研工作者而言,针对划分到自己应承担的部分研究任务,必须要有一个明确、详细的执行计划,该计划将伴随着课题任务直到最终结束。一个完整而真实的课题任务执行记录,不仅对该课题继续深入的研究是非常有必要的,而且对后续科研工作者也具有重要的参考价值。

研究计划固然重要,但科研工作者需注意,在决定了研究方向之后,决不应把自己完全限制在这一个方向上,而应在研究过程中,根据课题研究的实际情况适当地对计划加以修正,即制订的计划要有一定的弹性。研究工作的组织设置是否合理对课题研究的成败关系重大。

(二)科研团队的组织与协调

科研团队建设对课题组的研究工作及发展至关重要。目前,许多高校、科研机构及企业,都十分注重科研团队的建设。科研团队是由科研工作者组成的群体,在科研工作和技术开发活动中自然形成,具有团结、认真、拼搏、默契、平等、无私奉献、思想活跃等诸多特点。优秀的科研团队是科技创新和学科建设的重要载体,是高层次科技人才的培育平台。

(1)组建科研团队。国家重大课题的申请及大型科研工作的开展,需要组建结构合理、经验丰富、团结奋进、创造力强的科研团队。科研团队的构建,需要考虑以下因素,如课题组成员的年龄结构、层次比例、职称、专长、科研经历等。课题组成员的选聘不应局限于本部门,要考虑跨单位、跨区域甚至跨专业构建"大课题组",这样可以实现资源共享、优势互补,形成更大范围的科研团队。科研团队的一个重要作用就是能为初学者提供学习和从事科研工作的机会。在科研团队中,青年人的敏感、热情和独创精神,经适度的引导、赏识和调动,会加快课题研究进程并有利于取得突出成果。

创新团队是在某一学术领域围绕某一创新研究方向进行基础研究和应用研究的科研团队,通常以杰出人才为首席专家,由中青年骨干组成。优秀创新团队应具备的条件包括:一是良好的基础,即拥有一支已形成一定规模并具有一定影响力的学术团队,并且已经确定某个具有特色的创新研究方向,具有较强的创新潜力;二是稳定的方向,即有稳定的科研方向,承担过或正在承担着国家或省(部)级的重大科研项目,并取得了良好的研究成果，社会影响力较大；三是突出的成果，即有较为深厚的前期学术积累，已经取得了较为突出的研究成果，获得过国家级或省（部）级奖励［省（部）级要求一等奖］，在国内外同行中具有较强的优势；四是合理的梯队，即学术梯队结构合理，团队带头人和研究骨干人员有充分的时间和精力从事创新性研究工作，有良好的科研支撑条件。

（2）组织申请课题。要申请、承担国家重大课题，强大的科研团队是组织基础，以往的科研经历和研究成果是学术基础，而素质全面、具有领军才能的课题负责人则是关键。特别是在课题申请的人员组织、材料撰写、各方协调及申请过程中的机智运筹等方面，课题负责人起着特别重要的作用。在具体操作方面，可采取先分工、后集中的方式进行，争取在短期内先完成申请材料的各个部分，然后再由一个或几个主要课题骨干将材料统筹后拟出初稿，进而对其进行整理、加工、综合、提高，使之在逻辑上统一、在内容上一致、条理清楚、创新点突出。初稿经过几轮讨论和修改之后定稿，并保证按时上报。

（3）项目协调分工。课题组是一种成员和工作都相对固定的临时性研究组织，必须强调团结和协作，以保证其能够发挥较高的工作效率。因此，课题组成员应当在自由组合的基础上，由课题负责人聘任。课题负责人根据每个人的专长、特点协调分工并实施管理。课题组成立后，应建立一套组内共同遵守的制度，明确各自的职责，如课题组长的职责、成员的分工、定期交流及实验和操作规范等，以保证科研工作能够按计划进行。

二、科研中的战术

从战术上讲，课题研究需根据课题的研究性质和目标要求，结合课题组的实际情况进行资源分配与有效调动，落实科研任务，制订具体方案，保证课题研究计划的有效实施。

（一）不同类型课题的研究

科研工作一般可分为理论性研究和应用性研究两类。通常所说的应用基础研究是介于二者之间的过渡部分。这种分类方法并不严格，但便于分析和阐述。

（1）理论性研究课题。理论性研究是以获得知识为目的的研究，这种知识有时是抽象的，令人难以理解且暂时不能应用于实际。那么，身为理论工作者，能够长期地、坚定地从事科研工作，靠的就是一种信念。这种信念就是：任何科学知识本身都是值得追求的。理论工作者在从事研究工作时，其兴趣在于获得意外的发现，对于所获得的发现是否具有实用价值则往往重视不够。然而，一个课题的研究价值，并非由其研究成果是否具有直接的、短期的实际意义决定。科学知识虽然不是直接的生产力，但将其物化于人类的创造过程，便会产生直接的生产效益。从这个意义上讲，科学知识是促进生产力发展的动力源之一，而理论研究也是科研中必不可少的部分。

（2）应用性研究课题。应用性研究是对具有实用价值的问题进行的研究，并以获得生产效益为目的。要解决实际应用问题，仅仅依靠现有的知识是不够的，尤其是在工程应用中，现场遇到的问题也许是一个新问题（包括理论的、技术的或操作的问题），可能在书本中无法找到现成的答案。解决这类问题，经验往往是很重要的。需要注意的是，如果对应用性研究中的这类问题仅仅进行当下的、局部的解决，而不从原理上加以深化，那么，这种解决方法也许只适用于局部的具体问题，而并无普遍推广的意义。这种情况可能导致一系列相关的问题在以前类似问题已经得到解决、大量方案具有借鉴价值的情况下仍然要从源头开始研究，很可能得不偿失。要想尽可能地发挥每一个具体解决方案的作用，减少重复性研究，一种可行的办法是：组织工程技术人员与理论专家合作攻关，即工程实际经验与专业知识相结合。

（二）单兵作战与团队攻关

现代科研工作虽然特别提倡团队精神，但同时也要注意培养科研工作者单兵作战的能力。倡导集体攻关固然重要，但科研工作者个人的能力（理论基础、研究水平、融合力等），特别是创造性思维的涌现也同样可贵。在现代的科研团队中，既有单兵作战能力又善于合作的科研工作者往往容易取得大家的信任，尤其是在课题组中承担重任的科研工作者更是如此。经验表明：那些科研技能强但缺乏融合力的科研工作者，是难以充分地发挥其研究才能的。对于具有独特个性的科研工作者，团队领袖（课题负责人）的作用就是将他们融合起来，在课题总目标的指导下发挥各自所长，合作攻关，协同完成研究任务。

（三）资源分配与有效调动

课题组是科研群体的实体，其基本要素包括科研工作者、项目（任务、经费等）、科研财产（设备、场地、软件等）、科研信息等。这些要素是课题组的资源，它们之间的相互作用需要满足一定的制约条件，即团队规则。课题的研究过程实际上是建立在课题组有效运作的基础之上的，一个单独的提琴手可以自己掌控自己，而一个乐队必须有一个指挥。课题组成员首先要认识这种团队规则并自觉地服从，而课题负责人则需对课题组的资源进行公正调度、灵活协调，从而能动地实现课题组在规则制约下的最佳运作。科研工作的有效调动需要采用激励机制，这部分内容将在第十五章中加以详细阐述。

三、初入课题组策略

作为科研新手的初学者，在进入课题组时，若能够很好地把握以下几个方面，就可以较快地融入课题组，进入真正的科研领域。

1. 聆听导师介绍

初学者进入课题组后，要认真聆听导师的介绍，了解课题组的研究方向、研究课题及研究环境，特别是导师正在研究的课题情况；应结合本专业课程的学习，按照课题组的计划，有意识地逐步接触相关课题；要主动参加课题组的学术活动，从中感受科研氛围，汲取导师及学长的科研方法和经验，为进入课题研究做好思想准备。

2. 阅读课题组资料

在导师的指导下，认真阅读课题组相关科研资料，包括课题组发表的论文、研究报告、编辑成册的论文集、往届的博士研究生与硕士研究生的学位论文、学长手头的文献资料等。在阅读资料的同时，要特别注意记录阅读心得，把文献中的新思想、新方法、新技术摘录出来，将其有序地加以归类，并且编辑成册，以备查询。要特别注意课题组突出的研究成果，以及在国内外同行中的地位、优势与不足，为参加课题研究做好资料准备。

3. 研读指定文献

初学者进入课题组后，要完成导师布置的指定文献阅读任务。指定文献（包括文章、报告、说明书等）具有针对性和代表性，一般是该领域比较权威的综述文章、最新的研究快报及最具特色的专业论文。这些文献与课题组当前的课题研究密切相关，因此需要认真阅读，其中有些内容还需要反复研究。同时，初学者也需要通过查阅图书馆期刊、上网查询等方式获取相关的科研资讯，以拓宽课题资料的收集渠道。

4. 梳理研究纲目

初学者最初获得的研究信息是比较分散的，有些研究线索并不清楚。这时，初学者最需要做的工作是迅速而准确地从中提取关键性的内容，如新研究方法、关键技术、新设计方案、最新测量结果等，重点是要找出科研引领者的创新点及实现该创新点的方法和技术。初学者应结合课题组的研究项目和自己调研的资料，采用第三章提出的"问题三层次分析法"理论，从中整理出感兴趣的研究问题并梳理成研究纲目，为将来选题打好基础。

5. 确定研究课题

在梳理出的研究纲目中，除研究题目外，研究问题已有一些相应的思路或初步的研究方案，这时有必要请导师或有经验者进行点评。经过讨论、筛选和论证，根据课题组当前承担的课题及进展状况，初学者结合自身的科研素质和能力，可以初步确定一项具体的研究课题。一般而言，初学者选定的课题最好纳入导师在研课题的范畴，如选择其中的一个子课题作为自己的研究目标。

6. 迅速进入课题

确定研究课题之后，初学者一方面要结合课题的要求进行理论知识准备，补充相关的基础知识及方法等；另一方面，也应着手进行实验仪器及操作等方面的技能和技巧训练。要积极参加课题组的各项活动，包括课题组学术讨论会、实验室的建设及维护等，从中寻求有关课题研究的灵感和相关问题的解决办法。课余时间在课题组或实验室要多看、多听、多想，虚心向导师和学长请教，协助他们做好辅助工作，使自己融入课题组并迅速开展课题研究工作。

第二节 科研中的机智运筹

在课题研究过程中，科研工作者的机智运筹是影响课题研究进程和质量的重要因素。就整体的课题研究而言，课题负责人的机智运筹决定着课题的进程；而对于具体的科研工作者来说，个人的机智运筹决定着研究任务的质量。

一、科研机智运筹概述

求真务实、坚韧顽强、机智敏锐、广博深邃是科学家共有的研究风格。在科学发展的历史长河中，一代又一代科研工作者凭借他们的机智运筹，探索并总结出科研工作的一些基本方法。而那些伟大的、天才的科学家，则把这些基本科研方法创造性地应用于科研实践之中，取得了诸多丰硕的研究成果。

鉴于有关科研机智运筹内容的介绍仅散见于个别文章的情况，笔者根据科研工作的一般规律及自身的科研经历，对科研机智运筹的基本内涵进行归纳，形成科研机智运筹六要素。

（1）科研精神。它是科研工作者在科研工作中秉承的一种精神，其实质就是"脚踏实地，唯实求真"。

（2）科研理念。它是科研工作者在科研工作中长期形成的一种科研信念，即"厚积薄发，形成特色"。

（3）科研思路。它是科研工作者在科研工作中长期形成的一种思维方式，即"察纳雅言，集思广益"。

（4）科研策略。它是科研工作者在解决科研问题时采取的方式和方法，即"取长补短，合作攻关"。

（5）科研运作。课题研究需要课题负责人进行组织和有效协调，科研运作的主要目的在于"发挥优势，提高效率"。

（6）科研成果。它是科研工作者在课题研究过程中发现的科学规律、开创的先进技术、设计的新型产品、制订的实施计划等各种类型的创新产物，并以获得科研成果奖、发表科研论文、获得授权专利及工程化和社会化应用等形式为社会所承认。科研成果有一个积累过程，其特点是"循序渐进，集腋成裘"。

科研机智运筹一般应遵循的规则是：在方法上要创新，从技术上求突破。从实验中发现新方法，从理论中预测新途径，将实验现象与理论解释有机地结合起来，做到心中有数、有的放矢。

二、典型科研机智运筹

实际上，科研机智运筹具体表现为对问题研究的技巧运用。科研经验表明，具体课题研究中的机智运筹与科研工作者的思维方式密切相关。有关思维方式的内容在第三章中已有详细阐述，下面几例是科研机智运筹的典型应用。

1. 反向思维创奇迹

在科学史上，运用反向思维创造奇迹的例子俯拾皆是。例如，实验物理学家法拉第发现电磁感应现象就是一个典型的成功运用反向思维获得科学重大发现的实例。1820年，丹麦物理学家奥斯特在实验室中发现了电流的磁效应，即电转化为磁。法拉第对此进行逆向思维，经过近10年的艰苦探索，终于发现了电磁感应现象，即磁转化为电，并于1831年建立了电磁感应定律，制造出世界上第一台发电机，打开了通向电力时代的大门。

又如，无壳弹的提出与研制则是另一个典型的反向思维实现枪弹设计技术新突破的实例。无壳弹是一种全新概念的弹药，它的结构与常规枪弹完全不同。从结构组成来看，无壳弹由火药柱体、战斗部和底火三个部分组成。其中，火药柱体是将调配好的颗粒状或条块状的发射药用高燃性的黏合剂经过黏合后，再模压形成圆柱体；战斗部镶嵌在火药柱体的另一端；底火则镶嵌在活跃柱体的另一端。射击时，当撞针击中底火或电弧点燃底火后，底火引燃发射药，迅速产生大量的高温、高压气体。由于弹膛后部被设计成密闭装置，取代了弹壳的封闭作用，弹丸被膨胀气体向前推动着高速运动，脱离枪管后射向目标。

再如，电梯等的发明：人动→楼梯不动，采用逆向思维方式后，楼梯动→人不动；爱迪生发明留声机：声音→（引起）振动，采用逆向思维方式后，振动→（还原）声音；等等。

由此可见，无壳弹打破了传统弹药设计的思维禁锢，将常规弹壳的作用由枪体相应的改造部分替代。这样，既节省了金属材料，减轻了子弹重量，又提高了士兵携弹量，缓解了后勤保障压力，是一个一举多得的发明创造。此外，无壳弹的后坐力极小，从而可大幅度提高射击的精度，其精度要比一般小口径步枪精度高一倍以上。并且，无壳弹的生产也变得更加简便，子弹价格也随之下降，变得更加便宜。这种无壳弹的设计思想极大地简化了常规步枪的整体结构，既提高了枪械使用的可靠性，也从根本上避免了卡壳故障的发生。

2. 跨域移植求突破

移植方法是指将某一学科的理论、概念或者某一领域的技术发明和方法应用于其他学科和领域，以促进其发展的一种科学方法。这种方法具有横向渗透和综合性等特点，重大的成果有时来自不同学科的移植。在不同领域运用移植法成功的实例不胜枚举。

例如，德国化学家弗里德利希·奥古斯特·凯库勒（Friedrich August Kekule，1829～1896年）最初学习建筑，并受到过建筑师的训练，后来改行研究有机化学。由于深受建筑学中的结构理论和结构观念的影响，在有机化学研究中，他把这种理念有效地运用到对有机物分子中碳原子的结合问题的研究中，成功地提出了有机物分子中碳原子的链状结构和环状结构的科学设想，特别是于1865年提出了有机物苯（C_6H_6）分子的六边形的环状结构。

又如，19世纪中叶，病人在外科手术后，伤口经常会化脓感染。英国医生约瑟夫·李斯特（Joseph Lister，1827～1912年）为此进行了大量的研究工作，但未能找到化脓原因。恰好当时法国微生物学家路易斯·巴斯德（Louis Pasteur，1822～1895年）发表了研究成果，证明微生物的活动可能引起有机物的腐败。李斯特了解到巴斯德的新发现后，将其原理移植到外科手术中。经过反复实验，他发现了石碳酸（即苯酚）这种防腐剂，发展了外科手术的消毒法，使手术病人的死亡率由40%降到15%。

再如，耦合模理论是描述光纤光栅反射（或透射）特性较为精确的一般理论，但针对不同的解调系统，其推导过程较繁杂，形式亦多样。笔者曾从事过高能物理与核物理的研究，提出并建立了一种粒子群关联函数方法，并成功地应用于核子集合侧向流的强度与集体性的定量检测。后来，笔者将粒子关联函数方法移植到光纤光栅传感理论研究之中，通过定义传感信号关联函数，建立了光纤光栅传感解调的关联理论并用于传感网络系统的设计。该传感新理论具有物理概念明晰、描述方式简洁、解调分类新颖等特点。

注意：科研工作者囿于思维或知识的局限，有时未能意识到其他领域的新发现对自己的研究工作可能具有的借鉴意义，或是虽然意识到了，但不知道应该如何对其进行借鉴以促进或完善自己的研究。因此，科研工作者应该对本领域之外较重大的科研发展有所了解，否则就很可能会失去有价值的发现或良好的发明机会。

3. 迂回求解破难题

在科研工作中，科研工作者一般习惯于遵循已定的研究路线朝前思考，在此期间可能会遇到难以解决的问题。这时，采取迂回方式，换一种思路进行求解，或许会得到灵感，找出破解难题的妙法。这种思维方式是非直线式的，属于 U 形思维。迂回法在发明创造的过程中具有特殊的价值，使用该方法的关键是要找出合适的"迂回中介"。

例如，化夜为昼的夜视技术就是一个具有代表性的实例。夜视技术是应用光电探测和成像器材，将夜间肉眼难以发现的目标转换成可视影像的信息采集、处理和显示的技术。夜视器材就是利用微光和红外线，把人眼看不到的光信号转换成为电信号，然后再把电信号放大并转换成为人眼可见的光信号。这种由光到电，再由电到光的两次转换过程，迂回解决了化夜为昼的夜视技术难题，这也是一切夜视器材实现夜间观察的共同途径。夜视器主要有以下三种。

（1）主动式红外夜视仪。这种夜视器造价低廉，且自带红外光源，受环境照明条件的影响较小，观察距离一般为 300 米左右，主要用于近距离侦察与搜索、短射程武器的夜间瞄准和各种车辆的夜间驾驶。

（2）微光电视。这种夜视器是依靠微光工作的夜视器材，利用它能进行间接观察，还适用于定向、定点观察，传输图像距离远，其摄像机的作用距离可超过 10 千米。

（3）热成像仪。大多数军事目标都是发热体，即使采取了伪装手段，也很难使目标与背景温度完全相同。而热成像仪则是依靠接收目标发射的红外线进行成像，当用于手持观察和瞄准射击时，其作用距离可达 3 千米；当用于水面探测、搜索时，其作用距离可达 10 千米。

又如，根据矛盾原理，世界上有矛就必有盾。在夜视器发展的同时，也催生出"反夜视技术"，如"热红外伪装技术"能模拟植物背景全天温度变化或全天热红外特征的伪装，"全波段伪装"使军事目标拥有在可见光、近红外、远红外、雷达波段和声、磁环境下的整体隐身功能。

4. 异类组合辟新路

异类组合是指科研工作者将不同领域的研究因素进行交叉组合，进而开辟出一条发明创造的新路径。有些科研工作者在科研工作中有意识地将两种（或两种以上）的新方法或新技术交叉运用，从中寻找可以把这些方法或技术运用于其中的一些课题。在高科技领域，采用这种方式往往会获得重大的发明成果。

例如，英国电子工程师杰弗瑞·纽波达·亨斯菲尔德（Godfrey Newbold Hounsfield，1919~2004 年），早年做过戏院影片师、收音机修理工和工程制图员，第二次世界大战期间又当过雷达技师，第二次世界大战后在英国科艺百代（Electric and Musical Industries，EMI）公司工作。他长期思考有关人体透视方面的问题，面对 X 光技术日益表现出的诸多缺陷，决定另辟新路。他考虑将 X 光扫描技术与计算机数据处理进行组合，即利用 X 光将人体拍成一张张的断层"照片"，然后将这些"照片"输入计算机进行数据处理，最后转化得到人体内部组织的完整图像。经过艰难曲折的不懈努力，他于 1969 年设计出世界上第一台计算机断层扫描（computed tomography，CT）机，为医疗诊断学开辟了一条崭新的道路。亨斯菲尔德因此荣获 1979 年的诺贝尔生理学或医学奖。

又如，诸如工业机器人、全自动洗衣机、智能型空调机、自动取款机、自动售货机、数控机床、数码相机、同声翻译机等，都属于这种方法的成功案例。

5. 捕捉反常建奇功

课题研究中往往会出现这样的情况：科研工作者预先设想的结果未能得到，却出现了与其目标相悖的反常现象或结果，这是始料未及的。究其原因，主要有三种。

其一，科研工作者遵循的研究计划可能与实际情况不符，以致如此，这需要通过更严密的科学论证和集思广益加以避免。

其二，研究条件尚未达到出现设想结果的要求（如某些物理现象需要达到一定阈值以上才能出现），这是客观条件的暂时限制，不足为虑。

其三，研究过程中的某些条件因环境或不可控的因素发生了一些改变，从而出现与预期目标相悖的现象或结果。

科研工作者若遇到与预期目标相悖的现象或结果，必须谨慎对待，认真分析，不可轻易否定。经分析若属于第三种情况，则对科研工作者而言也许是获得新发现的机遇，不可错过。以下实例说明了这个道理。

例如，美国天体物理学家、射电天文学家阿尔诺·艾伦·彭齐亚斯（Arno Allan Penzias，1933～），是捕捉反常现象建立奇功的典范。他在持续观测高性能喇叭形天线过程中发现了一种反常现象：一种持续不断的神秘噪声信号，该信号的出现是高度各向同性的，而且与季节的变化无关。对此，彭齐亚斯研究小组采用"逐步筛除法"逐一区分和消除各种可能的干扰因素，不断追踪天线的额外温度辐射源。同时，他们又把天线原来的天顶方位转向各个天区，在 1964 年 7 月～1965 年 4 月连续不断地进行观测，以考察季节性变化的影响。最后，经过深入细致的观测和推算，他们确认这种噪声正是宇宙微波背景辐射，它源于宇宙大爆炸后残存的电磁辐射，其温度约为 3 开尔文。因发现宇宙微波背景辐射，彭齐亚斯获得了 1978 年的诺贝尔物理学奖。该项工作的重大意义在于，人们有可能得到很久以前（如在宇宙形成时）发生的宇宙变化过程的信息。

又如，笔者所在的课题组经常要对裸光纤光栅进行敏化封装。一般情况下，要求封装前后的光纤光栅波长的 3 分贝带宽、反射率和谱形的变化应尽可能小。在以往的封装实验中，以光纤布拉格光栅为例，封装前后其 3 分贝带宽的变化很小。然而，课题组有人采用一种特殊的有机材料对裸光纤布拉格光栅进行敏化封装时，却意外地得到了 3 分贝带宽很宽（约 8 纳米）的啁啾光纤布拉格光栅，而该光纤布拉格光栅封装前的 3 分贝带宽仅为 0.3 纳米。经过深入分析，这种现象和结果的出现，是封装材料在固化过程中，沿着光纤光栅轴向形成了应力梯度造成的。这种大啁啾度光纤光栅很难直接得到，它在光纤通信用窄线宽激光器的研制、温度补偿型光纤光栅传感器的研制及光纤光栅传感解调系统的开发中，具有广泛的应用价值。

■ 第三节 科研阻碍及其辨析

一、科研阻碍概述

这里所说的科研阻碍，不是通常意义上所指的科研工作中遇到的某个较难解决的具体问题，而是指在科学发展进程中，社会的、心理的、认识的、法律的等一些因素使得某些研究成果不能及时发表、公认或应用，甚至使科研工作者遭受不应有的磨难等。

科研工作者，尤其是初学者，要对科研阻碍有充分的心理准备。因为科研工作并非都是一帆风顺的，每个科研工作者都会遇到一些程度不同的科研阻碍。因此，了解、分析科研阻碍，培养对科研阻碍的机敏意识，提高鉴别科学新事物的能力，对于有效消除科研阻碍，提高科研成果的公认程度具有重要意义。

二、科研阻碍成因

科研阻碍的成因有诸多方面，主要可以概括为以下几类。

1. 传统观点和习惯势力的阻挠

科研新成果因其具有创新性和变革性，往往与传统的观点相背离而遭受冷遇甚至反对；又由于创新的方法和技术对旧体制及其阶层的既得利益产生了威胁，这种习惯势力的代表就会极力反对甚至想方设法地扼杀这些新成果。这种情况若掺进了政治、法律、人为等因素，则会更加惨烈，科技史上的诸多实例令人触目惊心！

2. 科学知识与认识水平的局限

科学发现和技术发明是一个不断出现、反复检验的历史过程，人们认识的深化需要有一个过程。而处在该过程中的科研工作者甚至一些专家，由于科学知识与认识水平的局限，不能完全跳出固有观念及旧式理论的框架，从而对科学新思想、新观念和新技术的认识不足，进而出现误解，以致采取排斥态度。

3. 技术发展滞后阻碍科学发现

众所周知，科学与技术是相互促进的关系。进入信息时代之后，在很多领域，特别是交叉学科领域，若无重大技术的突破，重大科学发现是难以实现的。科学史上存在着诸多"科技滞后现象"的实例，都生动地证明了这一点。而身处其中的科技精英或普通科研工作者，也只能抱憾生不逢时，事业未竟，正所谓拼尽平生不得志，"长使英雄泪满襟"。

4. 非科学的管理延误科研进程

一个好的科研管理体系，不仅应当适应科研的特点与管理的内在规律性，而且也要适应当时国家尤其是经济体制的存在形态，并与之协调一致。并且，这种科研管理体系是动态变化的，随着社会、经济及其管理体制的发展而有所调整。良好的科研管理体系应当结合科研实际，实行开放、活跃、多元化的管理模式，倡导百家争鸣、人才流动，遵循科研规律，充分尊重专家意见。这样，就会使科研管理逐步实现科学化。

值得注意的是：科研阻碍固然有消极作用，但事物的发展具有辩证性。反过来看，社会对新发现给予延迟性的肯定，客观上却起到了缓冲的作用，即防止社会为时过早地接受尚未充分证明和充分试验的设想，从而避免了剧烈震荡的出现。对于初学者，在遇到科研阻碍时，最重要的是鼓起勇气，坚强地对待他人的冷漠和怀疑，坚持把研究工作继续下去，直到被承认时刻的到来。

三、科研阻碍典型示例

【例 10-1】 电磁波预言遭非议。

麦克斯韦在 1855～1856 年发表了第一篇电磁学论文《论法拉第力线》，建立了法拉第力线的数学模型,提出了电磁场的六条基本定律;在 1861～1862 年发表了《论物理力线》,提出了电位移和位移电流的概念;1865 年,又发表了《电磁场的一个动力学理论》,提出了电磁场方程组,统一了电磁力,并预言了电磁波的存在和电磁波与光波的同一性。

麦克斯韦在当时能够力排欧洲大陆电动力学学派的传统思想,提出位移电流设想的举动是非常大胆的。他的电位移和位移电流的假设看起来十分抽象,就连与他同时代的许多知名物理学家也无法理解,如英国著名物理学家开尔文说它是"怪诞的、天才的、但并非完全站得住脚的假说"。

【例 10-2】 元素周期律的磨难。

在门捷列夫元素周期律产生之前,1865 年,英国人约翰·亚历山大·雷纳·纽兰兹(John Alexander Reina Newlands,1837～1898 年)在按原子量顺序排列化学元素时,曾经发现了元素的"八音律",即从任一元素算起,每到第 8 个元素就有和第 1 个元素相近的物理和化学性质。当时由于发现的元素不是很多,曾经有人质疑他:"你把 1,2,3,4,…,7 这几个音符排列一下也能发现规律吗?"可怜的纽兰兹曾经被一些人嘲讽得大哭一场,一气之下便去制糖了。

1872 年,门捷列夫揭示了化学元素周期律,消息传开,"权威"者立即发出嘲讽:"化学是研究早已存在的物质的科学,而他却研究鬼怪——世界上不存在的元素……这不是化学,而是魔术。"但如今,事实证明,元素周期律在化学上起着举足轻重的作用!

【例 10-3】 天才难圆发明梦。

列奥纳多·迪·皮耶罗·达·芬奇(Leonardo di ser Piero da Vinci,1452～1519 年)是意大利著名的艺术家和科学家,被誉为"万能的人""历史上最全面的天才",其眼光与科学知识水平远远超越了他的时代。然而,我们对达·芬奇的认识,一般仅限于具有"神秘的微笑"的艺术家标志——《蒙娜丽莎》。事实上,在达·芬奇逝世 200 多年后的 1796 年,有人精心整理了他留下的 7 000 多页笔记,大为惊奇地发现其中记载着领域众多、内容丰富的重大技术发明设想,如梯式船闸、潜水艇、飞机、起重机、纺车等。但是,这位具有非凡才能的"图纸上的天才",未能实现他的发明梦想。除了其他因素之外,根本原因在于其设计不能在当时的技术条件下实现,如飞机,当时没有效率高(动力强大而重量轻)的发动机和适合飞机使用的优质(强度高而轻)材料。由此可见,技术的滞后阻断了达·芬奇的发明梦想。

【例 10-4】 理论与方法的制约。

由德国数学家哥德巴赫提出的猜想——"哥德巴赫猜想",已困扰了数学界 200 多年。为了摘下这颗"数学皇冠上的明珠",自 1742 年以来,无数"有识之士"前赴后继,倾其毕生精力梦想攻克。然而,直到今天还没有人如愿以偿。这是什么原因呢?综观证明这个猜想的每一个前进脚步,都有数学理论和研究方法的创新。例如,中国数学家陈景润只差一步就摘下这颗明珠的成果——"1+2",就是他改进"大筛法"创立了独特的"转换原理"得到的。目前,证明这个猜想的研究步伐几乎完全停顿了,其原因就在于更新的数学理论和研究方法还没能被创造出来。

无独有偶,喜欢在"木板的最厚处钻孔"的爱因斯坦,晚年要"更上一层楼"——欲创立"统一场理论"。统一场理论就是要把广义相对论加以推广,使它不仅包括引力场,也包括电磁场。然而，爱因斯坦终其后半生，也未见到统一场理论的踪影。爱因斯坦企图创立统一场理论失败的原因，主要在于物质间的万有引力、电磁力、强力和弱力的许多规律，在当时（包括现在）还没有完全被认识。这又是一个科学理论制约科学发展的实例。

【例 10-5】 "柯克曼女生问题"。

"柯克曼女生问题"是英国数学家托马斯·彭宁顿·柯克曼（Thomas Penyngton Kirkman，1806~1895 年）于 1850 年提出的一个问题："某寄宿学校有 15 名女生，她们经常每天三人一行散步，问怎样安排才能使每个女生同其他一个女生同一行中散步恰好每周一次"？与之有关的还有一个"斯坦纳系列问题"。这两个问题都是一百多年来世界上悬而未决的难题。

中国的陆家羲（1935~1983 年）在大学期间就开始钻研，并于毕业前夕基本上解决了"柯克曼女生问题"。然而，从 1961 年底开始，他将《柯克曼系列和斯坦纳系列制作方法》这篇具有世界领先水平的数学论文先后多次投寄给国内有关研究机构和刊物，结果是连续被退稿，屡投不中。这期间，当意大利数学家威尔逊和乔德赫里于 1971 年解决了"柯克曼女生问题"时，陆家羲的论文依然未能在国内发表！在攻克"柯克曼女生问题"上，中国人痛失发明权。尽管悲愤，但陆家羲没有放弃，而是在"斯坦纳系列问题"上决心夺冠。1980 年春天，陆家羲终于攻克了"斯坦纳系列问题"，解决了 130 余年来世界数学界未能解决的难题，并完成了 6 篇学术论文。美国哥伦比亚大学出版的《组合论》杂志，于 1983 年刊发了这 6 篇论文，至此，陆家羲摘取了"斯坦纳系列问题"的金牌。

【例 10-6】 软禁 8 年终获奖。

德国生物化学家格哈德·多马克（Gerhard Domagk，1895~1964 年）因发明了磺胺药而获诺贝尔奖。但他不仅没有拿到奖金，还因获奖一事被纳粹组织软禁 8 年之久。

1895 年 10 月 30 日，多马克出生在德国勃兰登堡的一个小镇。1914 年，他以优异的成绩考入基尔大学医学院。第一次世界大战爆发，他弃学从军，在战斗中负伤。1918 年战争结束后，他又回到基尔大学医学院继续学习，并于 1921 年取得医学博士学位。1923 年，多马克从事讲授病理学和解剖学讲学及病理研究。从 1927 年开始，他又从事实验病理学和细菌学的研究。其间，他不断在小白鼠身上进行各种实验，终于在 1932 年的圣诞节前夕，发现商品名为"百浪多息"的被用来给纺织品着色的橘红色化合物具有抑制细菌感染的作用。而恰巧这时，他的女儿玛丽因病菌感染而恶化成败血症，生命垂危。无奈之下，多马克冒险给女儿注射了"百浪多息"，竟然挽救了玛丽的生命。"百浪多息"轰动了全世界，使用"百浪多息"取得良好疗效的消息不断传来。鉴于多马克的创造性工作，1937 年德国化学学会授予他埃·费雪纪念章。1939 年，他又获诺贝尔生理学或医学奖。1947 年 12 月，诺贝尔基金会在瑞典首都专门为多马克补行授奖仪式。

四、消除科研阻碍策略

1. 了解发现公认的过程

动物病理学家威廉·伊恩·比德穆尔·贝弗里奇（William Ian Beardmore Beveridge，1908~2006 年）认为："一项对知识的创造性贡献，其接受过程可分为三步：在第一阶段，人们嘲笑它是假的，不可能的，或没有用的；到第二阶段，人们说其中可能有些道理，但永远派不上什么实际的用场；到第三步，也是最后的阶段，新发现已获得了普遍的承认。这时，许多人说这个发现并不新鲜，早就有人想到了。"这说明，任何新发现都需要有一个被公认的过程，且该过程有时会很漫长。

2. 讲究消除方式和策略

新设想、新概念、新发现的出现之所以遇到阻碍，是因为一是与旧的观念或理论相冲突，自觉或不自觉地冒犯了权威，侵犯了其精神上和物质上的既得利益；二是社会上存在的蒙昧、专制、妒忌等有害因素导致对新事物的恐惧和抗拒心理；三是现有的科技水平还不足以支持这些新设想、新概念、新发现的实现。

从社会的角度分析，要想从根本上消除科研阻碍，需要针对科研阻碍成因做好以下几方面的工作：一是建立健全科技法规，提倡百家争鸣，保障学术自由；二是重视并研究"科技滞后现象"，制定相应的政策，保证重大科技创新得以传承；三是完善科学化、民主化的评审制度和评审组织，提供平等的科研竞争机会，使科技人才早日被发现；四是提高整个民族的科学文化水平，不断强化全民族的科技意识，形成全社会尊重知识、尊重人才的环境。

就科研工作者个人而言，在认识科研阻碍危害的同时，也要讲究一些消除的方式和策略，如求助专家的支持、寻找合作者赞助、主动与同行交流、谨慎处理人情世故、耐心寻找展示机会等。

第十一章

学术会议及报告

不交流思想，不好好地收集信息，就要从事科学工作，是不可想象的。

——〔俄〕福金

第一节 会议类型与模式

当今世界，学术会议已经成为学术界的一种具有普遍意义的活动。在全世界各地，每年都会召开千百次不同领域、不同主题的学术会议。作为一名科研工作者，参加学术会议已经成为一种必不可少的科研经历。

一、学术会议概述

学术会议是由学术机构组织的、旨在对某一领域内或某一专题中大家共同关注或感兴趣的研究课题进行广泛学术交流的研讨形式，其目的在于为同行学者提供一个面对面交流意见的场所，从而使与会者得到集体研讨、充分表述个人观点以期共同提高的机会。

当今社会的信息化程度越来越高，科研资讯呈爆炸式增长，科研课题的研究层面、深度与广度，特别是研究周期，都较以往有较大的变化。学术会议可以聚集起同一领域内或同一专题中的多名学者，了解最前沿的研究情况，讨论最新的科研问题。在学术会议上，与会者之间的交流机会与平时相比也会大大增加。因此，参加高水平学术会议，已经成为科研工作者获取科研前沿信息、捕捉科研课题机会的重要途径。

二、学术会议特点

学术会议的特点很多，其中，学术性和交流性是两个最基本的特点。

1. 学术性

学术会议的学术性特点主要体现在以下两个方面。

（1）对学科发展具有引导作用。因为国际学术会议的目的性较强，具有学术研究主题明确的特点，能够集中同一学科领域里的众多科研工作者，同时可以展示该领域内最新的科研成果、学术动态与研究形势。与会者通过聆听会议报告、参与会议讨论，可以较准确地把握该领域近期的发展趋势，并且有很大的机会寻找到适合自己的研究方向。因此，国际学术会议对于学科的影响就表现为能够引导学科的发展。

（2）对学术成果具有承认作用。学术会议会按照一定标准，对与会者的论文进行评价与筛选，产生会议论文报告，并有目的地组织与会者进行大会发言。这不仅表明国际学术会议对科研工作者研究成果的承认，而且能够影响到科研工作者个人的科研行为与走向。

2. 交流性

学术会议的交流性特点主要体现在以下两个方面。

（1）交流作用。国际学术会议是一种学术影响度较高的会议，它能够为科研成果的发表和科研学术论文的研讨提供一个面对面的交流平台，以达到促进科研学术理论水平提高和展示最新科技成果的目的。

（2）启发作用。科研工作者通过参加国际学术会议，与同行进行学术和技术方面的探讨，在交流过程中获得借鉴和相互启发，从而促进科研和技术开发的不断发展。

学术会议因具有学术性和交流性，已经成为科研论文发表、科研成果推出的一种重要载体和有效途径。此外，不同性质的学术会议还会有各自的特点。例如，对于国际学术会议来说，成员的国际性和语言的国际化也是它的特点。

图 11.1 为笔者在 SPIE 学术会议上与外国专家进行学术交流。

图 11.1 笔者在 SPIE 学术会议上与外国专家进行学术交流

3. 成员的国际性

国际学术会议一般是指由多个国际机构组织，并由多个国家或地区派遣代表参加的学术会议。就参加人员的地域性而言，国际学术会议有广域性和区域性之别。前者如 SPIE、光通信国际会议（Optical Fiber Communication，OFC）等国际学术会议；后者如光电通信国际会议（OptoElectronics and Communications Conference，OECC）、亚太光通信国际会议（Asia-Pacific Optical Communications，APOC）等国际学术会议。

4. 语言的国际化

一般情况下，国际会议上用于交流的语言主要是英语。在某些区域性的国际学术会议上，会议交流语言也可同时使用由大会指定的非英语类语言。参加国际学术会议是科技交流的重要方式之一，熟练掌握外语（特别是英语），对于顺利地参加国际学术会议和有效地进行学术交流至关重要。

三、学术会议类型

根据学术会议的性质、举办地点及举办时间等要素的不同，学术会议可以有多种分类形式。

1. 分类方式

从学术范围所属的领域而言，学术会议有专题学术会议与领域学术会议之分；从会议主办的国家来看，学术会议有国内会议与国际会议之别；根据会议延续时间的长短，学术会议又有定期会议与不定期会议、短期会议与长期会议等差异。

2. 会议类型

以国际学术会议为例，其主要有以下几种类型。

（1）代表会议（conference）。代表会议是指针对某一研究领域中的一些重点问题，召集一些相关的学术代表举办的学术会议。该类会议规模相对较大，内容丰富，与会人员较多，影响面较广。

（2）专题会议（symposium）。专题会议是指在某一研究领域中，针对某些专题（热点问题）举办的学术会议。该类会议规模虽然相对较小，但研讨的议题较为重要。

（3）研讨会（seminar/workshop）。研讨会是指在某一研究领域中，针对某些重要问题（实施方案、具体措施）举办的学术会议。该类会议具有宏观讨论和微观研究的双重学术属性。

（4）讨论会（colloquium）。讨论会是指会议组织者就某些重要问题（跨领域的战略性计划、宏观政策等）举办的学术讨论会议。该类会议规模由讨论议题的范围和重要性决定，可大可小。讨论会与研讨会在某些方面有交叉性。

（5）团体定期会（session/general assembly）。团体定期会是指由学术团体定期组织的、主要由本学术团体成员参加的会议，会议周期短的为半年，长的为一年或两年不等。该类会议的议题有工作讨论与学术研究之分，会期一般很短，规模也较小。

（6）讲习、短训班（school/short course/study day/clinic/institute/teach-in）等。该类会议一般包括学术专题讲习班、短期专业培训班等，培训期一般很短，时间一般多选择在高校休假期间（暑假或寒假），其规模由培训内容和培训人员决定，可大可小。

四、学术会议模式

同一类型的学术会议通常具有一些固定的模式，具体到各种不同的学术会议则又会有所区别。为了能够卓有成效地与学术同行进行交流，下面以国际学术会议为例具体介绍学术会议的模式。根据笔者的与会经验，现将国际学术会议模式的基本要素归纳为以下几点。

1. 会议主题

会议主题（theme of the conference）包括：①中心主题（central/major theme）或正式主题（official theme）；②总题目（general theme），下分若干个子题目（sub theme），具体对应于各个专题领域。

2. 会议举办者

（1）会议主办者（sponsor of the conference）。一般是由一个国际学术组织主办，并由若干个国际学术组织协助承办。

（2）会议资助者（financial supporter）。要成功举办一个大型的国际学术会议，往往需要多个机构或公司共同资助。

（3）组织委员会（organizing committee）。筹备和举行会议的各项工作，如会议名誉主席/顾问、主席、副主席、秘书长、会议主持人的选定与邀请，特邀报告的选择与安排，会议程序的制定，等等，一般由会议组织委员会来主持和协调。

3. 举办时间和地点

一旦与组织会议有关的原则及相关事宜全部落实，组织委员会就会向各与会单位与组织发出邀请，同时在相应的学术期刊上刊登出该次会议的时间和地点等消息，使会议参加者提前做好准备。会议时间安排和地点选定应充分兼顾大多数与会者的意愿。

4. 会议程序

会议程序（program of the conference）一般由以下几部分构成。

（1）开幕式（opening ceremony）。

（2）大会报告（keynote paper），也称主题报告（subject report），由知名学者或本领域权威人士作报告。大会报告是会议程序中最重要的部分，能够在大会上做主题报告，对于科研工作者来说是一种学术肯定，也是一种学术荣誉。国际学术会议的学术影响度主要取决于其大会发表论文的学术价值及创新水平，其中大会报告的质量尤为重要。

（3）分组会议（concurrent/parallel session）。与会者将在不同的报告厅做口头报告或张贴报告。口头报告包括特邀报告，它一般由会议主办机构直接指定并约稿，大会提供特邀报告者发言的时间要比一般的口头报告长一些（约2倍），其重要程度也较高。科研工作者被邀请在分会上做特邀报告也是一种学术荣誉。

（4）闭幕式（closing ceremony）。

（5）观光及娱乐（tours and entertainment）。

5. 征集论文

征集论文（call for papers）主要包括以下内容：论文篇名（title）、简短文摘（short abstract）、口头或张贴（oral or poster）、截止日期（deadline date）。

6. 报名费

报名费一般包括注册费、会务费、论文版面费等。在美国举办的国际学术会议，与会者的报名费以美元支付。在其他国家或地区举办的国际会议，与会者一般可以美元、英镑、澳元等外币支付报名费。一般而言，参加会议的人员均需交纳报名费。对于会议论文的接收者，一般只有在交纳注册费和论文版面费后，其论文才能被收入该会议论文集出版。

7. 论文集

与会者在会议上的口头报告或张贴报告一旦通过大会论文评审组的评审，即可由大会统一印制成论文集并公开出版。根据涉及的研究领域及在学术方面的影响等因素，论文集可不同程度地作为 EI 或 ISTP 等数据库的收录源。

第二节 报告准备与演讲

在学术会议中，除了会议期间的非正式交往（包括午餐会、会间休息、会下讨论、交流、参观、游览等）之外，学术报告和会议讨论仍旧是会议的主要交流形式。

一、会议报告概述

召开学术会议的目的，是发布最前沿的学术信息，为与会者提供一个学术交流与沟通的平台。在各种交流手段之中，最重要的就是学术报告。与会者在学术会议上发布学术报告的数量与质量，直接影响着会议的效果。从这个意义上来说，学术报告是学术会议的核心。

1. 学术报告

学术报告是学术会议交往的重要形式，是科研工作者公开发表自己研究成果的重要途径。学术报告包括特邀报告、口头报告、张贴报告等形式。其中，特邀报告有大会特邀报告和分组特邀报告之分。特邀报告指作者受主办学术会议的主席之邀而在学术会议上发表的演讲内容；口头报告指被学术会议接收并安排在指定地点进行口头演讲的内容；张贴报告指在学术会议上以张贴的形式进行交流的报告，张贴报告一般不会张贴出全文内容，只把其中最重要的研究成果以提纲的形式展示给与会者。

2. 报告准备

学术报告的相关辅助材料在报告过程中具有重要作用，简明而完备的材料不仅可以提高对与会者的吸引力，也可以方便与会者对报告的理解。因此，准备好合适的报告材料，对科研工作者具有非常重要的意义。

（1）题名。要求删繁就简，不致歧义，力求使报告的题名信息量大且又简短醒目。以国际学术会议为例，若要做综述性质的报告，恰到好处的题名应以 Review of 或 Overview of 等开头；若要做研究性质的报告，则以 Study on 或 Research of 等开始为宜。

（2）提纲。提纲的格式一般类似于文摘，要把报告的重点、结论等内容分条列出。一般情况下，以三级提纲的形式列举阐述效果最好。

（3）演播片。为报告准备的演播片一般应采用图文并茂的文件形式（如 PPT 文件），要求纲目有序、页面简练、字体醒目、重点突出、图表清晰、篇幅适中。

二、报告撰写提纲

在学术会议上做报告之前，报告者一般需要将报告的重点内容整理成提纲，并提交给会议组织者，由会议组织者在报告前分发给旁听报告的人，以便其他与会者能够提前了解报告的主题和关键内容，从而更好地在报告中获取自己需要的信息。同时，在整理提纲的过程中，报告者也能够更好地把握报告的内容，抓住重点信息，保证报告详略得当，并对旁听者可能提出的问题做出一定的预测和准备。因此，提纲在报告过程中占有相当重要的地位。

（1）报告要求。撰写提纲的目的是为旁听者提供关键信息，因此，报告提纲一定要简练。

（2）提纲形式。提纲的形式一般有摘要式、文摘式、论文式、条列式、图表式、复合式等。

（3）提纲要点。提纲撰写要突出主要研究成果，其要点是注意关键词的选取、语句的逻辑性、内容之间的关联性、观点的引用、图表的说明、结论的印证等。

下面以笔者在 OECC 国际学术会议上的特邀报告为例，对学术报告提纲的格式和要求进行说明。图 11.2 为笔者在 OECC 国际学术会议上做特邀报告。

图 11.2　笔者在 OECC 国际学术会议上做特邀报告

1. Title。

Novel Temperature-Independent FBG-type Pressure Sensor with Step-Coated Polymers.（该论文获得 OECC'2003 国际学术会议优秀论文奖，获奖证书请参见附录。）

2. Contents.

(1) Introduction. ①Fiber grating sensing (FGS) technology. New type of sensing element, high-new technology, rapidly develop, attractively applied prospect, etc. ②Many excellent characteristics of FGS. Absolute coding, resistant-electromagnetic, long living period, corrosion-resistant, insensitiveness of humidity, multiplex characteristic (WDM, TDM, SDM), etc. ③Important questions of FGS research. Sensing structure design, fiber grating packing, temperature effect elimination, special type grating sensing, multi-point sensing, etc. ④Design and realization of novel FGS. Novel single parameter FGS, two parameters FGS, novel two-dimension FGS, smart structure, signal demodulation, data processing, etc.

Points of this paper

Sensing principle of FBG bandwidth and center wavelength; Novel FGS with FBG bandwidth, and center wavelength; Brief summary including system and application.

(2) Sensing Principle.

(2.1) Sensing principle of FBG bandwidth

$$\Delta\lambda_{\text{chirp}}(\Delta\varepsilon) = \int_{-\frac{l}{2}}^{\frac{l}{2}} \delta\lambda_\varepsilon = K_\varepsilon \delta\varepsilon \quad \text{For} \quad \Delta T = \text{constant}$$

$$\Delta\lambda_{\text{chirp}}(\Delta T) = \int_{-\frac{l}{2}}^{\frac{l}{2}} \delta\lambda_T = K_T \delta T \quad \text{For} \quad \Delta\varepsilon = \text{constant}$$

$$\Delta\lambda = \Delta\lambda_{\text{chirp}}(\Delta\varepsilon) + \Delta\lambda_{\text{chirp}}(\Delta T)$$

(2.2) Sensing principle of center wavelength

$$\Delta\lambda_\varepsilon = \lambda_0(1-p_e)\Delta\varepsilon = K_\varepsilon \Delta\varepsilon \quad \text{For} \quad \Delta T = \text{constant}$$
$$\Delta\lambda_T = \lambda_0(\alpha+\xi)\Delta T = K_T \Delta T \quad \text{For} \quad \Delta\varepsilon = \text{constant}$$
$$\Delta\lambda = \Delta\lambda_\varepsilon + \Delta\lambda_T$$

(3) Novel FBG Bandwidth Sensor.

(3.1) FBG bandwidth sensor based on bilateral cantilever beam

Main advantages

①Temperature-independent, temperature active compensation.

②Bilateral beam length can be changed, center wavelength is tunable.

③Sensing range is larger.

(3.2) FBG bandwidth sensor based on equal-intensity beam

Main advantages

①Temperature-independent, temperature active compensation.

②Displacement or stress sensing, center wavelength is almost unchanged.

③Sensing range is correspondingly larger.

(3.3) FBG bandwidth sensor based on simple beam

Main advantages

①Temperature-independent, temperature active compensation.

②Displacement (or stress) sensing, center wavelength is almost unchanged.

③Tunable range is correspondingly larger.

(4) Novel Center Wavelength Sensor.

(4.1) Center wavelength sensor based on combinatorial torsion beam

Main advantages

①Temperature-independent, temperature active compensation.

②Torsion angle, torque and torsion strain sensing.

③Two directional sensing.

(4.2) Center wavelength sensor based on cantilever beam

Main advantages

①Temperature-independent, temperature passive compensation.

②Two directional sensing for displacement or strain (stress).

③Sensing range is tunable.

(4.3) Center wavelength sensor based on step-coated polymers

Main advantages

①Temperature-independent, temperature active compensation.

②Pressure or planar force sensing.

③Packed Material selecting and packing region is free for sensing grating.

3. Brief Summary

(1) The sensing principles of FBG bandwidth and center wavelength are expounded and their equations are given.

(2) The novel temperature-independent FBG-type sensors can be made by means of the special design and technique. ①Beam selection. ②Sensing structure design. ③FBG position angle. ④Bond quality, etc.

(3) Several novel sensors of the FBG bandwidth and the center wavelength are analyzed and discussed. ①FBG bandwidth sensor: bilateral cantilever beam, equal intensity beam and simple beam. ②Center wavelength sensor: combinatorial torsion beam, cantilever beam and step-coated polymers.

4. Acknowledgement

These works are supported by the National 863 high technology project under the grant No. 2002AA313110, the National Natural Science Foundation under the grant No. 60077012, and the Start-up Foundation of Scientific Research provided by the personnel department of Nankai University, China.

三、报告会前演练

正式报告之前需要做好充分的准备，而会前演练与报告的成功关系重大。通过演练，报告者不仅能够对演讲的内容了然于心,更可以提高对演讲成功的信心,并且在一定程度上避免出现某些可能影响报告的事故。

(1)调整状态。通过会前演练,报告者可在时间、节奏、神态,以及报告内容的完整性、清晰度等诸多方面适当修正和完善,将演讲状态调整到最佳。

(2)调试设备。演讲前,报告者必须对有关设备进行调试,检测其是否与待接入的设备或器件兼容,图文及音响效果是否满足要求,等等。这一过程非常必要,切不可疏忽大意。以往有些报告者因事先未进行该项检测,导致临场出现文字不清晰、图像不显示等情况发生,以致影响了报告质量,甚至导致报告因此被迫取消,其教训十分深刻。

(3)做好预测。通过会前演练,报告者能够对演讲中可能出现的差错或意外事件进行预防,提出应对策略和补救措施,保证报告的顺利进行。经验表明,自带笔记本电脑并备份报告电子文件,是避免因现场设备出现突发事故、不能启动或播放文件而影响报告的有效措施。

四、参会注意事项

参加国际或国内学术会议,是代表国家或本单位(或课题组)进行学术交流。与会者除了需要了解一般的会议规程之外,尚有一些与会注意事项需要注意。

1. 与会要点

笔者根据多次参加国内外学术会议的经验,概括出"参加学术会议五要点"如下:①成果突出、创新性强是与会的基础;②提纲简明、准备充分是报告的前提;③句法准确、语言流畅是必备的技能;④听懂提问、认真回答是负责的态度;⑤诚恳谦逊、举止得体是成功的保证。

2. 会上报告

(1)报告要求。陈述具有逻辑性,结构具有条理性,尽可能多地准备可视材料,语言简洁,举止自然,张弛有度。

(2)把握节奏。报告的一般步骤包括开场白、导言、内容、结论、致谢等。

(3)听懂提问。报告之后,与会者会向报告者提出问题。报告者应首先听懂问题,若不明白,可以要求提问者重述或者解释一遍。回答问题之前,应重述一遍所提的问题,以确认问题的准确性和完整性。要做到礼貌、认真、理解、确认。

(4)从容应答。对问题的回答方式及效果反映了报告者的综合素质,对此要特别加以注意。尤其在国际学术会议上,更要注意把握好这个环节。报告者的应答策略是谦逊、从容、稳妥、完整。

3. 会后交流

在学术会议期间的交往,也是与会者需要关注的问题。因为不论学术会议日程安排得多么紧凑,与会者总能够抽出时间与熟人或新相识的人进行交流。这种交流可以在许多地方进行,如会议报告厅休息室、宾馆厅堂、餐厅桌前、旅游车上,以及海滨、公园、运动场等,取决于会议的条件和会务人员的具体安排。在这些交流过程中,双方或多方与会人员交流的形式和内容广泛而丰富,涉及天气、旅游、工作、爱好、家庭等,大家互相交换看法并留下印象。这些交流有助于学者之间彼此接近，形成有利的心理氛围，而这种氛围对会议的圆满成功是不可或缺的。因此，凡是与会者，都应努力创造这种宽松、愉悦的学术交流气氛，使与会者在获得学术方面收获的同时，也在内心感受到参加会议的快乐。

第三节 典型的会议示例

一、国内学术会议示例

（一）会议示例

以下是笔者受邀参加并做会议报告的一次国内学术会议。

1. 会议名称

第二届中国光纤器件发展研讨会。

2. 时间与地点

2004年6月22~23日，上海。

3. 会议组织机构

（1）主办单位：中国电子元件行业协会，中国通信学会光通信委员会，上海市通信学会，武汉邮电科学研究院，中国电子科技集团公司第二十三研究所，上海交通大学。

（2）承办单位：中国电子元件行业协会光电线缆分会，上海市通信学会光通信专业委员会。

（3）会议支持媒体：《光电子·激光》《光纤与电缆及其应用技术》《光通信技术》《电信科学》。

（4）赞助单位：亨通集团有限公司，中国电子科技集团公司第二十三研究所。

4. 会议学术机构

（1）大会主席：（从略）。

（2）顾问委员会：（从略）。

（3）学术委员会：（从略）。

（4）组织委员会：（从略）。

（5）论文编辑委员会：（从略）。

（6）会议服务机构：（从略）。

5. 大会议程

（1）会议开幕式：①致开幕词；②领导及专家讲话；③会议东道主领导讲话。

（2）特邀报告：（从略）。

（3）分会报告1（光无源器件组）。

（4）分会报告2（光有源器件组）。

（二）会议邀请函

图11.3是笔者受邀参加CIOP 2018（The 10th International Conference on Information Optics and Photonics，第十届国际信息光学与光子学学术会议）邀请函。

Invitation Letter for CIOP 2018

Dear Prof. Weigang Zhang,

Optics Frontier—The 10th International Conference on Information Optics and Photonics (CIOP 2018) will be held in **Beijing, China, July 8-11, 2018**. Organized jointly by **Tsinghua University** and **Chinese Laser Press**, CIOP 2018 is expected to attract over 800 participants from all over the world, including more than 150 invited speakers.

Having known your great contributions to the related fields, we would like to invite you to present an **Invited Talk** (30 min) at *Session 2: Advanced Fiber Optics & Sensing Technology* of CIOP 2018. The conference is to discuss the latest achievements and progress in the following fields:

Photonic integration and optical interconnect	Plasmonics and metamaterials
Advanced fiber optics & sensing technology	Lasers and nonlinear optics
Biomedical photonics	Quantum optics & quantum information technology
Optical design and optical precision measurement	Laser micro-nano processing and fabrication
Optical communications and networks	Microwave photonics
Optical imaging and holography	Nano photonics and 2D optoelectronics

We would appreciate if you can accept the invitation.
Looking forward to meeting you in Beijing!
For more information about CIOP, please view the website of CIOP 2018.

Best regards,

Bingkun Zhou   Dieter Bimberg
Tsinghua University, China   TU Berlin, Germany

图 11.3　CIOP 2018 邀请函

二、国际学术会议示例

1. Conference Name
9th OptoElectronics and Communications Conference/3rd International Conference on Optical Internet（OECC/COIN）.

2. Date and Site
July 12-16，2004，Pacifico Yokohama，Yokohama Kanagawa，Japan.

3. Cosponsored by

IEICE Communications Society.

IEICE Electronics Society.

4. Technically Cosponsored by

IEEE Communications Society.

IEEE Laser and Electro-Optics Society.

Optical Society of America.

The International Society for Optical Engineering.

The Korean Institute of Communication Sciences.

The Institute of Engineers Australia.

5. Financially Supported

The City of Yokohama.

The Center for Advanced Telecommunications, Technology Research, Foundation（SCAT）.

The Ogasawara Foundation for the Promotion of Science & Engineering.

The Murata Science Foundation.

The Kao Foundation for Arts and Science.

Nippon Sheet Glass Foundation for Materials and Engineering.

Foundation for Promotion of Material Science and Technology of Japan.

6. Organizing Committee

（1）Organizing（从略）.

（2）General Arrangement（从略）.

（3）Treasury（从略）.

（4）Publicity & Registration（从略）.

（5）Local Arrangement（从略）.

7. OECC International Advisory Committee（从略）

8. COIN International Steering Committee（从略）

9. Advisory Committee（从略）

10. Technical Program Committee（从略）

（1）Optical Network Architecture.

（2）Optical Network Control and Management.

（3）Transmission Systems and Technologies.

（4）Optical Fibers, Cables and Fiber Devices.

（5）Optical Active Devices and Modules.

（6）Optical Passive Devices and Modules.

11. Papers

（1）Invited papers：92.

（2）Oral papers：232.

（3）Poster papers：135.
12. Plenary Talks（从略）
13. Workshop（从略）

第四节　国际会议常用语

国际学术会议常用语较多，其句法视不同场合灵活多变。下面是一些较为典型的语句，包括开场与主持语句、导言与结束语句、内容与致谢语句及提问与答复语句。熟练地掌握这些语句，对科研工作者在国际学术会议上进行交流大有益处。图 11.4 为笔者在 OECC 国际会议上主持分会报告。

图 11.4　笔者在 OECC 国际会议上主持分会报告

一、开场与主持语句

（1）开场语句：① "Mr. Chairman! Ladies and Gentlemen! I'm greatly honored to be invited to address this conference." ② "Mr. Chairman, first let me express my gratitude to you and your staff for allowing me to participate in this very important conference." ③ "I am very pleased to have this opportunity to …" ④ "First let me express my gratitude to …" ⑤ "Now after a short introduction I would like to turn to the main part of my paper…"。

（2）主持语句：① "May I have your attention, please？" ② "The next speaker is Prof./Dr.

×××; the title of his/her paper is …" ③ "Are there any questions to Professor ××× ?" ④ "I'm afraid your time is up." ⑤ "Take the floor, please." ⑥ "We thank Dr. ××× for his excellent report." ⑦ "I would like to make only one modest remark about …" ⑧ "Next we will hear from Professor ××× …" ⑨ "I would like to summarize …" ⑩ "I would like to say that I have been impressed by …"。

二、导言与结束语句

（1）导言语句：① "The title of our paper is …" ② "This report contains …, first, …; second, …; finally, …" ③ "In this paper, a new method of … is proposed." ④ "Our hypothesis is that …" ⑤ "The most important results are as follows …" ⑥ "In the introduction to our paper, I would like to …" ⑦ "I want to begin my presentation with …" ⑧ "The first thing I want to report about is …" ⑨ "First of all I would like to talk about …" ⑩ "My report aims at …"。

（2）结束语句：① "In closing I want to mention very briefly …" ② "The last part of my report will be devoted to …" ③ "In conclusion may I repeat …" ④ "In summing, I want to conclude that …" ⑤ "Summing up what I have said …" ⑥ "Before I close I would like to emphasize the importance of …"。

三、内容与致谢语句

（1）内容语句：① "In our paper, we proposed a new method.(novel structure) …" ② "This paper comments briefly on …" ③ "According to this theory, we can obtain that …" ④ "The most important results are as follows …" ⑤ "As far as I know …" ⑥ "As shown Fig. 1, we can see that …" ⑦ "It is a well-known fact that …" ⑧ "Let us have a closer look at …" ⑨ "Let me give an example of …" ⑩ "It should be pointed out that …" ⑪ "As an example I can suggest …" ⑫ "I am disposed to think that …" ⑬ "Basically, we have the same results as …" ⑭ "Let us consider what happens if …" ⑮ "It should be pointed out that …" ⑯ "It should be mentioned that …" ⑰ "Let us suppose that …" ⑱ "The author introduces the new concept of …" ⑲ "Our discussion will focus on the problem of …" ⑳ "The design of the experiments was to reveal …"。

（2）致谢语句：① "This paper would not have been presented if I had not received the encouragement of … and the beneficial discussions with …" ② "These works are supported by the Science Foundation … under the grant No. … and the project … under the grant No. …"。

四、提问与答复语句

（1）提问语句：① "I would like to know …" ② "Could the author tell us …?" ③ "May I ask you …?" ④ "I'm interested to know …" ⑤ "I have two brief questions …" ⑥ "I would like to ask you why …" ⑦ "Would you mind explaining how …?" ⑧ "Have you done any studies on …?" ⑨ "My next question relates to …" ⑩ "What could Dr. ×××explain about …?"

（2）答复语句：① "I would answer your questions as follows …" ② "The answer to the first question is …" ③ "I would like to answer your questions with …" ④ "Perhaps we'll meet and talk about this problem after report is over." ⑤ "Do you mind if I'll try to answer it later?" ⑥ "For this question, perhaps Dr. ××× could answer it better?"

第四篇

科研学习结合篇

　　学而后思不足，研而后知深奥。科研工作需要创新，而创新则需要不断汲取新知识，掌握新技能。因此，把科研与学习有机结合，就会更好地实现创新目标。本篇由第十二章和第十三章构成，重点论述研究性学习的基本概念、主要特点、模型构建、分类方式和重要作用；介绍研究性学习科研的内涵、模型运作及实现方式；论述课题组的结构组成、基本特点、建设原则、主要职责、有效管理、注意事项等；介绍科研关系及处理方式。同时，本篇还给出诸多经典科研示例并加以评析。

　　本篇指出大学阶段的特点（本科生——"现象学"，硕士生——"溯源学"，博士生——"方法论"）；提出对课题组有重要影响的八个结构，课题组建设五项原则及融入课题组的方式，"本科生科研方略""阅读专业文献四层次""科研三阶段训练法"；提出并建立一般学习模型、研究性学习模型、P-MASE 模型；提出教学与科研相融合、"双能型"教师、研究性教学层次论、研究性学习层次论、基于 P-MASE 模型的"五步学习法"、"对大学的新认识""用好用足大学资源""借力借势借智"等新观点。

第十二章

研究性学习科研

学而后思不足,研而后知深奥;学有所得,研有所获;学研结合,创新开拓。

——笔者题记

■ 第一节 研究性学习特点

高等教育是整个教育体系的龙头,而本科教育则是高等教育的主体。因此,在大学教育中提倡并鼓励学生进行研究性学习,有助于大学生获得亲身参与科研探索的体验,培养他们发现问题和解决问题的能力,培养他们严谨的科学态度和科学道德,培养他们对社会的责任感和使命感。

一、一般性学习

所谓一般性学习,在广义上是指一切在实践中获取知识与经验的过程,在狭义上则是指通常所说的在课堂上获取知识并全盘接受的过程,与研究性学习相对。学习是人类的重要能力之一,正因为拥有学习的能力,人类才能够传承先人的知识、经验甚至是理念,从而不断进步。

1. 关于学习的来历

最早探讨"学"与"习"的关系的学者当属中国古代伟大的思想家、政治家、教育家,儒家学派创始人孔子。《论语·学而篇》有言:"学而时习之,不亦说乎?"虽然这里的"学"和"习"尚未连接在一起组成一个复合词,但孔子揭示和强调了"学"与"习"的内在联系,即"学"是"习"的基础与前提,而"习"是"学"的巩固与深化。

最早把"学习"二字直接连在一起组成复合词的,是《礼记·月令》中的"鹰乃学习"。这里的"学"是指小鸟反复地学有关飞翔的知识,"习"则是指小鸟在练习飞翔。"学习"则是指小鸟不断实践,获得飞翔本领的过程。由此可见,学习是成长的需要,是一种"知行合一"的行动,也是心智、体力和技能养成及发展的必需过程。

2. 关于学习的内涵

学习,顾名思义。"学"者,泛指对知识及理论的汲取、积累,温故知新,方得真谛;

"习"者，泛指获取知识、经验的技能、技艺的实践过程，实践既出真知，亦长才干。学习的基本内涵包括如下一些内容。

（1）学习乃生存需要。学会自己学习的能力是未来最具价值的能力。如何学习或怎样学习，比学习什么更重要。学会学习乃生存之需要，当明确了要学习什么之后，怎样学习就变成关键问题，这包括态度、方法、习惯、思维、意识等要素，需要多加实践方可领悟。

（2）学习是一个过程。"学"是以获得间接经验为主的过程，"习"是在获得直接经验的同时对所获得的间接经验加以检验、丰富并完善的过程。凡属生物个体的经验获得过程，都可归于广义的学习范畴。

（3）学习必须讲究方法。学习方法因人而异，"善学者，师逸而功倍"，但要想收到好的学习效果，前提是学习者拥有良好的学习态度。从某种意义上说，态度决定一切。正所谓刻苦钻研，不畏艰难，努力探索，终成事业。

3. 学习的基本特点

学习最基本、最重要的特点，就是通过知识与经验的获得，引起个体心智与行为方式的变化，从而改善学习者的生存质量。环境变化，是引起学习的根本原因；渴求成长，是促进学习的强大动力。物竞天择、适者生存的自然法则，迫使各种生物不断地学习、不断地适应环境的变化，从而获得强大的学习本领和适应能力。自然界物种的千变万化和丰富多彩，也正源于此。

4. 一般学习模型构建

学习模型的构建与提取的学习因素有关。对于不同的学习因素，可以提出并构建不同性质的学习模型。一般的学习过程由学习需求、学习过程、学习获得等环节构成。笔者根据学习的特点及规律，分析并总结出一般性学习模型及运作过程，如图 12.1 所示。

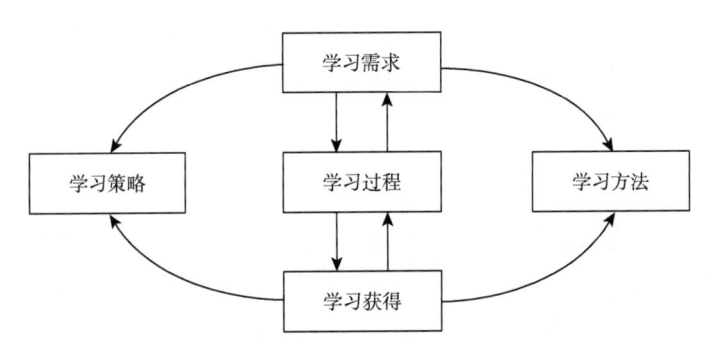

图 12.1　一般性学习模型及运作过程示意图

其中，学习需求是指学习者对知识、技能等的期望和要求；学习过程包括对学习模式、学习方式、学习途径的设计与实践；学习获得反映了学习者的学习感悟、学习成果等显见与潜在的学习收获。由图 12.1 可见，要想完成上述学习过程，达到预期的学习期望，一方面要按部就班地完成各阶段的学习任务；另一方面则需采取科学的学习方法，讲究学习策略，以便提高学习效率。

二、研究性学习

研究性学习作为一种学习方式，人们对其内涵的理解虽然是多样化的，但其实质是通过探究的方式，自主获得知识并从中提高发现问题、分析问题和解决问题的能力。面对信息化社会和知识经济的挑战，开展研究性学习是全面推进素质教育、培养创新精神、提高实践能力的一种重要举措。

1. 研究性学习内涵

研究性学习也称为探究式学习，它是指学生在教师的指导下，结合专业学习从自然、社会和生活中选择力所能及的一些专题进行探究，主动获取知识、掌握技能并能够有效解决实际问题的学习活动，实现从"学会→会学"到"智学→能做"的转变。研究性学习有广义与狭义之分。

（1）广义研究性学习。它（有时称创新性学习）是指一种学习的模式和理念，而不是一种特定的学习方式或学习活动，泛指学生对问题的探究及贯穿在各科、各类学习中的探索活动。其主要特征：一是以创新学习观为指导；二是以探究方式进行学习；三是注重学习过程的体验；四是带着问题去学习实践。

（2）狭义研究性学习。它是指一种特定的学习方式或学习活动，即学生在教师的指导下，从自然、社会和生活中选择和确定某些专题进行研究，并在研究过程中主动地获取知识、应用知识、解决问题的学习活动。其主要特征：一是与研究性课程相关；二是与传统方式相区别；三是注重学生个性培养；四是学生是学习的主体。

（3）研究性学习因素。研究性学习是师生共同探索新知的互动过程，是师生围绕待解决的问题共同完成学习内容的确定、研究方法的选择，以及为解决问题相互合作和交流的实践过程。研究性学习与诸多因素相关，这些因素及其互动过程如图12.2中标签与箭头所示。

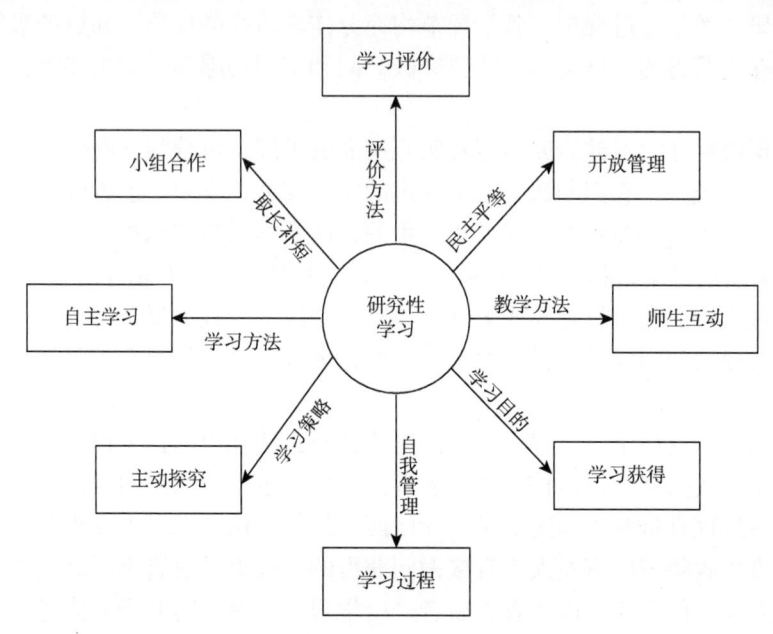

图 12.2 研究性学习互动过程示意图

2. 研究性学习基本特点

对于大学生而言，研究性学习具有如下一些基本特点。

（1）基于问题的探究。探索、研究是大学阶段研究性学习的主要特征之一。大学生在研究性学习的过程中扮演了问题解决者的角色，相对于被动的知识接受方式而言，这是一种学习方式的变革，主要表现在：一是学习始于问题；二是学习产生问题；三是学习解决问题。研究性学习让学生扮演着问题解决者的角色，从这个意义上说，这是一种学习方式的变革，是一种以教会学生"会学"为目的的学习模式。

（2）源自过程的体验。研究性学习注重问题的探究过程，即通过教学设计及提供研究环境，学生能够体验发现问题、分析问题和解决问题的完整过程，从中学习基本的分析方法，提高科研思维水平，掌握一定的研究技能。该过程具有如下重要意义：一是体验研究过程；二是学习科研方法；三是提高学习效率。

（3）注重个性化培养。研究性学习具有开放式、注重个性化培养的属性。研究性学习需要破除"权威""定理"的禁锢，以交互式研讨为手段，以个性化培养为目的，采取宽容的态度和开放的胸襟，倡导教师与学生、学生与学生的自由争鸣、民主协商与大胆的想象。为此，需要重视学习内容、学习方式、学习环境、教学设计、评价标准等方面的建设。

3. 研究性学习类型

研究性学习既可以表现为一种学习方式，也可以表现为一类课程；既可用于科学探索与研究，又可用于社会调查和探究。视角不同，对研究性学习的分类亦不同。

（1）根据研究性学习过程中体现的研究程度的深浅，可分为部分探究式学习和完全探究式学习两种类型。前者是指在研究性学习过程中，只有部分环节体现研究的性质，或者只在其中的某个环节加入研究性内容的学习，该类学习在专业课教学中较为多见。后者是指在研究性学习过程中，各个环节均充分体现研究的性质，知识的吸纳与方法的学习是通过探究获得的，该类学习需要突破时间和空间的限制，学生亦需具有主动的探索精神。

（2）根据研究性学习的研究内容及实施层面的不同，可分为课题研究型学习和项目设计型学习两种类型，它们均属于本书界定的完全探究式学习。前者以问题为切入点，以分析问题和解决问题为目的，以训练学生的科研基本素质和基本技能为目标，学习过程完全依照科研的基本过程进行，该类学习在设计性课程或者专题性实验课中较为多见。后者指学习过程按照项目设计模式来进行，是为解决一个较为复杂的问题而进行的方案设计，或者对提出的问题进行科学性及可行性论证等，该类学习常见于科技类的项目设计和社会性的项目设计。

（3）根据在研究性学习过程中获取研究信息及方法知识的自主程度，可分为接受式探究学习和发现式探究学习两种类型。前者是指学习过程中所需的研究信息及方法知识是从现有资料或现有资源（如图书馆、互联网、科技场馆等场所中以相关主题方式储存的资料）中直接收集或向有关人士直接询问获得的，该类学习属于被动式学习，是一种重要的学习方式，但需要加以改善。后者是指学习过程中所需的研究信息及方法知识不能从现有资料或现有资源中直接收集或向有关人士直接询问获得，必须经过观察、实验、调查、解析、研讨等活动过程，通过自己的整理、分析和提炼获得，该类学习属于主动式学习，应大力提倡和推广。

（4）根据在研究性学习过程中对新知识、新方法的发现及构建程度，可分为知识探究型学习和创新研究型学习两种类型。前者是指在学习过程中主动拓宽学习范围，吸纳新知识和新方法，获得对知识拓展及发展构建的体验，该类学习在研究性学习中属于基础层次，有助于激发学生的学习兴趣，了解新事物，拓展知识面，提高对"问题"的辨识能力。后者是指在学习过程中不断地发现问题，寻找解决问题的途径和办法，在新知识、新方法的发现及构建方面有所创造，从中获得对问题的探究体验，该类学习在研究性学习中属于高级层次，有助于培养学生的科研素质，提高其独立解决问题的能力。

4. 研究性学习模型

笔者根据多年的教学与科研经验，将探究实践引入一般学习模型，创新性地提出并构建了研究性学习模型，如图 12.3 所示。

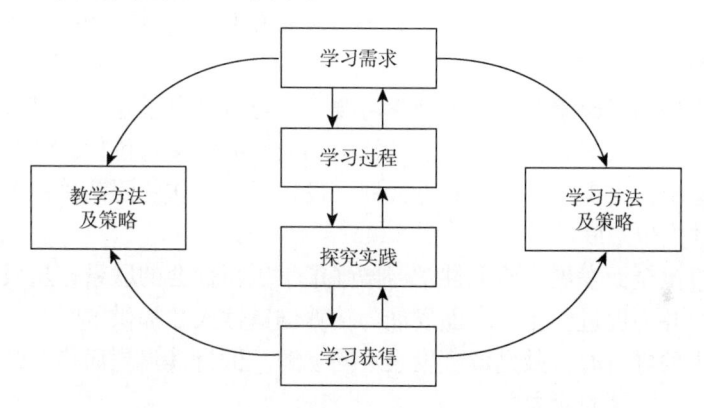

图 12.3　研究性学习模型及运作过程示意图

该模型以一般学习模型为基础，其中增加了探究实践及教师的指导因素（教学方法及策略），以研究性学习为实现途径，以掌握专业知识、学习科研方法为目的，将研究性学习与探究实践相结合，为学生学习并掌握基本的科研规程提供了一种有效的操作模式。

由图 12.3 可知，该模型在研究性教与学的师生互动交流中实现了逻辑统一和有机结合。教师采用非传统的研究性教学方式，以问题为出发点，以解决问题为目标，充分发挥探究实践在知识构建过程中的重要作用。学生采用的也是非传统的研究性学习方式，在教师的指导下，学习发现问题、分析问题与解决问题的探究方法和实操技能。

研究性教学要求教师将教学与科研相融合，教而不研则浅，研而不教则空，教学与科研要两手抓，成为"双能型"教师。研究性学习具有自主和探究的性质，并且通过设计课题研究的场景和环境，体验准科研的全部环节和过程，从中获得探究解决实际问题的经验，促进专业学习质量和效率的有效提高。该模型若配合网络教学资源，则可以设计并构建基于网络资源的研究性学习模型、网络环境下多元关联学习绩效模型等。

各高校可根据办学条件、师资力量、学生基础、人才培养定位等，制定本校需求的研究性教学与学习模式和实施方案，并按计划、分层次加以实施。为此，我们提出"研究性教学层次论""研究性学习层次论"，即研究性教学与研究性学习、探究式教学与探究式学习、探索式教学与探索式学习，从而有效提升教师教学能力，促进教学质量不断提升。

5. 研究性学习作用

当今社会，各大高校都较为重视对在校学生的研究性教育，许多大学生在本科期间就已经拥有了一定的研究性学习经历甚至是独立研究经历。参与研究性学习活动，对于学生的教育具有重要的意义。笔者认为，研究性学习具有如下一些重要作用。

（1）获取科研认知体验。研究性学习要求学习者通过参加科技实践活动，从中获得科研体验，逐步形成善于质疑、乐于探究、勤于动手、努力求知的积极态度，养成良好的科研作风、做事习惯和为人品格等。对初学者而言，多经历一些科研认知体验有助于今后从事研究工作。

（2）培养初步科研能力。研究性学习通过引导和鼓励学生自主地发现和提出问题、设计解决问题的方案、调查和收集资料、分析研究并得出结论、整理成果并开展交流活动，从而引导学生应用已有的知识与经验，学习和掌握一些科学的研究方法，培养发现问题和解决问题的能力。

（3）培养良好的科研素质。研究性学习要求学习者实事求是，严谨认真，通过科学实验和社会实践，深入了解科学对自然、社会和人类的意义与价值，学会关心国家和社会的进步，学会关注人类与环境的和谐发展，发扬乐于合作的团队精神，学会交流和分享，形成积极的人生态度。

（4）促进学生全面发展。研究性学习增强了学生与社会的联系，从根本上改变了学生的学习方式，并为促进学生的全面发展与培养创造性人才提供了时空上的保证。教师要注意满足学生的好奇心，鼓励学生发表不同见解，保持其强烈而稳定的学习兴趣，促进其提高独立解决问题的能力。

第二节 学习与科研结合

研究性学习的过程不仅体现学习科学真理的认识过程，更应当体现发现科学真理的研究过程。登高者往往需要借助梯子才能远望，尽收风光于眼底。而从研究性学习中获得的科研方法，则可作为更上一层楼的"梯子"。当代的大学生需要通过不断的学习（特别是研究性学习），将学习与科研相结合，让自己的科研素质不断得以提升，为从事科研工作打下坚实的基础，也为后续的发展积蓄更强大的动力。

一、大学三个基本阶段及特点

大学学习一般可分为三个基本阶段，即本科生阶段、硕士生阶段和博士生阶段，而硕士生阶段和博士生阶段又统称为研究生阶段。大学阶段的学习因其阶段不同，所设置的目标亦有所不同。于是，与各个阶段的培养要求相适应，大学生选择的学习方法和科研策略亦有所差异。

笔者根据自身多年的教学与科研经验，分析并提出了大学三个基本阶段的特点，下面分别具体阐述。

1. 本科生阶段特点

本科生阶段以学习知识为主要目的。本科生正处于学习方式由教师传授为主到自我学习为主的转化阶段，对知识的学习是为解释自然和社会发生的现象而进行的。从这个意义上说，本科生阶段具有"现象学"的特点。在本科生阶段，对知识的学习仅仅是基本要求，更重要的则是学习分析问题的思维和方法，逐步获得探索世界、独立解决问题的能力。本书恰恰能够为本科生提供一些非常必要的研究方法和基本技能，为本科生尽快了解科研工作过程、从事科研工作做好方法上的准备。

2. 硕士生阶段特点

硕士生阶段以探索和研究未知为目的。在硕士生阶段，对知识的学习是为研究而进行的，重点在于探究事物的本质属性。从这个意义上说，硕士生阶段具有"溯源学"的特点，该阶段是真正务实的研究性学习阶段。在硕士生阶段，学生需要学习并掌握基本的科研方法和科研技能，通过参加课题研究，积累研究经验，锻炼从事科研工作的能力。

近年来，国内外的一些重点高校对研究性学习给予了特别关注，一些原本安排在硕士生阶段实施的科研方法与科研技能训练计划，也提前在高年级本科生中实施。该计划的实施目的在于使本科生早日了解科研的基本知识和基本过程，提前获得科研基本技能的训练体验，激发他们的科研兴趣，树立严谨求实的科学精神。笔者带领研究性教学团队面向全国高校开设的国家级线上一流本科课程"科研方法论"，正是适应了在校大学生经历规范、系统性科研训练这一实际需要。

3. 博士生阶段特点

博士生阶段以科学研究和技术创新为目的。在博士生阶段，对知识的学习是为研究领域的扩展和科研技能的提高而进行的，科研工作的开展需要讲究方法和策略。从这个意义上说，博士生阶段具有"方法论"的特点。在博士生阶段，要想获得属于自己的创新性研究成果，就必须在科研工作中自觉、灵活、有效地运用科研策略去发现新问题、解决科学问题。现代科学发展迅速，已出现诸多分支及交叉学科，而每一门学科都有其独特的科研方法具体指导其科研工作。目前，国内外一些重点科研院所为博士生开设专门的科研方法课程或安排相关讲座，这些安排在指导博士生从事课题研究方面发挥了重要作用。对于博士生而言，多了解其他学科与领域的科研方法，有助于在课题研究中触类旁通、融会贯通，促进其早出成果，出高质量的创新成果。

高等教育的快速发展，进一步促进了大学功能的增强，为此需要有对大学的新认识。归纳起来主要有：一是大学是促进绩效学习的环境；二是大学是养成综合素质的场所；三是大学是塑造人才个性的熔炉；四是大学是培训基本技能的平台。同时，大学又具有丰富的资源，如何用好、用足大学资源？需要注意以下四个方面：一是大学的硬件和软件资源；二是大学的有形和无形资源；三是大学的以往和现代资源；四是大学的显性和隐性资源。

二、以研究性学习方法做科研

研究性学习的过程伴随着对科研方法的学习和掌握，而科研方法的实践反过来也会促进研究性学习质量和效率的提高。二者是相互联系、相互促进的辩证关系。那么，如何将研究性学习与科研方法有机地结合起来？如何在研究性学习过程中引入科研实践环节，使学生学习并掌握基本的科研方法？笔者采用系统论、控制论和信息论方法，依据科研规程和方法进行建模分析，并探索其实际应用。

（一）模型构建

以研究性学习方法做科研的过程遵循着一定的规则和程序。笔者将科研规程和方法引入学习过程，探索构建了研究性学习科研的 P-MASE 模型，该模型是研究性学习模型的典型代表，包括 P-引入问题（problem）、M-寻找方法（method）、A-科学分析（analysis）、S-有效解决（solution）、E-效果评价（evaluation）五个要素，以此可创建研究性学习科研的"五步学习法"。大量的学习实践表明，在学习中借鉴科研方法并采用 P-MASE 模型"五步学习法"进行科研训练，能够有效实现学习过程探究化的目标。

P-MASE 模型有钻石型、递进式、闭环式三种基本构型，如图 12.4 所示。在此基础上，可以衍生拓展为适用解决复杂问题的循环嵌套、开放发展的复合式模型，如螺旋式模型等。

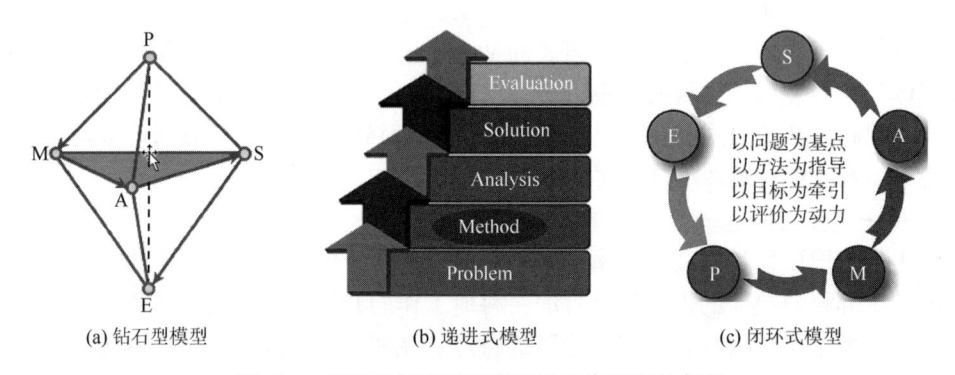

(a) 钻石型模型　　(b) 递进式模型　　(c) 闭环式模型

图 12.4　研究性学习科研模型及运作过程示意图

以此为基础，各高校可根据办学条件、师资力量、学生基础、学科专业特色、人才培养定位等，制定本校需求的研究性学习科研实施方案，促进大学生学习能力不断提升，有效提高各类课程的学习绩效。同时，教师采用 P-MASE 模型，还可以设计实施研究性教学"五步教学法"。

P-MASE 模型的内涵与研究性学习要求相一致，并与研究性教学的本质相匹配。通过实施基于 P-MASE 模型的研究性教学设计和研究性学习应用，可以实现"教有所得，学有所获，教学相长，创新开拓"。P-MASE 模型源于科研，在用于教学设计和指导学习过程中，既有效促进了教学与科研的融合，同时也密切了师生教与学的关系，在教学研究和课程建设、教材编著与出版、学科交叉与专业建设、教研成果凝练申报、本科创新与科研训练、教书育人与课程思政、人才培养与科学管理等方面均发挥了重要作用，并收到明显成效。

（二）实现方式

研究性学习科研模型的构建是实现研究性学习科研的第一步，也是理论指导实践的基础性工作。要实现研究性学习科研的目标，尚需设计并制订可供具体实施的操作方案。

在研究性教学模式的设计及实践中，笔者十分重视对学生科研技能的训练与提高。本书第三章提出的"问题三层次分析法"是引导大学生体验科研实践的第一步。而真正进入科研大门，还需要"第一课堂"（从课堂或书本获取科研基本知识）与"第二课堂"（通过参加科研实践提高研究技能）的有机结合，方能实现。为此，笔者提出并设计了"科研三阶段训练法"，为解决这一问题探索出一条可行之路。

1. 科研基础准备

科研基础准备是科研训练的第一步。该阶段需要解决的问题是明确动机、知识学习和方法掌握。对想要参加科研实践的大学生，要让他们明确：自己从事科研实践的动机是什么？是否真的愿意参加科研实践？是否学有余力？是否有足够的时间去实验室或课题组参加科研活动？是否对在科研工作过程中可能遇到的困难或阻碍做好了足够的思想准备？等等。

专业文献阅读是科研基础准备的一项重要内容，这里提出"阅读专业文献四层次"观点：一是读得懂，如模型理论、公式图表、调查实验、分析过程、研究结论等；二是读出精彩，如探索思路、科研方法、技术手段、破解技巧、表述方式等；三是发现问题，即文献中没有解决好或尚未解决的问题等；四是寻求方法有效解决，即针对文献存在的问题，寻求科研方法制订方案并有效加以解决。为此，有针对性地布置专业文献阅读选译，能够迅速提高学生对专业知识的学习和理解，学习发现问题的方法和技巧。对于外文专业文献阅读包括两个方面：一是阅读，即阅读包括书籍、文章、报道等专业文献，主要目的在于扩大学生的知识面，是为学生了解科研的最新发展而布置的，这是对所有学生的要求；二是选译，即从上述专业文献中摘编精选出部分具有代表性的精彩部分，以科研小组为单位对其进行翻译，要求对翻译的内容进行归纳和概括。教师除对翻译作业给予统一讲评之外，还要从中选出高质量的翻译作业安排学生课堂交流，激励学生创造性地完成指定的专业文献阅读选译作业。

例如，笔者在讲授"光纤光学"这门专业课的过程中，结合课程教学内容，精心布置了由资深专家推荐的国外经典专业文献阅读选译大作业，要求每个课程小组在完成翻译后，对内容进行归纳、概括，在课程结束前以课题组报告的方式安排各个小组集体交流。这项措施既调动了学生学习钻研的积极性，又训练了学生查询获取科研信息的技能。特别是小组交流这一环节，能够更好地培养学生之间的团队精神，树立合作与互助的意识，为他们将来从事科研工作培养良好的科学素养，打下坚实的知识、方法与技能的基础。

科研工作是一种艰苦的探索性劳动，没有扎实的专业知识，不了解科研的基本过程，不掌握基本的科研技能，就无从做起。为此，教师可通过开设有关科研及方法论方面的课程（如开设科研方法论课程、举办研究性学习与科研方法专题报告或讲座等），使学生能够比较系统地学习一些有关科研的基础知识、工作过程与注意事项，掌握基本的科研程序和步骤，以及进入实验室或课题组应注意的事项等，为大学生进入科研领域打下必要的知识和方法方面的基础。

2. 科研模拟训练

科研模拟训练是科研训练的第二步。在该阶段，通过设计准科研的模拟训练过程，使大学生经历科研的一般过程，从中体会课题研究的各个环节，使他们对科研工作有一个较为完整的印象，获得一些感性的、切实的研究体会，积累一些科研经验，为进行真正的科研工作做好准备。在本科学习阶段，对知识的学习与储备是必要的，但更重要的是对科研方法和思维方式的学习与实践。教师要设法提供一些机会（如引导学生参加课外科技活动等），或者创造一些场景（如设计一些科研的主要过程及模拟环境等），使学生能够从中获得"研究性"的学习及"准科研"的训练。

笔者根据长期的教学经验，把课程大作业作为一种有效的科研训练形式。课程大作业的要求如下：一是课程大作业可采用研究论文、开题报告、研究设计书、问题探索、科研实践、学习体会等类型提交；二是课程大作业完成后以纸质或电子文件提交均可，但必须通过自己的努力完成；三是严禁照抄照搬期刊或网络上的文章、设计及原始材料，一经发现查证，必将给予严肃处理；四是对于完成质量很好的课程大作业，采取一定的鼓励措施（如精选15%左右的课程大作业予以表扬，主要完成者有机会到讲台演讲交流）。此外，对于精选的优秀课程大作业，教师将予以收录，上传至课程网站供以后选课的学生浏览和研习。

为保证课程大作业质量，需要加强过程监控。组建课程科研小组，并在小组之间开展交流活动，可以对课程大作业进行有效监控和管理。组建课程科研小组的要求是：根据学生的专业特点、兴趣爱好、特长等，在主讲教师的指导下，组建若干个课程科研小组。课程科研小组一般由2~5人组成，对于低年级的同学，人数可以适当调整，也可以组建类似的学习研讨小组。课程科研小组一般在课程开设初期即可组建，由主讲教师提供一些具有探索意义及启发创新意识的"研究性"问题，要求每个课程科研小组确定一个选题。这些题目可由教师指定，亦可自行选题，最后由教师确认。根据笔者多年的教学经验，组建课程科研小组可以调动大多数学生学习、探索的积极性，能够培养学生的组织意识并树立团队精神，也是具体实施研究性教学的有效组织方式。教学实践表明，绝大多数学生是非常喜欢这种课程科研小组的形式和运作方式的。

3. 参加课题研究

参加课题研究是科研训练的第三步。在该阶段，大学生通过进入实验室或课题组参加实际课题研究，从中得到真正的科研训练。为了培养大学生的科研意识和创新精神，提高他们的科研技能，教育部与各高等院校提供了多种适合大学生参加的科研项目。在校的大学生有诸多机会参加科研课题的研究，经受科研过程的锻炼。例如，南开大学在校本科生承担或参加的科研项目有国家大学生创新性实验计划、国家级大学生创新创业训练计划（包括创新训练项目、创业训练项目和创业实践项目三类）、天津市大学生创新创业训练计划项目、南开大学本科生创新科研"百项工程"及各院（系）设立的本科生科研项目和活动等。此外，大学生通过选修某些关于研究性学习的课程，也能够得到科研训练。

例如，笔者在讲授"科研方法论"课程时，指导每个班的学生组建20个左右的科研小组，各小组根据教师提供的"研究性"问题进行选题或者自行选题，然后进行集体讨论，收集相关资料。科研小组的成员密切合作，发挥每个成员的积极性和创造性，共同完成既定的课题任务。参加本课程学习的本科生，将科研知识用于发现和解决专业问题。

在结课后,他们纷纷组队申请并立项了省部级、校级创新创业项目,在专业教师的指导下潜心钻研,协作攻关,分别获得中国国际"互联网+"大学生创新创业大赛一等奖、"挑战杯"全国大学生课外学术科技作品竞赛一等奖、天津市大学生课外学术科技创新特等奖等重要奖项,其中部分毕业生目前已经成为科研院所科研和教学的带头人或骨干、企事业单位技术研发及科学管理领域的负责人或中坚力量。

三、本科生科研方略

(一)基本方略

对于在校的本科生而言,参加课题研究应该采取什么样的方法和策略呢?笔者对此的建议是:知识吸纳,技能训练;有限目标,量力而行。

目前,国内一些研究型大学采取了多项鼓励大学生参加科研实践的措施,并设立了针对本科生参加科研项目的基金,如北京大学的"本科生科研基金"、"校长基金"、"冠名基金"(如箐政基金、泰兆基金等),清华大学的大学生研究训练计划(students research training,SRT),南开大学的本科生创新科研"百项工程",复旦大学的本科生学术研究资助计划(如望道项目、箐政项目、曦源项目等),中国科学技术大学的"大学生研究计划",华中科技大学的 Dian 团队,武汉大学的大学生科学研究基金,等等。此外,高校中的许多课题组也在不断地吸纳本科生,为大学生参与科研实践提供更多的训练机会。因此,在校本科生如果希望参与课题研究或是自己申请课题,现有的条件与政策完全可以满足相应的需求,每个人都有参与科研工作的机会。

(二)基本条件

笔者认为,作为本科生,要想进入课题组参加科研实践,至少需要具备以下三个基本条件。

(1)要有足够的时间在课题组做研究。学有余力,并能经常参加课题组活动,如课题组会、做实验、课题研讨、学术交流等,这是保证本科生正常参加科研实践的前提条件。这一点非常重要,尤其是大学一年级或大学二年级的本科生,在申请进入课题组之前,需要认真衡量自己是否满足这一条件。对于那些有很多课程待修、计划攻读第二学位及参加辅修课程的本科生,若感到学习压力较大,课业负担较重,笔者建议暂缓或待完成相关学业任务后再考虑参加科研实践。

(2)要有很强的自学能力和吸纳本领。自学能力和吸纳本领是本科生参加课题研究的基本条件之一,也是进入课题组参加课题研究的必然要求。一般而言,课题组中除了导师之外,主要成员为博士生、硕士生。有些课题组(如笔者所在的课题组)把参加课题研究的本科生也纳入课题组的管理体系之中,指导教师每学期会安排本科生定期报告课题的研究进展。怎样写实验报告?如何在课题组会上做报告?能否把所研究的问题表述清楚、表征到位?遇到新问题怎么办?面对科研阻碍如何消减?这些都是对本科生的实际考验。

(3)要有良好的沟通融入和协作能力。具备良好的人际沟通能力和融入课题组的方式技巧,也是本科生参加课题研究的基本条件之一。本科生进入课题组只是参加课题研究的第一步,更重要的一项工作则是与导师(包括课题组其他老师及助手)、学长(博士后、博士生、硕士生、本科生)加强联系并有效沟通,在此基础上,尽快融入课题组并逐步进入研究状态。现代科研的一个重要特征是团队协作攻关,个人的能力固然重要,但科研中的重大发现和疑难突破则必须依靠集体的智慧和力量才有望实现。正所谓:一人进百步,不如百人进一步。

第三节 经典科研示例

科研是一个艰苦的探索过程。历史上有许多伟大的发现和发明,其产生过程充满了曲折和传奇。对这些事件加以仔细分析,将给我们以莫大的启发和教育。

以下是国内外科学家的经典科研示例的摘编。通过这些示例,可以对科学家的工作进行分析,对科研过程中的某些要点、技巧有所了解。

一、正确选题示例

选题是科研的第一步,具有战略性和全局性的特点。对自己的研究能力与优势有正确的判断与把握,在自己所拥有的能力和条件的基础上进行正确的选题,往往能够保证科研方向的正确,最终得到满意的研究成果。

【例 12-1】 X 射线的发现。

1895 年 11 月 8 日,德国物理学家威廉·康拉德·伦琴(Wilhelm Conrad Röntgen,1845~1923 年)在一次偶然的机会中,意外地获得了一项震惊世界的科学发现,即 X 射线,从而成为世界上第一位获得诺贝尔物理学奖的人。事实上,在伦琴发现 X 射线之前,除英国物理学家威廉·克鲁克斯(William Crookes,1832~1919 年)外,还有不少人在使用克鲁克斯管时,也曾发现密封完好的照相底片感光了。然而,在相当一段时间内,无人认为这种现象值得研究,即不认为它可以构成一个科学问题。但伦琴是一个有准备头脑的人,他善于观察实验,留心意外之事,以其敏锐的识别能力抓住该现象,并一直跟踪深入研究下去,从而做出了惊人的重大发现,为现代医学的诊断与检测奠定了技术基础。

【例 12-2】 中子的发现。

中子作为组成原子核的核子之一,从预言存在到正式宣布被发现,前后经历了 12 年。欧内斯特·卢瑟福(Ernest Rutherford,1871~1937 年)在 1920 年从理论上预言了中子的存在,但两次错过了发现中子存在的机会。德国物理学家瓦尔特·博特(Walther Bothe,1891~1957 年)在 1930 年与其合作者在研究人工核反应时,发现了一种穿透力极强的射线,但因误认为是 γ 射线而与中子发现擦肩而过。居里夫人与其丈夫约里奥·居里(Joliot Curie,1900~1958 年)在 1932 年重复了这一实验,但因其未能深入探究而止步于中子发现之途。同一年,英国物理学家詹姆斯·查德威克(James Chadwick,1891~1974 年)吸取了上述教训,在重复居里夫妇实验后深入、细致地研究了这种射线,最终发现了中子,并于 1935 年获得诺贝尔物理学奖。

二、团队合作示例

科研工作者个人的能力是有限的,甚至一支科研团队的能力都是有限的。正所谓"术业有专攻",一个科研工作者或一支科研团队一般仅对某一方面有深入的了解。随着社会的飞速发展,现代科研和大规模技术开发已经成为一种高强度、快节奏的集体行为。一项重大课题的组织和研究,单靠一个或几个人是很难承担的,甚至一支科研团队也未必能够独自担当,需要多个团队分工合作,各自做好擅长的一方面,并且保持相互联络与交流,方能圆满完成。在当今社会,良好的团队意识与合作精神,已经成为一个科研工作者必备的能力。

【例 12-3】 哥本哈根研究团队。

量子论的建立是 20 世纪初科学革命的重大事件,它引起了人们自然观的革命,也引起了整个物理学和现代科学的革命。这场革命的发起和完成,虽然包含了许多来自世界各地的科学家的共同努力,但主要还是依赖于由尼尔斯·亨利克·戴维·玻尔(Niels Henrik David Bohr, 1885~1962 年)领导的哥本哈根学派。量子力学的创立不是哪一个人的功绩,而是来自不同国度的诸多科学家共同努力的结果。科学家群体通过交流、切磋、争论和启发,使一些创造性的火花点燃出真理的火焰,进而熔铸出辉煌的成就。但是,在科学团队中,学术带头人的作用至关重要。作为哥本哈根团队的核心、灵魂和舵手,玻尔具有非常优秀的品格,他善于吸引、团结和组织一批年轻而有才华的青年学者,并带领他们一道去探索微观物质的运动规律。在哥本哈根大学的理论物理研究所,先后有许多年轻的科学家在这里学习和从事研究工作,其中后来获得诺贝尔奖的科学家就有十余位。

【例 12-4】 宇称不守恒实验。

华裔物理学家杨振宁(1922~)、李政道(1926~)两位教授由于发现"弱相互作用下的宇称不守恒"原理,共同获得 1957 年的诺贝尔物理学奖。两位物理学家欲解开"τ-θ"之谜,最初考虑在常规理论框架内解决,但未获成功。后来他们认识到:与一般所确信的宇称守恒定律相反,在粒子的弱相互作用中,有可能出现宇称不守恒的现象。为此,他们对以往能够证实宇称守恒的实验逐个认真仔细地检查,发现这些实验都是在强相互作用下完成的,而以往所有关于弱相互作用的实验对宇称守恒的问题都不能给予明确的回答。于是,他们提出在弱相互作用下宇称可能不守恒的科学假设。为了验证提出的科学假设,杨振宁和李政道提出了三个切实可行的实验验证方案,其中一个就是 β 衰变实验。

大胆的假设需要过硬的实验证据,美籍华裔物理学家吴健雄(1912~1997 年)教授承担了这项实验工作。她精通 β 衰变实验,设计了一个十分精巧的实验,选定极化的钴 60 核作为试样,在极低温条件下(0.01 开尔文),以其精湛的实验技术提供了清晰的物理图像,证实了上述假设,实现了物理学史上理论物理学家与实验物理学家最杰出的一次合作。

三、有序对称示例

自然界的美丽突出地表现在大量事物的有序与对称上，同样地，自然界的许多规律也是建立在有序与对称的基础之上的。历史上许多重要的科学发现，就源于对已知事实和规律的有序化与对称化操作。

【例 12-5】 发现元素周期律。

科学的任务就是从混乱的现象中追求有序的本质。在元素周期律被发现之前，化学家已经发现了 63 种元素，可是它们之间似乎没有任何联系。虽然有人提出过"三素组"的现象与"八音律"的假说，但是这些猜想要么没有普遍性，要么错漏颇多，无法经受住事实的检验。俄国著名化学家门捷列夫认为，混乱中有秩序，无序中存有序，应当从无序中追求有序。他依据物质的变化是有序的理念，坚信"在元素的质量和化学性质之间一定存在着某种联系，物质的质量既然最后成为原子的形态，因此就应该找出元素特性和它的原子量之间的关系"。方向已定，道路正确，门捷列夫开始了不懈的探索：他采用各种形式寻找元素形式与原子量之间的关系，如用纸牌进行各种组合尝试，将每种元素的名称和性质制作成一张纸片，进行各种形式的排列。功夫不负有心人，门捷列夫终于在 1869 年找到了一个有序、和谐的化学元素体系——元素周期律。根据元素周期律，门捷列夫预言了当时还未知的 11 种元素。数年后，其中的几种元素被人发现，其性质与门捷列夫的预言惊人的相似。元素周期律的发现，使人们对化学元素的认识飞跃到一个崭新的阶段。

【例 12-6】 预言并发现反粒子。

英国物理学家保罗·狄拉克（Paul Dirac，1902～1984 年）提出反粒子理论，是从研究量子力学的相对论效应并发现其中所潜藏的科学问题开始的。1928 年，他从相对论和量子力学的一般原理出发，提出了一个描述单个电子运动的相对论性量子力学方程——狄拉克方程。但是，该方程有两种解，即正态解（粒子的总能量为正）和负态解（粒子的总能量为负，且存在无穷多的负能态）。并且，正能态和负能态的分布是完全对称的。为了解释负能态问题，狄拉克在深入分析后预言：自然界中存在一种与电子性质相同但具有相反电荷的粒子——正电子。果然，1932 年，美国物理学家卡尔·大卫·安德森（Carl David Anderson，1905～1991 年）在云室中拍到了正电子照片，证实了狄拉克的预言。

20 世纪的粒子领域，是一个充满了神奇魅力的世界。继安德森发现正电子之后，1934 年，居里夫妇证明，能量超过 50 万电子伏特的两个光子相遇，会转化为电子对；1955 年，美国物理学家埃米利奥·吉诺·塞格雷（Emilio Gino Segrè，1905～1989 年）和欧文·张伯伦（Owen Chamberlain，1921～2006 年）发现反质子；1956 年，美国物理学家布鲁斯·考克（Bruce Cork）又发现了反中子；1960 年，中国物理学家王淦昌（1907～1998 年）小组和美国物理学家路易斯·沃尔特·阿尔瓦雷斯（Luis Walter Alvarez，1911～1988 年）小组同时宣布发现了新的反粒子——反 Σ^- 超子和反 $\overline{\Lambda}$ 超子。到了 20 世纪六七十年代，从理论上推测应该存在的各种反粒子都已找到，自然界逐渐显示了它在质量与电量上的对称性。1965 年，产生了第一个反物质——反氘；1971 年，在极短的一瞬间产生了一种反氦的原子核。随着科技手段的进步，在反物质领域，人们不断地取得新的发现。

四、捕捉机遇示例

【例 12-7】 电话机的发明。

1875 年 6 月 2 日是一个令人难忘的日子，苏格兰裔美国科学家亚历山大·格拉汉姆·贝尔（Alexander Graham Bell，1847～1922 年）和助手沃森在进行讯号共鸣箱的试验，该试验已重复了上百次。试验中，沃森使这些发出讯号的振动膜轮番振动，试图使接收振动膜发生共鸣；贝尔则靠听觉判断是否产生共鸣，他逐个将那些薄膜放到耳旁，仔细辨听由电流脉冲而产生的声音，但效果不理想。连续 16 小时的紧张工作，使沃森精疲力竭，他精神恍惚地发着讯号。当时，贝尔仍像平时一样工作着，全神贯注、聚精会神地收听着。突然，他听到了一种断断续续的声音，那是从颤动着的振动膜里发出来的。贝尔当即断定，这不是那种由脉冲而产生的声音。整个这一切只不过是一瞬间的事情，但这是真正认识电话机原理的一瞬间。贝尔知道，他终于找到了很长时间没能找到的那把解开谜底的钥匙。于是，贝尔立即询问沃森是怎样做的，他要看到整个过程。沃森开始解释，当他要接通振动膜时，由于没有调整好螺旋接点，未能把仪器接到电路上。为排除故障，沃森扯动膜片使其振动，而这正是贝尔在接收器里听到的颤音。贝尔立刻意识到，电磁铁上的振动簧片使螺旋线产生了电流。这样一来，接收器收到的不是从仪器发出的电脉冲信号，而是感应电流，这种电流是由弹簧片的振动产生的。于是，贝尔抓住了机遇，电话机的原理就在这一刻被揭示出来了。

【例 12-8】 青霉素的发现。

青霉素是抗生素的一种，是从青霉菌培养液中提制的药物，是第一种毒性很小又能有效杀菌的抗生素，从其发现到量产经历了 14 年。青霉素的发现者是英国细菌学家亚历山大·弗莱明。1928 年的一天，弗莱明在他的一间简陋的实验室里研究导致人体发热的葡萄球菌。由于盖子没有盖好，他发觉培养细菌用的琼脂上附了一层青霉菌。这是从楼上的一位研究青霉菌的学者的窗口飘落进来的。使弗莱明感到惊讶的是，在青霉菌的近旁，葡萄球菌忽然不见了。这个偶然的发现深深吸引了他，他设法培养这种霉菌进行多次试验，证明青霉素可以在几小时内将葡萄球菌全部杀死。弗莱明据此发明了葡萄球菌的克星——青霉素。1929 年，弗莱明发表了学术论文，报告了他的发现，但当时未能引起重视，而且青霉素的提纯问题也还没有得到解决。

1935 年，英国牛津大学生物化学家厄恩斯特·鲍里斯·钱恩（Ernst Boris Chain，1906～1979 年）和物理学家霍华德·沃尔特·弗洛里（Howard Walter Florey，1898～1968 年）对弗莱明的发现大感兴趣。钱恩负责青霉菌的培养和青霉素的分离、提纯和强化，使其抗菌力提高了几千倍，弗洛里负责对动物观察试验。至此，青霉素的功效得到了证明。青霉素的发现和大量生产，拯救了千百万肺炎、脑膜炎、脓肿、败血症患者的生命，及时抢救了许多伤病员。青霉素的出现，当时曾轰动世界。为了表彰这一造福人类的贡献，弗莱明、钱恩、弗洛里于 1945 年共同获得诺贝尔医学或生理学奖。第二次世界大战促使青霉素大量生产，1943 年，已有足够青霉素治疗伤兵；1950 年，青霉素的产量可满足全世界需求。青霉素的发现与研究成功，成为医学史的一项奇迹。青霉素从临床应用开始，至今已发展为第三代。

五、数学应用示例

数学是自然科学最基本的工具，数学方法也是自然科学中最基本的研究方法之一。要想从大量直观的现象中总结出普遍的规律，数学工具是必不可少的。自然科学中的大量规律，都是应用了数学方法才得以总结出的。

例如，原子光谱中谱线波长公式的提出，就是数学应用的一个典型示例。1884 年，有人把氢光谱在可见光范围内的 4 条谱线的波长数据告诉了瑞士的一位数学教师约翰·雅各布·巴尔末（Johann Jakob Balmer，1825～1898 年），希望他能通过这 4 条谱线的波长数据找出氢光谱的分布规律。巴尔末特别擅长建立数字之间的关系，经过认真分析研究，于 1885 年公布了后来以他的名字命名的公式：

$$\lambda = B \frac{n^2}{n^2 - 4}, \quad n = 3, 4, 5, 6, \cdots \qquad (12.1)$$

式中，B 是常数，等于 3 645.6 埃（1 埃 =10^{-10} 米）。4 条谱线的波长分别是 $n = 3$，4，5，6 时的数值，这与埃施特勒姆的精确测量值相当一致，误差不超过 0.02%。尽管巴尔末对第 5 条谱线一无所知，但根据公式（12.1）推算，其波长应该是 $n = 7$ 的计算值。第 5 条谱线很快被发现，并且与巴尔末预料的波长完全一致。后来，人们又在紫外区发现了 9 条谱线，它们都与公式（12.1）的计算值能很好地符合，误差不超过 1%。据此，巴尔末进一步预言，当 $n \to \infty$ 时，谱线应越来越密集，最后的收敛限 $\lambda = 3\ 645.6$ 埃。这一预言也被后来的发现证实。

1890 年，瑞典物理学家约翰内斯·罗伯特·里德伯（Johannes Robert Rydberg，1854～1919 年）将巴尔末公式改变为

$$\frac{1}{\lambda} = \frac{4}{B} \left(\frac{1}{4} - \frac{1}{n^2} \right) \text{ 或 } \frac{1}{\lambda} = R_H \left(\frac{1}{2^2} - \frac{1}{n^2} \right) \qquad (12.2)$$

式中，$R_H = \frac{4}{B} = 1.096\ 775\ 8 \times 10^7$ 米$^{-1}$，称为里德伯常数；n 是比 2 大的所有整数。这一系列谱线被称为巴尔末线系。后来，人们将公式（12.2）进一步推广为如下的广义巴尔末公式：

$$\frac{1}{\lambda} = R \left(\frac{1}{m^2} - \frac{1}{n^2} \right) \qquad (12.3)$$

式中，m 取固定正整数；n 是大于 m 的正整数；当 m 取不同值时，公式对应不同的谱线系。其后，莱曼系（$m = 1$）、帕邢系（$m = 3$）、布拉开系（$m = 4$）、普丰德系（$m = 5$）等氢光谱系被陆续发现。1908 年，里兹提出"合并原则"，把广义巴尔末公式表示为

$$\frac{1}{\lambda} = T(m) - T(n) \qquad (12.4)$$

式中，$T(m) = \frac{R}{m^2}$，$T(n) = \frac{R}{n^2}$，它们均被称为光谱项。公式（12.4）具有简明且物理意义清晰等特点。

式（12.4）在物理学发展中还有一个重要作用，它是导致玻尔理论诞生的一个相当重要的因素。玻尔对此赞叹道："我一看见巴尔末公式，就全部都清楚了。"当然，公式（12.4）

本身并不能完全反映其中蕴含的物理意义，而这一目标直到玻尔理论建立后才得以实现。

六、近代物理启示

19世纪中叶，一些物理学家从麦克斯韦对分子运动的研究中发现，经典物理的能量均分定理与实验不符；到19世纪末，X射线和放射性的发现，直接与当时经典理论对能量守恒的理解相悖；而电子的发现则更严重地冲击了原子不可分与元素不可变等传统的物质结构概念。面对这些新发现，当时绝大多数物理学家坚持原有的经典物理信念，就连提出"能量子"概念的德国物理学家普朗克也对量子理论产生了犹豫，并徘徊在经典物理与近代物理的交界处而止步不前。当时，年轻的物理学家爱因斯坦以其敏锐的科学洞察力，开始探索这个重大的矛盾，引入了"光量子"概念，建立了光电效应方程，提出了光的波粒二象性，成为近代物理学的开创者和引路人中的杰出代表。

古语云："以铜为镜，可以正衣冠；以古为镜，可以知兴替。"19世纪与20世纪之交的近代物理学革命，在科研选题方面给我们以深刻的启示。

（一）积聚引发突破

科学的发展并非直线型的，而是波浪式的。科学的发展需要积累，即把不同类型的知识积聚到理论构架之中，在积聚的过程中，不同的知识相互碰撞、相互渗透、相互制约。经历严格的理论和实践检验后，符合事实的知识被保留下来，作为人类知识的精华被传承使用并发扬光大；那些被证明与事实相悖的知识，则被无情地淘汰掉。科学的发展既不是一些定律的简单汇集，也不是诸多令人震撼事实的合并。从科学史的角度考查，科学发展是知识、现象积聚到一定程度后，由科学观念的引导而引发的科学变革或革命。

1. 科学发展模式的提出

20世纪60年代初期，托马斯·塞缪尔·库恩（Thomas Samuel Kuhn，1922~1996年）通过对科学史的多年潜心研究，在他的《科学革命的结构》一书中提出了一种科学发展模式。库恩认为，科学并非以某种不变的速率在发展。在科学发展的周期中，存在着相对较长的"常规科学"时期，而科学变革过程相对较短。其间，变革前占优势的思想规范（即所谓的"范式"）被新的"范式"取代。于是，新"范式"被发展和应用，当其积聚到一定程度会大量出现"反常现象"，这种所谓的新"范式"就退化为旧"范式"，并与更新"范式"相冲突，导致"危机"出现。"危机"是新理论、新知识、新科学诞生的前奏，是科学变革的前兆。于是，库恩的科学发展动态模式为前科学→常规科学→危机→科学变革→新的常规科学。

2. 青蒿素的发现和应用

青蒿素（artemisinin）是从复合花序植物黄花蒿茎叶中提取的有过氧基团的倍半萜内酯药物，是一种无色针状晶体，分子式为 $C_{15}H_{22}O_5$，由中国药学家屠呦呦于1971年发现。青蒿素是继乙胺嘧啶、氯喹、伯氨喹之后最有效的抗疟特效药，尤其是对于脑型疟疾和抗氯喹疟疾，具有速效和低毒的特点。

20世纪60年代，疟原虫对奎宁类药物已经产生了抗药性，并严重影响治疗效果。而青蒿素及其衍生物则能迅速消灭人体内疟原虫，对恶性疟疾有很好的治疗效果。中国中医研究院（2005年更名为中国中医科学院）屠呦呦受中国典籍《肘后备急方》启发，成功提取出青蒿素，被誉为"拯救 2 亿人口"的发现。2000 年以来，世界卫生组织把青蒿素类药物作为首选抗疟药物，并在全球推广。2005 年，全球青蒿素类药物采购量达到 1 100 万人份，2014 年为 3.37 亿人份。世界卫生组织发布的《疟疾实况报道》显示，2000～2015 年，全球各年龄组危险人群中疟疾死亡率下降 60%，5 岁以下儿童死亡率下降 65%。这表明，青蒿素类药物作为治疗疟疾的主导药物，发挥了相当大的作用。

屠呦呦多年从事中药和中西药结合研究，创造性地研制出抗疟新药——青蒿素和双氢青蒿素，获得对疟原虫 100%的抑制率，为中医药走向世界指明一个方向。屠呦呦于 2011 年荣获拉斯克临床医学奖；2015 年 10 月 8 日，荣获诺贝尔生理学或医学奖，成为第一个获得诺贝尔自然科学奖的中国人；荣获 2016 年国家最高科学技术奖。她说："荣誉属于中国科学家群体。"并把大部分奖金捐献，用于科研工作和人才培养。

3. 引力波的提出和验证

2015 年是爱因斯坦创立广义相对论 100 周年，其理论已经成为现代天体物理和宇宙学研究的基础。然而，他提出的弯曲时空概念曾一度困惑人们，其理论的验证进展如何？迄今为止，已有 5 项确凿的证据支持广义相对论：一是引力场光谱红移；二是引力场光线偏移；三是水星近日点进动；四是雷达回波时间延迟；五是引力波探测与解析。而引力波从理论提出到探测验证，整整经历了 100 年的艰苦历程。

引力波亦称重力波，它是广义相对论预言的一种以光速传播的时空波动，即时空曲率扰动以行波向外传递的一种方式。如同加速电荷会发出电磁辐射一样，加速有质量的物体亦会发出引力辐射，这是广义相对论的一项重要预言。引力波是一种时空涟漪，且非常微弱，所产生的时空弯曲 4 000 米只会发生 10^{-17} 米长度变化，理论预计黑洞、中子星等天体在碰撞过程中有可能产生引力波。科学家早期在 20 世纪 60 年代的探测，因实验太简陋而成效甚微；1974 年对双星系统的观察取得了实质进展；2012 年中国科学家获得了"引力场以光速传播"的第一个观测证据；1991 年美国科学家开始建立"激光干涉引力波天文台"，从 2003 年开始收集数据，至 2015 年 9 月 14 日首次获得确凿数据，经过半年的分析评估，激光干涉引力波天文台最终于 2016 年 2 月 11 日正式宣布探测到引力波，也开启了引力波天文学的新时代。

时空观的演进与物理学的发展密切相关，而物理学每一次重大进步，均伴随着物理时空观的变革，并催生出新的物理时空观。历史总是惊人的相似，从电磁波到引力波，其概念的提出、理论的建立、现象的发现或规律的验证，就充分证明了这一变革规律。

（二）观念改变认识

在科学变革到来之前，处在变革前期争论旋涡中的科学家、学者、普通科研工作者等，对世界认识的观念各有不同。一般而言，由成熟的知识、理论和经验形成的固有观念根深蒂固，人们不会轻易改变自己对事物认识的观念。当新的发现、新的现象出现时，自然就会形成两个基本的认识阵列，即对旧"范式"的维护与新"范式"的树立。

例如，上述"经典物理"与"量子物理"的争论，就是观念改变认识的典型例证。在科研过程中，促进争论的根本在于科学观念的变革或改造。"能量子"概念的提出，改变了人们对经典物理的认识。而"光量子"概念的建立，则揭示了波粒二象性的本质，改变了人们对微观粒子的传统认识。

科学发展史表明：观念的改变会导致人们对世界认识的改变，也会导致自然观和科研方法的变革。人们对世界认识的观念，受到多种条件的制约，同时也受到科研工作者自身条件（理论水平、数学才能、实验技能等）的限制。这些限制主要表现在以下六个方面。

1. 已有知识的局限

原有的知识、模型、理论和经验不足以解释新现象，旧有观念抵抗对新现象、新规律的探索和认识，阻碍科学认识的发展。

例如，孟德尔发现遗传学基本原理后，撰写的著作在向一个科学协会宣读时并未引起权威人士的注意，在发表之后的35年间，竟然无人问津。与孟德尔同时代的人只是看到孟德尔重复了已发表过的杂交实验，而下一代人尽管认识到孟德尔有关遗传观点的重要性，但认为这些观点很难与进化论协调。现在，经过严格的近代统计方法检验，孟德尔的某些结果并非完全是客观的，其中有某种程度的主观因素导致的结果，但这并不能否定他对生物遗传学的重大贡献。孟德尔的思想观点、实验方法及操作方式奠定了一门新学科的基础，对当代遗传学的研究仍有借鉴和指导作用。

由于科研工作者自身条件的限制，每一代人似乎更关注自己预期的东西，从而忽略了与预期不符的内容。这种情况导致许多重要的发现或发明在出现的当时未能被及时肯定，这样的事例在科技发展史上经常发生，其教训和经验值得今天的学术权威、科研工作者，特别是科研主管部门的领导深思。

2. 认识条件的限制

有的实验在一定历史时期内，不可能完成或一时难以实现。理论的预见与实验的落后形成强烈反差，因此会影响乃至阻碍科学的发展。

例如，迄今为止，多数物理学家认为，在宇宙中存在着四种力：第一种是万有引力，它是一个物体或一个粒子对于另一个物体或一个粒子的吸引力，是四种力中最弱的一种；第二种是电磁力，由于它的作用，形成了不同的原子结构和光的运动；第三种是强力，它把原子核内各个粒子紧紧地吸引在一起；第四种是弱力，它使物体产生某种辐射。为了探索它们之间的内在联系，爱因斯坦最早提出了"统一场论"观点，其在从1925年开始至1955年去世的30年间进行了不懈的探索，但最终没有得到预期的结果。有的科学家由此怀疑"统一场论"的存在。事实上，"统一场论"的理论大厦之所以没有在爱因斯坦时代被建成，是因为所需的理论工作、科研方法及科学事实等必需的条件尚未具备。另外还有一个重要因素，就是当时只有少数的科学家（如爱因斯坦）孤军奋战，势单力薄，没有形成团队攻关的研究氛围。现在看来，要想完成"统一场论"理论大厦的建设，仅靠一两代科学家的努力是很难完成的，需要做好长期的、更艰苦的探索准备。笔者认为，对"统一场论"的研究方法应当是：先将四种相互作用力中的某两种力统一起来，然后逐步扩展到其他未统一起来的作用力，最终完成"统一场论"的理论体系建设工作。这是十分令人期盼、令人兴奋的科研工作。

令人欣喜的是，由于诸多科学家的努力，该项工作已有很大的进展。而电磁力和弱力的统一，给这项工作带来了新的希望和曙光。1967～1968年，美国物理学家史蒂文·温伯格（Steven Weinberg，1933～2021年）和巴基斯坦物理学家阿卜杜勒·萨拉姆（Abdus

Salam，1926～1996年）各自独立地提出了一种电磁力和弱力统一的量子场论假说。但是，他们的理论有一个不能令人满意的局限性，即它只适用于一类基本粒子。1970年，美国物理学家谢尔登·李·格拉肖（Sheldon Lee Glashow，1932～）将这一概念做了进一步推广，证明了亚核粒子的某种数学性质（他称之为粲）能够使人们将电磁力和弱力之间的这种联系推广到所有的基本粒子。

由于弱力仅仅是电磁力的一万亿分之一，且其作用范围只是原子半径的一千万分之一。二者之间似乎没有相关之处。因此，该假说一提出，就遭到一些物理学家的怀疑。于是，找到相关的实验证据就显得特别重要，这也是对实验技术科学的巨大挑战。

1979年10月，美国物理学家莫玮和中国物理学家王祝翔等合作，在美国芝加哥大学费米实验室成功进行了μ中微子和电子的碰撞实验，证实了上述科学假说。1979年12月，温伯格、萨拉姆和格拉肖共同获得了诺贝尔物理学奖。弱电统一理论现已为许多实验所证实，它使现存的四种基本相互作用力实现了部分统一。"统一场论"是爱因斯坦继创立相对论后毕生追求的目标，尽管弱电统一理论距离爱因斯坦所设想的包括万有引力在内的"统一场论"还很远，但终究使人类在揭示自然奥秘的征途中又前进了一大步。

3. 数学能力的缺失

科研之路充满荆棘，若无锋利的数学利剑，是无法披荆斩棘达到顶峰的，至少要想达到系统化的研究水平是困难的。众多的科研经验表明，科研工作者若不能够很好地掌握数学工具，就会失去很多重大（或重要）的科学发现。

例如，法拉第是英国自学成才的科学家，是19世纪世界著名的物理实验大师。在历经24年成书3卷的《电学实验研究》中，汇集了法拉第一生有关电磁方面的重大科研成果。该书是非体系化的著作，尽管书中处处透露出许多深邃而新奇的思想，但因数学知识的不足始终未能点化出闪耀理论光芒的科学体系，遗憾地与电磁学理论体系大厦的构建失之交臂。

4. 某些认识的超前

与认识条件受限制相反，有些认识或观念因科研工作者具备足够的实验及分析条件而大大超前，但这很可能由于实验条件无法推广而难以得到广泛的承认。例如，美国物理学家阿尔伯特·亚伯拉罕·迈克尔逊（Albert Abraham Michelson，1852～1931年）与美国化学家爱德华·莫雷（Edward Morley，1838～1923年）合作进行的迈克尔逊-莫雷实验，推翻了"以太"的存在，但这一科学认识并不被当时的科学家看好。

5. 众说纷纭逐潮流

当一种潮流到来时，一些错误的认识或观点便会纷纷问世，诸多"实验发现""奇异现象"等不一而足，导致人们难辨真假，如在放射性发现的热潮中，就出现过这种情况。

6. 科学认识的曲折

科研工作者，特别是科学家，对新现象、新规律的认识也需要经历一个过程。该过程往往是曲折而漫长的，有时还会倒退。尤其是那些深受传统观念熏陶的人，更是难以改变其认识和观点，如普朗克对自己提出的"能量子"概念就有过犹豫、止步不前甚至倒退的认识。

第十三章

课题组及其管理

求真务实，诚信守则，自强自立，合作共赢。

——笔者题记

第一节　课题组结构和特点

一、课题组概述

科研课题组通常简称课题组，它是为完成一定的科研任务而由一定数量的科研工作者组织起来的工作小组，也是科研团队的具体形式之一。对于科研院所，其课题研究的组织形式就是课题组。每项科研课题，一般都是通过课题组成员的集体努力而完成的。课题负责人既是课题方案的设计者、组织者，也是课题研究过程的管理者、监督者；课题组成员则根据各自的学术专长承担具体的研究任务。毋庸置疑，课题组的人员结构对课题研究的进度、质量及效率等具有至关重要的影响。而一项课题研究任务能否顺利完成，课题负责人则起着非常重要的作用。

二、课题组结构

笔者根据自身的科研经历，参考一些学者的研究结果，提出对课题组有重要影响的八种结构。

（1）学缘结构。它是指课题组成员来源的分布情况，与专业结构、个性结构有一定的关联性。课题组成员的学缘以多元化、多地域为宜，必须避免"近亲繁殖"，模式单一化。

（2）专业结构。它是指课题组成员专业的分布情况，与课题研究的内容有关。通常情况下，课题组成员的专业结构应以课题研究为主线，以呈现树状延伸且交叉复合型结构为宜。

（3）职称结构。它是指课题组成员专业技术职称的分布情况，且与知识结构、经验结构有一定的关联性。课题组成员的职称结构从高到低以正三角形分布为佳。

（4）年龄结构。它是指课题组成员年龄的分布情况，与专业水平之间具有一定的正相关性。一般而言，课题组成员要老、中、青搭配，年龄以呈正态分布为佳。

（5）经验结构。它是指课题组成员科研经验的分布情况，并且与承担过的科研课题类型、完成情况等密切相关。优秀的课题组在理论分析、实验测量、系统开发等方面的经验应具有互补性。

（6）知识结构。它是指课题组成员知识的分布情况，与个人的经历、兴趣、爱好、教育等有密切关系。课题组成员应各有专长，他们的知识结构应具有交叉性和复合性。

（7）个性结构。它是指课题组成员个性的分布情况，与每个成员的出生地域、成长经历及教育背景有关。在一个课题组里，需要各种有专长且有个性的成员，但个性之间需要协调、弥补。

（8）文化结构。它是指支撑课题组建设和发展的科研文化，与课题组的历史相关。课题组不仅是科研工作的组织，也是教育、培养人才的场所。

上述八种结构对课题的运作均会产生影响，有些还会起到重要的作用。其中，前四种属于偏显性的结构，后四种则属于偏隐性的结构。

三、课题组特点

笔者根据所在课题组的发展历程和其中的科研经历，总结并归纳出课题组的基本特点，包括以下几点。

（1）以科技创新为目标。课题组以开展研究并取得创新性研究成果为目标，包括：①发现新机制或新机理；②提出新观点或新思想；③设计新结构或新模式；④研制新器件、新装置或新系统；⑤开发新技术或新工艺；⑥指标新提升或功能新变化；⑦探索新应用或拓展新领域；⑧提出新方法或改换新策略。

（2）以人才培养为宗旨。课题组以培养具有创新能力的高层次人才为目的，包括：①培养年轻的科研骨干，使他们迅速成长为课题研究的排头兵。②把博士生培养成为具有独立科研能力的专业科研人才。③把硕士生培养成为具有某种专长的专业技术人才。④把本科生培养成为基础扎实、素质全面的优秀后备人才。⑤凭借课题组科研实力、校企联合进行专业教育和培训，为社会培养、输送合格的专业技术人才。

（3）以资源整合为平台。在课题组内，科研资源具有共享属性，如根据课题要求对人员进行整合。实验室及相关的仪器和设备相对集中，根据需要可构建若干个理论研究室、技术开发室、实验或测试平台等。课题组成员根据课题研究需要，可以共享这些科研硬件和软件资源，避免仪器重复购买、实验室重复建设的弊端。现代科研工作是以高新技术实验设备、检测计量仪器及大量的最新科技信息为基础的，尤其是大型仪器和设备的集中共享，更可以提高其利用率。

（4）以团队形成创造力。课题组因其人才聚集、科研资源集中而具有突出的研究实力和创造力。近年来，课题组在结构上已有向跨学科、跨地域、跨国际等方向发展的趋势，其结构及组织形式将变得更为灵活，其运行和管理方式将更加富有弹性。新形势下的课题组将不为形式所拘，可以根据科研任务进行临时组建或定期组建，更注重课题研究的实际成效。课题组应通过科研绩效管理，发挥科技创新优势，提倡公平竞争、创先争优，实施过程监控和目标管理。

（5）以科研文化聚人心。课题组通过科研文化建设，营造宽松和谐、积极向上的科研氛围，搭建展示研究技能和科研水平的平台，重视每一位成员的愿望、意见和建议，并为其提供发展和晋升的机会，从而提升各成员间的凝聚力，使其能够为课题组不断提供正能量。加强科研文化建设，会使课题组成员感受团队的巨大力量，从中体验集体攻关的乐趣，与大家分享科研成果的喜悦。

四、课题组建设

根据笔者的科研经验，课题组建设需遵循如下一些基本原则。

1. 目标原则

课题组的主要任务是科研工作，课题组的建设因其目标不同而有所差异。

（1）临时课题组。这种课题组是根据短期目标组建的，其特点是课题组人员结构较为松散，因其目标单一，故完成既定科研任务后即行解散。

（2）中期课题组。这种课题组是根据中期目标组建的，其特点是人员结构较为稳定，因完成本项科研任务后还有下一项课题要研究，故需要大家共同努力才能完成进一步的科研任务。

（3）长期课题组。这种课题组是根据长期目标组建的，其特点是人员结构特别是骨干成员很稳定，课题研究的长远规划及共同追求的价值目标使每个成员心往一处想、劲往一处使，并为课题组的长期发展共同奋斗。

2. 梯队原则

课题组的人员结构对于课题组的发展至关重要，人员选拔应注重德才兼备，既要注重个人品德、敬业精神，又要注重业务水平和工作实绩。优秀的科研团队必由老、中、青三结合式的人才所组成，其人才梯队从上至下形成正三角形格局。资深科研工作者，要经验丰富，能独当一面；中年科研工作者，要研有所长，能承上启下；青年科研工作者，要学有专长，能爱岗敬业。

3. 互补原则

互补原则要求课题组中的各种人才在年龄、学缘、知识、技能、性格等方面具有互补性，即根据课题研究的需要，达到取长补短、职能匹配、相互融合的状态。课题组成员之间的互补性程度，对于宽松和谐的科研环境的营造、科研项目的按期结题、科研水平的持续提高及课题组的可持续发展等，都具有非常重要的意义。

4. 稳定原则

从人员构成上看，课题组主要由课题负责人和课题组成员组成。课题负责人一般为学术导师、学科带头人、资深专家或著名学者等；课题组成员一般由科研骨干、技术专家、科研管理人员等组成。在科研院所，主要由教师或研究员、研究生（博士生、硕士生）、高年级本科生等组成。课题组成员应具有相对稳定性，大家相互支持、彼此合作是保证课题研究有效开展的前提。

5. 发展原则

对于规模较小的课题组，其成员一般来自同一单位。对于规模较大的课题组，其成员则由来自不同单位的人员组成，根据课题研究方向，还可划分成若干个不同的研究小组或者子课题组。课题组应保持较强的科研活力，如此才能保证课题研究的可持续发展，保证研究成果的不断推出，使课题组始终处于有利的科研竞争地位，有望占据科研的制高点。

第二节 课题组职能及管理

一、课题组职能

课题组职能需要课题组全体成员承担并加以实施。根据笔者的科研经验，课题组职能主要包括如下六个方面。

（1）课题研究规划。根据学科发展动态，结合课题组现有条件和研究成果，提出并确定中长期及近期研究计划，确定研究方向和目标，组建专题研究小组，设计并制订课题研究方案，开展专项或专题研究。

（2）课题前期工作。课题实施前需做好各项准备工作，包括：组织课题研讨会，提出具有科学研究或技术创新的问题，集中大家的智慧凝练科研选题；组织论证会，检验提出的选题是否适合国家科技发展需求，是否符合发布的课题申报指南，科研方法和研究措施是否可行，申请书格式、内容、文法、句法是否符合申报要求，科学问题和关键技术表述是否准确，等等。

（3）把握课题进展。及时了解课题研究进展情况，督促检查课题组成员课题计划完成情况，协调各个子课题组或成员之间的研究进程，发现问题并及时提出指导改进意见，保证课题研究的有效开展。

（4）召开工作例会。召开课题组工作例会，各个子课题负责人集中汇报各自承担任务的完成情况，课题负责人根据各个子课题组的进展情况，依据需要及时调整研究计划，发挥团队优势，集中力量解决影响整个进程的重大或重要理论问题或技术工艺难题。

（5）组织课题组会。定期组织课题组会，探讨课题研究中遇到的各种问题，集思广益，察纳雅言；集中汇报近期课题研究情况，展示课题调研报告及阶段性研究成果，从中提炼出可供发表论文的题材或者可供申报专利的技术。课题组会是学术交流的重要形式，会前需要做好各项准备工作。

（6）开展学术交流。制订学术交流计划，组织课题组开展各种研究活动，包括开题报告、结题报告、学术讲座、论文答辩会、课题验收会、专家论证会、成果鉴定会等；做好课题材料整理、装订、归档、上报等各项工作，建立健全课题组科研资料库、课题资源管理等制度并有效实施。

为了实现课题组的上述职能，课题负责人和其他成员应同心协力，各司其职。对此，课题负责人的作用很关键。课题组的有效管理，需要建立相应的制度和规程加以保证，尤其是课题责任制的贯彻和执行。此外，还要依靠课题组科研骨干，形成课题组核心，群策群力，依靠集体智慧进行科学决策。对于课题组成员来说，其同样具有自己的职责，这个职责就是按计划优质高效地完成自己承担的科研任务。若每个课题组成员都能做到这一点，那么整个课题组的研究质量和水平无疑会得到更好的提升，在竞争如此激烈的科研领域内，就会占据有利地位并取得令人瞩目的科研成就。

二、课题组管理

（1）课题组管理规程。为了规范、有序地开展课题研究工作，保持课题组的科研竞争力，需要制定课题组科研运作的规章制度、工作程序及管理办法。根据笔者的课题组管理经验，课题组可根据规模大小及课题研究层面制定不同的管理规定。

课题组管理规定一般包括：课题组成员进出规定、课题组考勤及请假制度、课题组学术研讨制度、课题组学术道德规范、课题组科研工作程序、课题组例会及报告要求、课题组论文投稿规定、课题组科研汇报制度、课题组实验室管理办法、课题组仪器管理规定、课题组资料管理办法、学位论文管理规定、课题组学术交流办法、课题组经费管理规定、课题组科研绩效考核办法等。

（2）课题组规程执行。为了加强课题组管理，课题组成员应该自觉遵守相关规范和制度。对于执行者，应予以适当奖励或鼓励。对于违反者，影响较小的，应及时劝导或提醒；影响较大的，应对其警示或给予一定处分；影响严重并造成损失的，视其原因和态度可采取不同方式进行处理，如警示、留察、劝退或除名，必要时应追究其相应的责任。例如，对于参加课题组会报告者，必须预先向主持人提交进展报告或调研报告，以保证会前能够修改和反馈；有事不能参加课题组会者，亦必须提前请假说明原因，不能无故缺席。又如，凡是课题组安排的科研任务，每个成员均应按计划认真执行，如遇不可抗拒的客观原因延误了计划执行，应及时向课题负责人汇报，不得拖延，更不能瞒报。再如，对于课题组公共仪器和设备，使用后应及时整理并放归原处，同时做好使用过程记录；对于实验期间出现的异常现象，要及时记录并报告实验室负责人，如有损坏，要及时采取措施进行修复，保证下一班实验工作的正常进行。

（3）进入课题组条件。笔者根据自身多年的科研和教学经验，归纳总结出如下进入课题组的条件，供欲进入课题组参加科研工作的大学生或者初学者参考：一是有要有足够的时间到课题组参加科研工作；二是要有很强的自学本领和吸纳新知识、掌握新技术的能力，以及要有对科学问题或技术难题快速理解的悟性；三是要有良好的团队意识和人际沟通与协调能力。

在某一个科研团队或者专业课题组，由于进入时间、参与经历、个人机遇、努力程度及综合能力等因素的影响，其中的某些成员（如本科生、硕士生、博士生等）的科研能力呈现交叉状态，有些后来者会先于早到者取得某些科研成果（如个别优秀本科生的研究水平要高于某些硕士生或者博士生），笔者称之为科研能力交叉论。因此，尽管同时进入课题组，但其后的表现则有赖于个人的努力及良好科研氛围的营造。

（4）融入课题组方式。进入课题组只是迈进了科研领域的大门口，尚未接触到真正的科研实际内容，要想真正接触到科研课题并进入科研状态，需要融入课题组。

以下是笔者整理、归纳出的一些有效方法和策略：一是迅速了解所在课题组的历史沿革、研究方向、科研条件等；二是快速阅读课题组的相关科研资料，从中了解课题组的科研成果、项目研究范围和特点；三是在导师的指导下研读相关领域的经典专业文献及最新研究快报，并记录学习心得体会；四是在研读文献过程中，梳理资料，形成较为系统、逻辑化的纲目，并且寻求创新点；五是结合课题组现有的科研条件，在已有的项目基础和研究范围内确定科研选题，尽快进入研究状态；六是严格遵守课题组各项规程，按时参加课题组活动并且发挥积极作用。

（5）初学者策略。对缺乏科研实践经验的初学者而言，科研策略的选取对科研工作的成败至关重要。下述几项科研工作的基本要领看似简单，真正理解并做到却不容易，笔者认为，只要初学者在科研工作中用心体会这些基本要领，定会对研究工作大有裨益。

一是要量力而行。初学者要选定一个适宜的课题进行研究，并将其做到底，直至取得成功。采取的策略应是"有限目标，力所能及"。

二是思路要清晰。研究思路要清晰，要非常清楚自己正在研究的课题是什么、难点在哪里，以及该问题现有的研究水平达到的程度等。

三是方法要简便。采用的研究方法要尽量简单易行，这样可以提高工作效率。研究方法人人会思考，但研究过程中则各有各的解决方式，因而工作效率和研究结果也会各不相同。

四是不要怕失败。凡是做过实验的人基本都经历过挫折和失败的考验。很多时候，实验结果与科研工作者的预期结果并不一致。这时千万不要气馁，应该静下心来认真分析其中的原因，不要盲目重复，一定要想办法搞清原因。若一时无法解决，也应做好记录，留待以后研究。

总之，初学者进入课题组参加研究工作，一方面要锻炼自己独立工作的能力，另一方面还要有意识地与他人合作，树立团队观念，不断提高自身的科研素质。

三、课题研究准备

经验表明，参加课题研究需要做好前期准备工作。对于刚刚踏入科研大门的初学者，笔者给出以下四点建议。

1. 明确研究动机

科研工作者的研究动机会因人、因时、因地而异，但无论如何，它都是激励科研工作者努力从事研究以实现人生目标的最大动力。据笔者观察，研究动机一般包括以下方面。

（1）个人兴趣。有些人天生就对探索事物抱有兴趣，做研究工作的兴趣要远大于其他工作，因而这些人的研究成果通常会比较丰硕，并能够坚持不懈、乐得其所。

（2）工作需求。目前，从事科研工作是一门令人羡慕且能够获得较好收入的职业，大专院校、科研机构、高科技企业等单位都需要大量从事科研工作的人，并给予其丰厚待遇，这就吸引了相当一部分人加入科研行列。

（3）获得学位。大专院校、科研机构的硕士生和博士生为了获得学位，需要取得科学研究或技术创新成果。而科研论文、专利、器件或样机等成果的质量和水平，是决定学位论文能否通过评审的重要因素。

（4）价值追求。科研工作者因其成果丰硕，可获得相应的荣誉表彰和物质奖励，并受到他人及社会的尊重。因此，从事科学探索或者技术开发并获得创新性研究成果，就成为一些科研工作者的价值追求目标。

2. 专业知识学习

它是从事科研工作的第一要件，必须在平时打好基础。临阵磨枪不仅被动，而且很难取得惊人的科研成就。对此，初学者应切实做到：夯实基础，厚积薄发；提出问题，追求学问；不取亦取，虽师勿师；孜孜不倦，终生研习。在此基础上，笔者认为还需在以下四个方面加以努力。

（1）学无止境，常学常新，常研常进。科学奥妙无穷，技术创新无界，科研工作者要不断根据科研需要，及时补充、吸纳与课题研究有关的专业知识、科研信息和科研方法，学为所用并以之指导科研工作。

（2）对本专业的经典文献要精读细研。精心安排科研资料阅读计划，以达到事半功倍的效果。不要受既定思维方式的束缚，要带着问题去研读、反复读。一有所得，应立即记录，避免遗漏。

（3）批判性阅读，独立性思考，切忌因循守旧。阅读已经发表的文献时，不应盲从，应该理性、批判性地阅读。提倡阅读中的独立性思考，不因循守旧，要多问几个为什么，并试图给出自己的解答方案或设想。

（4）要把专业知识的学习与课题研究相结合。任何一个科研工作者在课题研究之前，都不可能把课题研究所需的全部专业知识学到手，更多时候还需结合课题及时补充相关的专业知识，即边干边学、干中学、干中用。

3. 专业技能培训

经验表明，初学者参加科研工作，需要进行专业技能培训，掌握科研工作所必需的仪器使用和操作要领。否则，轻者会对仪器和设备有所损害，重者可能导致人身伤害，甚至出现生命危险。尤其是对于那些高精密、易损坏的实验仪器，则更需要进行专门的学习和培训，这是从事与实验密切相关的科研工作者必须注意的一项要求。对于专业技能培训，笔者给出以下三个方面的建议。

（1）初学者应请教本行业中的有经验者。科研工作需要积累实践经验，实验专家或者资深研究人员掌握着该领域最先进的实验仪器和设备的性能及操作技巧，初学者应该虚心向他们请教，努力传承这些技能和"诀窍"。成熟的方法和经验会引导初学者少走弯路，至少会避免一些科研阻碍。

（2）参加专业培训，聆听高水平报告或讲座。与科学家或一线科研工作者直接接触并当面请教，这有助于初学者了解同行的研究思路、创新方式、解疑途径、制作技巧等，可以直接获取专家的技巧和"诀窍"，同时也是获取科研技艺"绝招"的有效途径。

（3）学习研究报告、科研论文写作规范和技巧。科研的目的是发现别人未发现的真理，而公开出版的国内外学术期刊，则是确认这种科研成果的正式而有效的主渠道。因此，学习研究报告、科研论文的写作规范和技巧，是科研工作者的必备素养之一。此外，还需要一些专门技术，如要学会上网检索文献、制作PPT演播文件、熟练使用常用处理软件等。

4. 参加科研实践

一般而言，初学者若想提高科研能力，就必须参加科研实践，亲身体验科研过程，最好能够进入课题组经受锻炼。因为在课题研究中得到锻炼，是提高科研能力的一种最直接、最有效的方式。初学者需要把握各种机会，尝试对问题进行研究，以获得科研经验。尝试研究问题应注意以下要点：面向实际，细致观察；查阅文献，详略有致；统揽全局，明确方向；抓住要害，深钻细究。尝试研究问题，需注意考虑以下六个方面。

（1）决定课题研究的题目。科研工作伊始，首要确定的是课题研究的题目。初学者最好选择一个出成果概率大且适合其完成能力的题目，尽量保证其能够成功。

（2）明确该领域已做过哪些研究。题目选定以后，接下来就要明确该方面已做过哪些研究。一种直接而有效的方式是查询相关研究的国内外期刊论文，其中首选当推最新发表的综述论文。

（3）整理资料，弄清资料之间的相互关系。通过分析、整理资料，弄清各种资料之间的相互关系，从中了解已有的研究方法和实验结果的特点，发现其中的不足，获取新线索，在此基础上提出自己的新设想、新方法，并在研究中加以验证。

（4）将课题分解成若干子问题，从实验入手。在确定题目、掌握课题背景并从中整理出研究设想之后，就应迅速将课题分解成若干子问题，并以研究任务的形式具体落实。

（5）精心设计为这些问题提供答案的实验。科研实践证明，实验成功与否，主要取决于准备工作是否细致。其中，最吸引人的是设计并实现关键性（如判决性）实验，该类实验能够得出符合一种假说而不符合另一种假说的结果。

（6）对已取得的实验结果进行理论解释。对已取得的实验结果进行理论上的解释，是研究工作中最后且至关重要的环节。科研工作者需要再现每个分步实验，并进行相应的理论分析和解释。只有这样，才能以之为基础获得对整体实验的全面认识和把握。

四、课题组注意事项

进入课题组参加科研工作，在遵守相应规程的同时，还应注意一些必要事项。笔者根据多年指导本科生参加课题研究的经验，以本科生进入课题组为例简要阐述一些注意事项。

（1）初识课题组。南开大学化学学院有一位保研的大四本科生，他利用寒暑假时间在导师的实验室做实习性研究工作，一开始还不太适应。他说："当我第一次来到实验室时，导师单独为我做了一个关于他们目前研究内容的介绍。然而，由于对这个领域的研究了解很少，因此，我对导师的介绍只有一个粗略的印象，当时并没有完全体会其中的意义。"由此可见，课题组的研究工作通常都走在学科相关领域的前沿，本科生即使对自己所在的学科比较熟悉，平常也很难特意关注。因此，即便有导师的全面介绍，也很难在一开始就对课题组的各方面都拥有一个清晰而确切的了解。对课题组的研究工作与成员的了解，需要在加入课题组后逐渐获取，不可一蹴而就。

（2）融入课题组。被导师介绍给各位学长之后，接下来的问题就是如何融入课题组。开始时，要多观察，勤做事，尽快融入课题组。过了熟悉这一关后，就需要进一步了解以下一些问题：课题组的人在做哪方面的研究？为什么要做这项研究？研究到了什么程度？其中存在的困难是什么？做这项研究需要什么样的知识基础和哪些方面的技能？等等。在对这些问题有了比较明确的认识之后，就会知道自己应该去读什么书，查阅哪些文献，补充哪些相关的知识及培训何种技能。其间，要虚心请教学长，及时与导师沟通、交流，参与课题组工作。这样有针对性地开展训练工作，能够及时发现自己的不足之处并加以弥补，尽快做好参与科研实践的准备。

（3）要多管齐下。在有了一定的知识储备和技能训练之后，就应该考虑多管齐下。科研基础的累积不是一朝一夕的事，在做实验的同时，需要随时随地向实验室的教师和学长学习实验技能，并且根据个人的需要，查阅相关的科技文献（论文和资料），了解正在进行的课题研究进展。在实验中，要善于观察实验过程，注意实验技巧和实验细节，这些对实验结果都会有影响。例如，一个实验的步骤看似相同，初学者与有经验的人做出的结果很有可能相差甚远，这其中蕴藏着诸多智慧和经验。

在实验室中，讨论会时常发生，但长时间讨论某一问题的情况很少出现，这就需要初学者自己对其加以细心地思考。一位毕业后即将读研的本科生深有感触地说："在实验室里，我深深地体会到了什么叫作科学研究。这就是：重复→失败→重复→失败→重复→……直至成功。这种重复性的枯燥工作考验的正是你的耐心和恒心""当你因为一次次的失败而烦躁不安时，你就可能不再细心，也很容易在这个时候犯错误。这种错误也许是仪器、物品的损坏，也许是头脑发胀引起的焦躁，也许是和成功失之交臂！我认为这些正是初到实验室的人应该特别注意磨炼的"。

（4）要准备吃苦。在实验室做研究，不仅需要投入大量的时间和精力，还需要坚持重复多遍且枯燥无味的实验，也许在实验过程中很长时间内都不会出现预期的现象或结果，这对人的意志力和体力都是一种考验。要想长期坚持下来，的确需要一种执着追求的精神。此外，在阅读文献时，初学者由于接触某一研究领域不久，对大量的国内外新文献报道一时还难以完全理解和消化，不仅阅读速度较慢，一时也难以有明显的效果。但只要能够坚持住，抓住几篇经典的文献"啃"下来，就会发现自己已经取得了很大的进步。初学者通过"科研方法论"课程的学习，在教师的指导下，养成良好的文献阅读习惯和记录方法，日积月累，就会受益匪浅。经过这种密集的文献阅读和较长时间的实验锻炼，在体力和心力上都会有很大的提高，这对以后承担重要的科研任务和进行繁重的实验工作大有益处。

（5）参加课题组活动。初学者一定要注意所在课题组的学术活动安排，并且努力参与其中，这是了解课题组科研情况和研究进展的好机会。一位高年级本科生的体会是："课题组的一些活动，有时是学术讲座，有时是课题研讨。有些讲座是用英文讲授，开始没听懂什么，不过还是很努力地去适应，多听几次就顺利一些了。"

参加课题组活动，在认真听讲的同时，也需要积极思考，拓宽思路。特别是在报告的最后，要争取提出有讨论价值的问题。对于课题组的每周例会，一般程序是：导师首先会了解大家的研究工作进展，其次会具体讲解一些当前国内外在该领域的研究动态、有关本课题研究的一些思路及对问题的解决对策等。这样的活动参加多次以后，初学者对课题研究的信心也会树立起来。于是，进入研究状态也就是很自然的事了。

（6）学会忍耐和宽容。一位有经验的高年级本科生说："除了实验，我对实验室的人际关系也感触颇深。每个人任务不同，各有分工，但实验室里的仪器材料有限，需要大家共用。因为每个人的性格各有差异，所以难免会有冲突。实验室成员关系的融洽与否会直接影响工作交流与合作，对于初入课题组的人，我的体会是多做少说，学会忍耐和宽容。"事实上，对于进入实验室做实验的本科生，不仅要尊重导师的安排，还要完成学长交付的实验工作，同时还要顾及他人的感受。要遵守课题组的纪律，按照相关规程操作，团结互助。尤其要注意实验安全。只有处理好课题组的人际关系，努力构建和谐的研究氛围，才能使自己的研究工作得以顺利进行。

第三节　科研关系及处理

科研工作者在从事科研及技术开发过程中，不仅要在科研工作上投入精力，还应当对科研工作中的各种关系进行适当的处理。处理好这些关系，对科研工作的顺利进展大有帮助。下面，笔者根据自身的科研经历和经验，对科研工作中的各种关系进行简要的说明。

一、科研中的一般关系及处理

1. 职业与爱好

科研工作者一旦把科研作为自己从事的职业，则必须将其主要精力投入科研工作中。这时，科研工作已经成为生活的一部分，他们把对新事物的发现及对一个普遍规律的突然领悟视为人生最大的乐趣之一，同时会产生一种巨大的、感情上的鼓舞和极大的幸福与满足。

科研工作者除了自己的研究领域之外，还应保留一定的业余爱好，这对调节工作节奏很有帮助。大多数科研工作者如果连续工作时间过长，就容易丧失头脑的清醒和独立性。这时，就需要进行适当的娱乐和变换兴趣，以防止工作单调导致思维迟钝和智力闭塞。

2. 自信与固执

科学上的伟大先驱者，都曾坚定地捍卫自己的设想，为此遭受任何打击甚至孤立都在所不惜，这是一种对真理的可贵追求，是对所做的研究工作负责的表现，也是其自信心的坦然表露，与所谓的固执是不相关的。某些科研工作者会因其性格给人留下固执的印象，这可能与其对科学追求的痴迷程度有关。对科学研究得越深入，科研工作者的精力就越集中，感悟周围事物的精力就越少。于是，他们无暇顾及人际关系的应酬就是很自然的事情了。考虑到所处环境的资源与实力状况，对于规模、资源、积淀、方向等不占优势者，若采取"借力借势借智"策略切入某个科研领域，则能够在相对较短的时间内提升自身的科研实力。小事借力，取长补短很重要；大事借势，站得高则看得远；成事借智，他山之石可攻玉。

谦虚谨慎值得提倡，求真务实应予坚持。以下情形值得注意：在现实社会中，有些科研工作者虽有处事随和、平易近人的好名声但平庸无奇，有些科研工作者虽固执己见但成果卓著。然而，固执的个性也应予磨炼，特别是科学技术发展到当今时代，从前那种单兵作战的研究方式，已被团队的研究方式取代，科研工作者的个性、修养及合作精神对整个课题组研究工作的影响已越来越突出，这是课题负责人需要特别重视的一个问题。

3. 独处与协作

科学史上及现实社会中，确实有少数科研工作者有足够的内在潜力和热情，独处时活力依旧，有着诸多的爱好和广泛的兴趣，并且能够从中获益。这些科研工作者具有很强的单兵作战能力，他们果敢坚毅，独立性强，有攻克难题取得成功的勇气和决心，在研究工作中能够为解决某个具体问题而连续作战。但是，这种情形在科学高度发展的今天，对于一般难度较低的课题也许可行，然而，对于大规模、高难度的科研任务，一个人的能力和水平毕竟有限，不进行科研上的协作，要进行重点或重大课题研究几乎是不可能的。

在课题组中，个人与集体的关系是小我与大我的关系。常言道，大河有水小河满，大河无水小河干；人心齐，泰山移；鱼靠河水，人靠集体；一人进百步，不如百人进一步。因此，要摆正个人与集体之间的关系，顾大局，识大体，跳出狭隘的个人小圈子。作为课题负责人，要公平公正，慧眼识人，用其长避其短，有效协调；作为组员，要服从命令听指挥，眼中有事，手里有活，少说多做进步快，努力为课题组添砖加瓦，提供正能量，不做有害集体的事。努力融入课题组，虚心学习，取长补短，不断提高整体科研水平，这是保持课题组在该领域的优势、取得高水平研究成果必须坚持的基本方向和行动准则。

4. 目标与结果

研究表明，人的一生最富有创造力的时期在30~40岁。人们的发明能力和独创精神也许在早年，甚至在二十多岁就开始衰退，但知识、经验和智慧的增长会在一定程度上弥补这一缺陷。一个人在40岁以前未做出重大贡献，这并不意味着他一辈子无所作为。有些科研工作者甚至在70岁以后仍能继续从事研究工作，并取得一流的研究成果，生理学家巴甫洛夫、地质学家与环境学家刘东生院士等就是很好的实例。

目标的制定因客观条件而异，也与科研工作者自身的因素密切相关。对研究结果的追求，也要以平常心对待。年轻的科研工作者应该尽早懂得，科研成果来之不易。要想获得成功，必须拥有耐力和勇气，要有忍受挫折、战胜失败并从中奋起的决心和毅力。实验物理学家法拉第曾指出：即使是最成功的科学家，在他每十个希望和初步结论中，能实现的也不到一个。这说明，目标与结果往往是不尽一致的，科研工作者对目标的期望值应适度，以免因频繁失望而失去研究动力与进取心。

对真理的追求与对真理的获得同样令人激动，这种追求和获得会激发科研工作者的热情和创造力，而阶段性的成功能够使人受到鼓舞，催人奋进，还会激起更大的热情与干劲。在此，笔者对年轻的科研工作者提出如下一些建议：目标设定要适度，理想追求要执着；得之不过喜，失之不大悲；不以物喜，勿以己悲；放稳心态，轻松做事。

5. 科研与教学

目前，我国高等学校特别是重点大学的教师大多承担着教学和科研双重任务。因此，如何协调教学与科研之间的关系，对于调动高等学校广大教师的积极性和提高人才培养质量关系重大。事实上，高等学校的科研有别于科研机构的科研，高等学校的科研工作应与人才培养相结合，并围绕人才的培养来进行。高等学校的科研与教学是高层次人才培养过程中的两个不可分割的部分，科研带动教学，教学促进科研，二者相互支撑，缺一不可。2011年3月，在首届国家级精品课"科研方法论"课程研讨会上，笔者首次提出"把科研方法和创新思维引入课程教学"的观点，引起了与会专家和师生的共鸣。

对教师而言，教学应该由科研作为支撑，要把科研工作中的一些成果及时地转化为教学新内容，这对开拓学生的思路、培养学生的研究能力，进而提高教学质量是非常有益的。若教师不从事科研工作，其知识更新就会落后于现代科学的发展，教学内容也就不能很好地满足学生的需求，因此也就无法达到理想的教学效果。反之，教学对科研也有相当的促进作用。一般而言，对已有的知识体系，每位教师对内容的处理和讲授都不尽一致，教学过程也是一个对知识体系和研究方法的再思考、再理解和再重构的过程。从认识论的角度来看，任何已有的知识体系都是不完备的，即使较为完整的知识体系，其中仍有诸多需要补充、更新的地方。因此，在教学过程中提出问题，通过科研工作探索并发现新的规律，对于已有知识体系的完善、新型知识体系的构建及更新教学内容具有非常重要的意义。

6. 科研与行政

现在有许多"双肩挑"型科研工作者，他们是科研与行政兼顾的科研工作者。一般而言，这种类型的科研工作者往往精力充沛，干劲十足。然而，行政工作繁重的压力，使得他们为保证基本的科研时间而不得不挤掉通常应该拥有的休闲或娱乐时间。他们的同事或是家人一般都能够理解，如果要成为有创造性的、成就显著的科研工作者，有时就必须适当减轻他们在其他方面（如行政事务等）的负担。同时，他们本人也应适当协调各个方面的工作负担，提高工作效率，保证能够将较充沛的精力投入研究工作之中。

科研的进程是不规则的。科研工作者在追踪一项新的发现时，由于研究工作的连续性，其必须把更多的精力倾注于研究之中，有时需要日夜思考，方能有所得。对于"双肩挑"型科研工作者，处于这种时期也需要投入大量的精力。否则，研究工作就不可能顺利地进行下去。处于这种状况下的"双肩挑"型科研工作者，就有可能丧失一些科学发现与技术创新的良机，有时甚至要以调换课题负责人的代价来维持课题研究工作。可想而知，他们为取得研究成果付出的代价是相当大的。

科研与行政同样可以相互促进，并非总是矛盾的。一个善于组织、协调的"双肩挑"型科研工作者，可以调动起课题组内外的各种积极因素，并使之形成研究合力。这样的话，他们的工作效率就会更高，对科学的贡献和社会价值也就会更大。美国研制原子弹的"曼哈顿计划"中的物理学家罗伯特·奥本海默（J. Robert Oppenheimer，1904~1967年）就是一个很好的实例。众所周知，奥本海默由于在"曼哈顿计划"中卓越的管理才能，被誉为原子弹研制的先驱。

二、大学生学习与科研关系处理

以上是一般意义上的科研关系问题。对于在校的大学生，如何处理学习与科研的关系问题？笔者根据多年指导本科生参加课题研究的经验，以在校理工科大学生为例进行简要阐述。

（一）进入实验室应具备的基本条件

什么样的人适合在本科阶段进入实验室做研究？这个问题对于理工科专业的在校本

科生尤为重要。目前，有些本科生从大一或大二开始就到实验室去做研究，这当然是一个很好的现象。但是，从调查了解到的情况来看，这其中也有一些学生是盲目跟风进入实验室的，从中并没有获得预期的研究成果，反而影响了常规的课程学习，其结果是得不偿失。作为本科生，进实验室做研究需要具备以下两个基本条件。

1. 要有固定的时间到实验室做研究

一位大二的本科生向资深教授请教怎样进入实验室做研究，教授告诉他：要想在实验室里做出比较好的成绩，获得一些研究成果，作为本科生，最好每周能抽出相对固定的时间到实验室。对不同的实验室，时间要求也可能不尽一致。由于进实验室做研究要消耗一些时间，因此，需要很好地调配专业学习与研究工作的时间，争取做到"学习和研究两不误"。

2. 要有良好的规则意识和自控能力

本科生初次进入实验室，还不具备有关科研工作需要的专业知识和研究技能，这些都需要自己填补和锻炼。要记住：实验室里大多数人都很忙，本科生能够得到导师直接指导的机会很有限。因此，必须自己去查文献、读论文，去理解消化知识，这就需要有很强的自学能力和吸纳本领。本科生研究能力的培养，基本上是在阅读文献中"得"、在实验中"练"进行的。

（二）进入实验室后如何做研究

1. 要正确地为自己定位

本科生进入实验室，主要是为自己今后从事研究工作打基础，其基本目的是学习并获得做研究的一些基本方法和技能。因此，正确地为自己定位，对在实验室顺利开展研究工作意义重大。那么，如何为自己定位？以下是笔者提出的一些有益建议。

（1）以虚心的态度向老师和学长学习。从事研究工作多年的实验室老师经验丰富，做实验有许多"窍门"和"绝招"；学长（博士生、硕士生等）也在实验室有了一段研究经历，实验技能和研究经验也相对多一些，这些对本科生都非常重要。以虚心的态度向老师和学长学习，是初学者需要充分注意并应践行的。

（2）以助手的姿态协助老师和学长进行实验。可以说，本科生是课题组中资历最浅、研究经历最短却最有活力的人群，除了要以虚心的态度向老师和学长学习之外，更重要的是要做好老师和学长的助手，认真、及时地完成好他们交办的各项任务，这是正确定位的关键，也是介入课题研究、迅速融入课题组的有效方式。经验表明，在完成既定任务的同时，若有一些创造性的建议或工作成果，会使课题组的老师和学长刮目相看。

2. 如何做实验

（1）进入实验室，首先要树立安全意识。对于理工科专业的学生，有关实验室安全的知识和原理通常一点就通，但并非人人都有很强的安全意识。千里之堤，毁于蚁穴。实验室哪里有薄弱环节，哪里就成为危险的突破口。为确保实验安全，必须遵守实验规程，不断学习新的安全知识，掌握安全实验操作技能，始终绷紧实验安全这根弦。实验工作无小事，安全操作重如山。同时，导师要经常强调并监督检查，发现漏洞及时弥补，要防患于未然。

（2）在实验室不仅是做实验，更是要做研究。在实验室做研究，每个实验都是从研究和创新的角度来设计的,与一般意义上的本科生实验课完全不同。那种按照大家熟知的步骤做验证性的实验,可能对初学者实验技能的提高有所帮助,但无益于新现象的发现,也无益于研究能力的提高。因此,要从研究的角度设计实验,从实验中发现科学问题,提出解决方案,用新的实验去验证理论的推测。

(3)实验前准备得越充分,实验就越顺利。实践证明,实验前期的知识储备、文献查询、材料准备、方法调研等项工作准备得越充分,实验过程就越顺利。充分的预习可以避免手忙脚乱,使自己在做实验时充满信心。若在准备阶段就出了差错(如药品过期等),可能会造成测试失真,甚至出现实验事故,这是要坚决避免的。

(4)实验操作要规范,实验记录要真实、详尽。对于初学者,由于实验技能还不很熟练,得到的实验结果可能偏差较大,或者重复性不够好等。若实验过程不够规范,如某一步操作有失误,一方面会影响实验进程;另一方面,可能因操作失误而与实验过程应该出现的新现象擦肩而过,这是最不应该出现的事情。因此,规范的实验操作,真实、详尽地记录实验过程,对培养学生严谨、求实的科研作风意义重大。

(5)要经常复习实验记录,并从中发现新问题。刚进实验室的初学者工作热情很高,做实验也很投入,一段时间以后会积累很多实验数据。若不及时分析、处理,初学者很可能会遗忘掉这些数据。一种好的方法是,实验一结束,就及时分析实验数据,做出初步判断。同时,把重要的图谱扫描保存,留待以后分析。经常复习以前的实验记录,并与现在的实验记录进行对比,从中可能会发现新的问题,引起新的思考,从而把课题研究引向深入。

3. 如何阅读文献

(1)先看综述,后看论著。综述篇幅较长,一般由该领域中的知名专家或学者撰写,它是对近期或一段时期内该领域有关研究工作的较为全面的总结,其中也很好地体现了综述作者的研究思想,同时也会为读者指出一些带有方向性的重要课题和待解决的重要问题,很值得认真研读。初学者在阅读完某一篇综述后,应针对其中感兴趣的内容或问题,进一步查询相关的论著或论文并仔细研读。综述一般都附有很多参考文献,可以从中挑选,也可以另寻期刊查询,进行专题分析和研究。

(2)先看导师论文,再看学长学位论文。看导师以往发表的论文,可以知道课题组研究的大方向;看学长的学位论文,可以了解他们的研究内容和研究现状:哪些是已经研究过的,哪些研究得还不够深入,哪些还未进行研究,还存在哪些待解决的问题,现有的研究方法和实现技术是否适合后续课题研究的要求,等等,从中吸取有益的方法和经验并加以借鉴。初学者了解了这些方面,对迅速进入研究领域很有帮助。

(3)要挖掘出文献真正有价值的内容。篇幅较长的论文常常可以浓缩为很少的几页,这就是论文的精华,而精华却常常隐含于论文的某个地方。论文作者认为重要的或感兴趣的地方,未必就是读者感兴趣的地方,反之亦然。因此,要从文献中挖掘出真正有价值的内容,这样就有可能筛选出感兴趣的课题。一旦发现,应迅速摘记下来,并分类成册备查。

(4)要把做实验与阅读文献结合起来。初学者大多很想了解在实验室做研究的一些方法,一种有益的建议是:在实验室做研究,最好一半时间做实验,一半时间看文献,把二者有机地结合起来。做实验要看别人怎样操作，要吸纳别人的经验，揣摩别人的思路，要边做边思考；看文献（专业书、论文、研究报告等），要带着问题去阅读，要与课题研究相结合，要学会批判性地阅读，用对比的方法分析文献，不要盲从已有的实验分析或研究结论。

（三）问什么样的问题和怎样问问题

（1）问什么样的问题。对于初学者，问问题的基本原则是"抓大放小"，最需要问的应该是一些关于实验室仪器的使用和有关研究的一些大方向上的问题。至于研究中的一些细节问题，最好由自己想办法解决。对于初学者，进入实验室最好不要一个人单干，要寻求合作者共同从事课题研究。这样，一旦遇到问题，可以有一个商量和讨论的同伴。

（2）怎样问问题。问什么样的问题是学问，而怎样问问题就要讲究方法和策略。对于初学者，怎样问问题的基本原则是"有备而问"。一般而言，最好不要一遇到问题就去问别人，想好了再问亦不迟。对问题有了一定的想法后，若是找到了问题的症结再去问，则效果会好些。问问题的最好方式是：既带着问题也带着试探解决方案去问，这样收获会更大，问题也很有可能得到解决。

经验表明，并非所有的问题都可以从讨论中获得解答，但讨论可以使参与者获得对其感兴趣的问题的某些启迪，进而引导对问题的深入思考，这对问题的解决是很重要的。

（四）要学会几项基本技能

（1）学会上网检索文献，掌握几个重要的搜索网站。有关文献检索方面的内容请参阅第三章第四节内容。

（2）学会做报告演播文件，为在学术会议上发言做准备。进入实验室后，导师经常要安排课题组成员做报告。因此，学会制作 PPT 文件是将来在学术会议上发言所必备的技能。

（3）学会常用的科学计算软件和绘图程序，为实验数据的处理做准备。例如，矩阵实验室（或矩阵工厂）（matrix laboratory，MATLAB）是一种科学计算软件，专门以矩阵的形式处理数据；Auto CAD 绘图软件可以应用于几乎所有跟绘图有关的行业，如建筑、机械、电子、天文、物理、化工等。

总之，作为初入实验室的本科生，既要把分配给自己的实验工作完成好，也要在实验中整理出自己的研究思路，通过自身的努力及与他人的合作取得一定的研究成果，这种有头脑的"新手"是很受实验室的老师和学长欢迎的。笔者相信，本科阶段就具有这种实验室的研究经历，对未来的科研工作及事业发展会有很大的帮助。

笔者在对本科生进行科研训练中，逐步探索出一种切实可行的方式，即利用企业的技术优势，与企业联合建立校外专业教学实验室，将专业实验室开设在企业中，并与生产过程相结合。校外专业教学实验室提供的先进设备，有助于本科生专业知识的实际应用和科研技能的训练，并能在教学实践中获得良好的成效。该项成果获得了 2001 年国家级教学成果奖二等奖（获奖证书请参见附录）。

第五篇

科研素质培养篇

  科研素质是科研工作者从事科研和技术创新必备的基本素质，科研素质的培养需要建设良好的科研环境及个人的不断努力。本篇由第十四章和第十五章构成，介绍素质与素养概念，阐述科技创新素质及科研素质培养方式；论述科研道德与规范，阐述科研激励机制及科研有效规范。同时，本篇还给出诸多科学家的感人事迹，并列举国内外典型的学术腐败事件加以评析。

  本篇构建了科学素养的模块结构，提出科研工作者应具备的"四大创新素质"；指出课题研究要准确把握"科研关节点"；提出科研工作者要拥有"科研工作'四心'"，具备"科研工作'六有'"；提出"科研工作者新型分类法"、"青年学者'四为'要求"、十八种"研究性教学法"；提出要善待具有好奇心且对问题感兴趣的"问题学生"的观点；提出"知识、方法、技能、素养四位一体"教学新理念；对科研违规进行分类，并按违规程度进行排序；指出学术腐败最为严重，并从概念上对广义学术腐败与狭义学术腐败进行区分。

第十四章

科研素质及培养

教育不是灌输，而是点燃火焰。

——〔希〕苏格拉底

第一节 素质与素养

素质与素养作为教育的一个基本目标，是当前科学教育改革中"普及科学"和提高科学教育质量这两大目标的概念性基石。然而，各文献中对其表述并不统一，素质与素养存在概念界定不清、内涵及外延不明的现象。由于理解和表述的泛化，素质与素养之间的异同仍存在争议且无定论，这也使其应用受到很大的影响。因此，我们有必要对二者的概念、特点和差异加以梳理，以明晰其基本意义和使用范畴。

一、素质含义与概念

1. 基本含义

素质一词通常被认为由英文 literacy 翻译而来（也有人把它翻译为"素养"）。literacy 由拉丁词 litteratus 演变而来，原意为 learned（学问），其基本含义指能读会写，即通常所指的"有文化"。关于素质含义的解释，现今文献中有多种说法。

（1）《现代汉语词典》解释。一方面是指事物本来的性质，另一方面在心理学上指人的神经系统和感觉器官上的先天的特点。

（2）《辞海》解释。一是指人或事物在某些方面的本领特点和原有基础；二是指人们在实践中增长的修养，如政治素质、文化素质；三是在心理学上指人的先天解剖生理特点，主要是感觉器官和神经系统方面的特点，是人的心理发展的生理条件，但不能决定人的心理内容和发展水平。

由上述解释可见，素质是一种先天的生理特点或原有基础，是已经形成了的专长或本领等固有属性，素质具有相对稳定的性质。

2. 概念定义

基于上述素质基本含义的解释，笔者对素质概念定义如下：素质是指事物或人本身所具有的固有属性，是先天的解剖生理特点，是人在某些方面具有的本领特点和原有基础。素质的高低，将在一定程度上影响或决定一个人的发展历程。

二、素养含义与概念

1. 基本含义

"素养"的原意是指人们参与读写交流所应具备的读写技能的最低水平。关于素养含义的解释，现今文献中也有多种说法。

（1）韦氏词典解释。素养是指阅读一小段简单文字，并能就其相关问题进行回答的能力。

（2）《现代汉语词典》解释。素养是指平日的修养，如艺术素养等。

（3）《辞海》解释。素养是指经常修习的涵养，也指平日的艺术、文学等修养。

从上述解释可见，素养是后天修习而得的，而非源于天生，它是人们在生活经验或者学习经历中增长的一种修养，而这种修养具有动态性质，会随着环境要求的变化而不断发展和提升。

2. 概念定义

基于上述素养基本含义的解释，笔者对素养概念定义如下：素养是指素质渐进发展、逐步成熟并固化的过程，它是先天性条件和后天性学习与训练的综合结果。素养通常指一个人在从事某项工作时应具备的素质和修养，是后天在社会生活中通过学习和实践养成的为人品质，包括品德、知识、才能及体质等诸多方面。因此，素养亦可视为素质的养成过程，也是人必须具备的适应现代社会需要的知识和技能的最低水平。

三、素质与素养差异

"素"者，原也，即本来之意；"质"者，为"固有""应有"之意，指事物的性质、本质、质量。素质侧重于形成的结果；素养则可以视为素质的养成，即强调通过教育、学习与实践等方式对素质的培养过程。因此，二者既有联系又有区别。

素质包括先天和后天两个方面的因素，而素养则主要指后天的培养过程。由此也可以认为，素质是素养的基础，是形成素养的前提。一个人虽然具有某种素质，若不努力认真学习和实践，也不一定能形成良好的素养。因此，良好的素养可以后天培养，但优秀的素质并非人人具有。

四、素养主要特点

素养作为素质养成的过程表现，其特点主要表现在以下五个方面。

（1）注重实践。素养是一个在教育、学习和实践中进行的"知"与"行"的有机统一体，是一个渐进累积的过程，即"知行合一"。在素质养成过程中，通过"知"与"行"的有机结合，达到自我锻炼和自我修养的目的。

（2）创新精神。素质的培养过程也是一个创新精神培养和树立的过程，即思维不固化，不迷信学术权威，有清醒的头脑、独到的观点和独立的判断。

（3）求实态度。素质的培养过程也是一个学习做事规范和经历规程训练的过程。科研工作者从事科技创新工作，必须实事求是，尊重客观规律，严格按照科研规程进行课题研究或技术开发。

（4）讲究方略。素质的培养过程具有修养性，其间需要讲究方法和策略，提高素养水平。讲究方略是指善于寻找有效解决科学探索和技术开发问题的方法和策略。

（5）目标专一。素质的培养过程也是一个提出问题、克服困难并寻求问题解决方略的科研品格形成的过程。目标专一是指在科研道路上无论遇到什么困难，都能坚定不移地朝前迈进。

第二节 科学素养概论

一、科学素养的提出

1952年，美国著名教育改革家詹姆斯·布莱恩特·科南特（James Bryant Conant，1893~1978年）在《科学中的普通教育》一书中，首次提出"科学素养"（scientific literacy）的概念。这个概念定位在普通教育层面，为后来的科学素养研究定下了基调，但科南特没有对科学素养定义做进一步的阐述。

1958年，美国斯坦福大学的保罗·德哈特·赫德（Paul Dehart Hurd）在发表的《科学素养：对美国学校的意义》一文中，使用"科学素养"来描述人们在社会实践中对科学的理解和应用，真正把科学素养引入了基础教育。

二、基本含义的演化

科学素养自提出以来，其含义不断扩大，相对应的概念也在不断演化。时至今日，这一概念包括了人们对科学技术知识乃至国家经济的发展、个人生活质量与社会责任、科学技术文化的塑造等多方面的思考。下面选取其代表性观点进行说明。

（1）NSTA（National Science Teachers Association，美国科学教师协会）的描述性定义。1964年，NSTA给出了科学素养的描述性定义，即有科学素养的人知道关于科学在社会中的作用，鉴赏科学生存的文化条件，知道概念产生和发展的过程；有科学素养的人理解科学和社会的关系，理解控制科学家的道德，理解科学的本质，包括基本概念、科学和人文的相互关系。

科学素养包括以下六个方面的内容：①科学和社会的相互关系；②知道科学家工作的伦理原则；③科学的本质；④科学和技术之间的差异；⑤基本的科学概念；⑥科学和人类的关系。

（2）安·布兰斯科姆（Ann Branscomb）的分类观点。1981年，布兰斯科姆检验了"科学"（science）和"素养"（literacy）的拉丁文词根，将素养定义为"具有读、写和理解人类系统知识的能力"。他从不同作用和功能出发，将科学素养分成八种类别：①方法论科学素养（methodological science literacy）；②专业科学素养（professional science literacy）；③普遍科学素养（universal science literacy）；④技术科学素养（technological science literacy）；⑤科学爱好者或业余爱好者的科学素养（amateur science literacy）；⑥新闻工作者的科学素养（journalistic science literacy）；⑦科学政策素养（science policy literacy）；⑧公共科学政策素养（public science policy literacy）。其中，方法论科学素养、专业科学

素养、技术科学素养正是专业技术人员必须学习和掌握的科学素养。

（3）乔恩·D.米勒（Jon D. Miller）的三维界定观点。1983年，米勒在布兰斯科姆的基础上，对20世纪后半叶以来的科学素养做了进一步概括，从当时科技社会的背景下提出了科学素养的三个维度，即公众科学素养的三个标准：①对科学规范和科学方法（即科学本质）的理解；②对重要科学概念和科学术语（即科学知识）的理解；③对科技的社会影响的意识和理解。由于米勒的界定简单且更具概括性，现在许多国家公众科学素养的调查都按照米勒模型进行问卷设计。

（4）AAAS（American Association for the Advancement of Science，美国科学促进会）"2061计划"中的定义。1985年，AAAS发起的"2061计划"将科学素养定义为"熟悉自然界、尊重自然界的统一性；懂得科学、数学和技术相互依赖的一些重要方法；了解科学的一些重大概念和原理；有科学思维的能力；认识到科学、数学和技术是人类共同的事业，认识它们的长处和局限性。同时，还应该运用科学知识和思维方法处理个人和社会问题"，"科学素养可以增加人们敏锐地观察事件的能力、全面思考的能力，以及领会人们对事物所做出的各种解释的能力。此外，这种内在的理解和思考可以构成人们决策和采取行动的基础"。与其他观点的较大区别是，AAAS"2061计划"中的定义强调了数学在科学素养中的重要作用。

（5）科技部等部门的理解。2000年，科技部连同教育部、中国共产党中央委员会宣传部、中国科学技术协会（以下简称中国科协）和中国共产主义青年团五个部门组织了有关专家，根据中国青少年科学技术普及活动实际状况，制定了《2001～2005年中国青少年科学技术普及活动指导纲要》和《2001～2005年中国青少年科学技术普及活动内容与目标》。这两份文件对科学素养有统一的理解，主要包括以下四个方面：①科学态度；②科学知识、技能；③科学方法、能力；④科学行为、习惯。

（6）同心圆观点与三维模式。1999年，顾志跃认为科学素养的基本结构可用三个同心圆表示（顾志跃，1999），如图14.1所示。其中，最核心部分是科学精神、科学态度和价值观；中间部分包括科学知识与技能、科学方法和能力；最外围部分是科学行为和习惯。2004年，潘苏东和褚慧玲提出了科学素养三维模式（潘苏东和褚慧玲，2004），他们认为科学素养包括五个基本因素，即科学知识、科学方法、科学技能、科学本质，以及科学、技术与社会的关系（science, technology and society, STS）。根据这五个基本要素之间不同的关联程度，可以把它们分为以下三个维度：①科学知识维度；②科学技能方法维度，包括科学方法和科学技能两个因素；③科学观念维度，包括科学本质和STS。

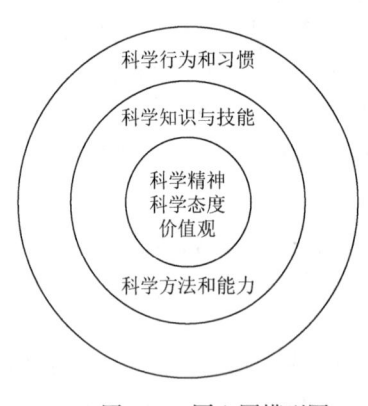

图14.1 同心圆模型图

除了上述列举的一些代表性观点之外，科学素养还可按不同的社会需要，按不同的水平、不同的功能进行分类，或者按不同的对象、不同的教育目的划分为不同的范围和层次。因此，科学素养也就有着多种不同的观点阐述，即类似一个多面体的金字塔，具有丰富的结构。尽管各个时期，不同的群体对科学素养概念的内涵有着不同的理解，科学素养内涵随着科学技术的发展也在不断地变化，但科学素养的核心内容是基本一致的。

三、模块结构的构建

基于上述科学素养基本含义的解释，笔者采用系统工程论和因素分析法，对上述及以往的科学素养解释进行因素分析和提炼，以模块方式进行概念定义，即将科学素养视为一个系统，该系统由基础科学知识、科研基本方法、科研基本技能、科研相关因素四个子系统（模块）组成，如图14.2所示。

于是，笔者对科学素养定义如下：科学素养是素养概念的延伸和派生，其基本含义是指一个人在从事某项工作时应具备的科学素质及修养。具备科学素养的人，应具有一定的基础科学知识和科学辨识能力，了解典型科研方法和基本研究技术，树立科学价值观，能够区分科学与非科学的事物，理解科学技术与社会的关系等。由此可见，科学素养包括以下四个方面的内容：①基础科学知识，包括数学、物理、化学、天文学、地学和生物学等基础科学知识的掌握与本质认识；②科研基本方法，包括逻辑、数理、经验等典型科研方法及现代科研方法的掌握，以及科研过程中的思维、行为、规程、伦理等的探索与运用；③科研基本技能，包括在相关领域从事科研工作所需科研仪器的使用及必备研究技能的掌握等；④科研相关因素，包括课题组进入与融合，各种关系的有效处理，课题研究绩效提高，以及人与自然、人与人、人与社会的关系认知，等等。

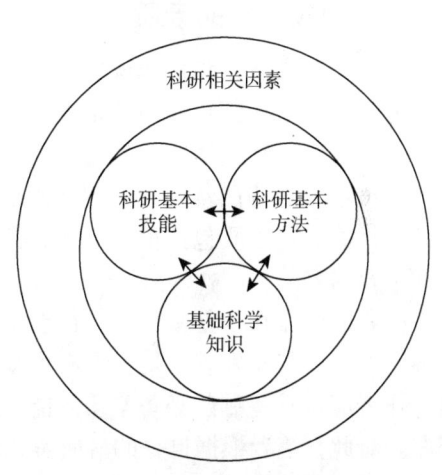

图14.2 科学素养结构图

上述对科学素养基本概念的定义可称为"科学素养四模块结构"，它包含了公民对科学知识、研究技能、探索实践乃至对国家经济发展、个人生活质量、社会责任感，以及对科技的认知、科技本质的理解、环境因素的调控、科技文化的塑造等多方面的思考。

第三节 科技创新素质

一、科研素质的含义

正如素质与素养不同，科研素质与科学素养的概念和含义亦有所差异。科研素质是素质概念的延伸和派生，其基本含义是指人在科学与技术方面具有读写、表述和理解能力，以及具有一定的科研与技术创新能力。具有科研素质的人，应具备一定科研与技术创新能力，要求熟悉科学基本知识，掌握必备科研方法与技能，能够运用科学思维进行科技探索实践；善于发现问题，长于分析问题，能够有效解决实际问题；能够认识科研与技术的长处和局限性，具有与自然、他人及社会和谐相处的能力。

科研素质是科研工作者及专业技术人员所应具备素质的重要组成部分。一个具备了基本科研素质的人，应该了解本专业或本领域基本的科学技术知识，掌握基本的科研方法，崇尚并具有科学精神，树立起科学思想，具有一定的解决科研问题的技能。提高科研素质，对于科研工作者个人而言，可以增强其获取和运用科技知识、采用科研方法分析问题和解决问题的能力；对国家而言，则是实现全面发展、提高国家自主创新能力、建设创新型国家、实现经济社会全面协调可持续发展、构建社会主义和谐社会的需要。因此，提高大学生的科研素质，对于建设创新型国家、提高整个民族的科技水平具有十分重要的现实和深远意义。

二、科技创新的素质

所谓创新素质，概括地说，就是进行创造发明的能力；具体地说，就是创新意识和创造能力的统一。创新能力的培养，主要是掌握创新的思想和方法，切实重视实践性环节，以便人们不断提高自身的创新能力。真正的创新素质是学习与创造的有机统一。知识经济最重要的特征就是知识创新和技术创新，创新是知识经济的灵魂，人是知识和技术的载体。人的素质包括很多方面，其核心就是创新能力。创新型教育是素质教育的核心和主要内容。

科研的生命在于创新，科技创新是科学探索和技术发明的突破口。科技部门的各级领导干部，要善于发现并培养具有创新意识和研究潜质的科技人才。在科研工作中，科研工作者应该具备哪些必备素质才能实现科技创新的目标，这是一个很值得探讨的重要问题。对此，笔者根据自身的科研实践体会，提出科研工作者应具备"四大创新素质"，具体分析如下。

（一）要有发现科研选题的敏锐眼力

什么是问题？问题就是事物的矛盾，而矛盾则是一切有生命活力的物质乃至运动的根源。科研工作会产生无数的问题，这些问题属于科研的范畴。关于科研选题，人们有多种认识和理解，其一般具有以下一些特征：①科研选题的提出是建立在已有的科学知识及认识的基础之上的；②因社会需要而提出的问题，经科研工作者的凝练转化为科研选题；③在科研的过程中出现了不能被现有知识解释的矛盾现象；④在某个给定的情景状态下，科研工作者的认知与追求目标间存在差距；⑤科研选题包含一定的求解目标和应答域，但无确定的答案；等等。

综上所述，科研选题可以理解为科学家或科研工作者基于当时的背景知识和认识能力，在科研工作中发现的与已知理论或实验结果不符的矛盾，以及为解决这些矛盾而提出的具体科研任务。

科技创新是在继承前人研究工作的基础上，创造性地提出新观点、新概念和发展新方法、新技术。科技创新往往始于提出科学问题。当今国际竞争日益激烈，科学技术日新月异，没有敏锐的观察力，抓不住科研前沿热点，课题研究工作就只能跟在别人后面，自然谈不上原始创新。一个优秀的科研工作者，应该在宏观把握当前科研领域研究热点的基础上，结合自己以往的科研基础和现有的实验条件，敏锐地发现适合自己努力突破的、具有重要科学意义并预期会产生科学发现和技术创新的研究方向，并适时提出可成为课题研究备选的科学问题。

科研选题在科学发现和技术发明中具有非常重要的地位和作用。著名数学家希尔伯特指出："只要一门科学分支能提出大量的问题，它就充满着生命力，而问题缺乏则预示着独立发展的衰亡或终止。"爱因斯坦说过："提出一个问题往往比解决一个问题更重要。因为解决问题也许仅仅是一个数学上或实验上的技能而已，而提出新的问题、新的可能，从新的角度去看待旧的问题，都需要有创造性的想象力，而且标志着科学的真正进步。"

因此，在科研工作中，发现问题是实现科技创新的前提。需要指出的是：①发现问题需要具备敏锐的观察力，而这种观察力需要经过长期的科研培养和训练，并在科研工作中不断磨炼才能逐步获得，这是对科研工作者的基本要求。②发现的问题并非都能成为科研选题，科研工作者要从诸多的问题中梳理、提炼出具有科研价值的科研选题，这才是发现问题的最终目的。

一旦发现并提出了科学问题，课题研究目标和主攻方向也就随之确定了。然而，科学问题并不等同于科研选题。只有那些在现有条件下具有可解条件的科学问题，才能被作为科研课题加以立项研究。

科学问题是某一历史时代的产物，该时代所提供的知识背景则决定着科学问题的内涵深度和解答途径。因此，没有专业知识的深厚储备，没有科研经验的丰富积累，没有对新事物的大胆猜测，没有广泛的学术与技术交流，没有超常的思维想象力，一般是很难提出有影响、有重要价值的科学问题的。善于发现并提出科学问题是科研工作者必备的一种最重要的素质，科研工作者只有具备了提出科学问题的敏锐意识，才有实现科技创新的可能。

例如，粒子物理学正面临着十大悬而未解的问题，它们是：①是否存在未发现的自然规律，如新的对称性和新的物理规律？②是否存在额外维空间？③能否把自然界所有的力统一为一种力？④为什么存在如此多的种类不同的粒子？⑤为什么夸克和轻子只有三代？粒子质量的起源是什么？⑥什么是暗物质？如何在实验室中产生它？⑦什么是暗能量？⑧中微子能给我们什么启示？它如此微小的质量及其在宇宙演化中的作用实在是个谜。⑨宇宙是如何形成的？如果宇宙大爆炸理论是对的，那么大爆炸之前是什么？⑩为什么今天宇宙中只有物质而没有反物质？

粒子物理学之路漫长而艰苦，要回答这些问题一方面需要持续增加科学实验仪器和设备的投入，另一方面也需要不断探索解决问题的思路，创建新的科研方法，这就需要粒子物理学家和天体物理学家的共同努力和协作攻关。

又如，当代自然科学的重大基本问题主要包括：①宇宙的起源和演化问题。该问题具体包括宇宙大爆炸是如何发生的？其演化过程如何？宇宙会不会无限制地膨胀？星系是如何起源和演化的？太阳系是如何起源和演化的？这些都是目前科学家研究的热点问题。②地球的起源和演化问题。该问题具体包括地球是如何形成的？它是由哪些物质组成的？地球的年龄有多大？地球内部是什么样子的？为什么地球上会有生命？沧海桑田、山川巨变是如何发生的？什么地方会发生地震、形成火山？这些问题有待科学家进一步探索和深入研究。③生命的本质与智力的起源问题。该问题具体包括生命的本质是什么？人脑是如何工作的？人的意识、情绪、意志、感情、理智和智力是如何由脑神经细胞产生的？人的智力和体能是否有极限？这些问题不仅具有重大的科学价值和应用前景，而且具有深刻的哲学意义。④宇宙的结构层次和物质的基本单元问题。该问题具体包括宇宙的结构到底是什么样的？如何更科学地划分宇宙的层次（现今人们认为宇宙可分为宇观、宏观和微观三个层次）？自然界究竟存在哪些作用力（目前人们认为宇宙存在万有引力、电磁力、强力和弱力四种作用力）？构成自然物质的基本单元是什么（目前科学家认为夸克、轻子、传播子和希格斯粒子是构成自然物质的基本单元）？⑤非线性科学问题。该问题具体包括混沌现象、分形、孤子、远离平衡态的开放系统和自组织结构的产生机理及演化过程的研究，为什么能够出现适应复杂环境状态的自组织结构？生命的起源是什么？生物是怎么产生的？有规则的各种空间结构模式是如何自动生成的？这些都是非线性科学研究的前沿问题。

再如，2003年，美国《纽约时报》的科技周刊——《科技时代》评选出过去25年中最具争议的25个科学问题。尽管这25个问题中大多数目前尚无答案，但《科技时代》指出：科学的使命不仅仅是寻找答案，更重要的在于提出问题。这25个科学问题是：①自然科学重要吗？②战争是否终将毁掉一切？③人类能登上火星吗？④人的大脑是怎样工作的？⑤地心引力到底是什么？⑥我们能发现传说中的"亚特兰蒂斯"大陆吗？⑦人体中到底有多少个部分可以移植？⑧我们应该吃些什么？⑨下一次冰河纪什么时候到来？⑩在宇宙大爆炸之前发生了什么？⑪人类究竟能活多久？⑫性别是必需的吗？⑬人类将面临的下一场大瘟疫是什么？⑭机器人能够有人类的意识吗？⑮人类为什么睡觉？⑯动物比我们认为的还要聪明吗？⑰科学能够证明"神明"的存在吗？⑱进化是随机的吗？⑲生命如何起源？⑳药物能够使我们更开心、更聪明吗？㉑我们应该改良我们的基因吗？㉒地球上有多少种物种就足够了？㉓当今数学界最重要的问题是什么？㉔外星人到底在哪里？㉕超自然现象真的存在吗？

对于上述科学问题而言，有些目前还不能作为科研选题。但随着科学的不断发展和技术的日益进步，笔者相信，它们最终会被人类无穷的智慧和巨大的能力解决和阐释。

（二）要有解决科学问题的方法策略

在科研工作中，提出科学问题只是在科学道路上迈出了第一步，分析并解决科学问题才是科研工作的最终目标。由于科学问题大多涉及科研领域的最前沿，仅仅利用已有的知识或采用已有的方法也许不能够对其进行分析或将其彻底解决。这时，为了实现科技创新的目标，就需要探索和发现解决科学问题的新方法和新策略。

提出问题之后，下一步就要运用有关知识和方法分析和解决问题。在该阶段，科研工作者需要运用逻辑的方法对问题进行分解，需要将分析与解决问题的诸多过程及各个序列进行妥善地衔接与结合，需要利用专业知识、背景知识及科研方法剥离表面现象，追溯其中的因果关系。为使科学问题的分析更准确、更合乎逻辑，还需要对科学问题进行分类。一般而言，科学问题的类型不同，其解决方法与策略亦有所不同。

例如，随着观测手段及设备的不断发展，人们对微观世界（如原子结构）的了解越来越深入。英国物理学家约瑟夫·约翰·汤姆逊（Joseph John Thomson，1856~1940年）最先发现了电子，认为电子是原子的一部分，并且最早提出了枣糕模型的原子结构：原子是充满正电荷的球体，电子均匀地嵌在原子球内。后来，欧内斯特·卢瑟福（Ernest Rutherford，1871~1937年）根据α粒子散射实验，否定了汤姆逊的枣糕模型，并受"大宇宙与小宇宙相似"等观念的启发，将原子结构和太阳系进行类比，提出了一个核式结构的原子模型（原子行星模型）：每个原子都有一个极小的核，核的直径在 10^{-12} 厘米左右，这个核几乎集中了原子的全部质量，原子核带有正电荷，而原子核外有带负电荷的电子绕核旋转。卢瑟福的原子模型，成功地解释了许多物理和化学现象，但后来的研究发现，这种核式结构的原子模型有很大的局限性。他的学生——丹麦物理学家玻尔综合普朗克的量子论、爱因斯坦的光子论，在卢瑟福核式结构的原子模型基础上，提出了玻尔模型：电子在重核周围的轨道上旋转，且假定原子的电子只能在某些大小确定的分立轨道上旋转；每个确定的轨道都具有与其相关的确定能量，当一个电子从一个确定的轨道跃迁到另一个确定的轨道时，辐射出来的光的频率就等于能量的变化除以普朗克常数。这个模型较卢瑟福的模型有所改进，它是经典力学与量子论相结合的产物。随着科学的发展，玻尔模型也出现了很多不符合实际的情况，现已被量子力学模型取代。

又如，笔者所在的课题组曾以普通光纤/光纤光栅功能器件的设计、实现及其应用为主要研究方向之一。20 世纪 90 年代，英国科学家提出了一种在纤芯横截面上具有周期排列的空气孔结构的新型光纤，即微结构光纤。这种新型光纤具有许多普通光纤所不具有的"奇异"光学性质，如无穷尽单模传输、高非线性、大模场面积、可控色散特性等。利用微结构光纤，可制作多种前所未有的、功能新奇的新型光子器件。对此，课题组敏锐地意识到：微结构光纤及其器件的研究将是未来光纤研究领域的热点，在促进并产生全新的性能优异的新一代光纤光子器件方面具有重大的科学意义和应用价值，对该类课题的深入研究，有可能导致现代光纤技术的新跨越。加之，课题组在普通光纤、光纤光栅及其光子器件方面的研究已具有较深厚的研究基础和较丰富的经验，具备了必要的研究设备。因此，课题组决定把微结构光纤、微结构光纤光栅及其功能器件的创新作为新的研究方向。正是对微结构光纤相关研究的敏锐意识及前期的研究基础，课题组承担了国家 973 计划中的子课题和国家自然科学基金项目，并在国内率先写制出微结构光纤光栅，研制出微结构光纤及微结构光栅传感器件，并在微结构光纤及光栅结构设计、模型构建、机理探索、器件研制、通信分析、感测应用等方面取得了诸多创新性的成果，发表了数篇高水平的文章并申请了国家发明专利，在该领域取得了一定的领先地位。

（三）要有怀疑学术权威的勇气

在科技创新活动中，要有独立怀疑精神，不能一味唯上、唯师。良好的科研环境和宽松的学术氛围是科技创新活动不可或缺的。科学怀疑不是否认科学知识和客观规律及人们对世界的认识能力，科学的怀疑精神主张反对教条主义和反对盲目地挑战"权威"。在尊重事实和客观规律的前提下，要敢于怀疑，通过谨慎求证，去伪存真，进而启迪、激发科技创新。现代科学的诞生与发展，正是发扬科学怀疑求证精神的结果。典型实例像哥白尼挑战托勒密地心说，维萨里（Andreas Vesalius, 1514~1564 年）、哈维挑战盖伦的解剖学，伽利略挑战亚里士多德的物理学，等等。

科研之所以需要科学怀疑精神，是因为科学怀疑是打开真理大门的钥匙。"学贵善疑"，疑是思之始，学之端。中国清代思想家黄宗羲（1610~1695 年）指出："小疑则小悟，大疑则大悟，不疑则不悟。"科学史上许多重要的发明创造，都是科研工作者对某事的怀疑而引发了进一步的探索和实践造就的。敢于怀疑和勇于探索，是科技大师区别于普通科研工作者的重要标志。科技大师的伟大成果，常常是从千百万人司空见惯的现象中筛选科学或技术问题，进行深入研究并取得突破的。

例如，爱因斯坦十分赞赏和崇拜奥地利物理学家恩斯特·马赫（Ernst Mach，1838~1916年），他认为："马赫的真正伟大，就在于他的坚不可摧的怀疑态度和独立性。"爱因斯坦曾经表示：自己从少年时代起就具有怀疑精神，而这种怀疑精神一直伴随着他一生。因此，他以独特的怀疑眼光从经典力学相对性原理与麦克斯韦理论的矛盾中发现了科学问题，从"同时性的相对性"这一别人毫无觉察的科学问题入手，经过艰苦的分析研究，终于创立了狭义相对论，开创了物理学的一个新时代。显然，如果没有对牛顿力学这一"绝对权威"的大胆怀疑，相对论的创立是根本不可能的。

又如，伏特电池的发明是科学怀疑精神作用的又一个有力的证明。伏特电池的发明要归功于两位意大利科学家：解剖学家和医学教授路易吉·加尔瓦尼（Luigi Galvani，1737~1798年）和物理学家、化学家亚历山德罗·伏特（Alessandro Volta，1745~1827年）。1780年，加尔瓦尼在一次解剖青蛙时有一个偶然的发现：一只已解剖的青蛙放在一个潮湿的铁案上，当解剖刀无意中触及蛙腿上外露的神经时，死蛙的腿猛烈地抽搐了一下。加尔瓦尼立即重复了这个实验，又观察到同样的现象。作为解剖学家，加尔瓦尼想用动物体内存在某种电来解释，但这种"动物电"的解释是含糊不清的。对此，加尔瓦尼经过不懈的探索、分析，将研究结果撰写成论文《关于电对肌肉运动的作用》，并于1791年发表。伏特读过这篇论文后，也多次重复了加尔瓦尼的实验。作为物理学家，他怀疑"动物电"的解释，认为这种现象可能与电有关。他推想电的流动可能是由两种不同的金属相互接触产生的，与金属是否接触活的或死的动物无关。伏特用自己设计的精密验电器，对各种金属进行了许多实验。这些实验证明，只要在两种金属片中间隔以用盐水或碱水浸过的（甚至只要是湿润的）硬纸、麻布、皮革或其他海绵状的东西（他认为这是使实验成功所必需的），并用金属线把两个金属片连接起来，不管有无青蛙肌肉，都会有电流通过。这就说明电并不是从青蛙的组织中产生的，蛙腿的作用只不过相当于一个非常灵敏的验电器而已。伏特的科学怀疑最终导致了伏特电池的产生，这项发明充分说明科学怀疑精神在科技创新中具有非常重要的作用。

（四）要有对问题求证到底的毅力

科技创新研究的是前人没有研究过的新理论、新技术，通常没有现成的经验可供参考。科技创新的过程往往是艰难、曲折的，甚至在科技创新完成后的一段时间内也难以被世人接受。因此，科研工作者在科技创新中必须要有对问题求证到底的毅力，只有这样才能取得最终的成功。

例如，物质波理论的建立，就有力地证明了这一点。1892年出生于法国的物理学家德布罗意，早年学习的是历史，后来拜当时著名的物理学家保罗·朗之万（Paul Langevin，1872~1946年）为师攻读博士学位，研究与量子有关的理论物理问题。在物理学史上，关于"光的本性"这一问题，曾经争论了几个世纪。光的干涉、衍射实验表明光具有波动的特征；而光电效应、康普顿效应却表明光具有微粒特性。20世纪初，人们开始接受普朗克、爱因斯坦等的思想：光既不是粒子，也不是波，而是兼有波动性及粒子性的客观实在。简单地说，光具有波粒二象性。认识光的波粒二象性是一个富有启发性的物理事件：既然光具有波粒二象性，那么实物粒子也应该具有波粒二象性。

德布罗意指出，过去一向被当作粒子的实物微粒（如电子），会不会也具有波动性呢？德布罗意根据光子的两个基本关系式（$E=h\nu$、$P=h/\lambda$，其中，E、P 分别是光子的能量与动量；ν、λ 分别是与之相对应的光波的频率与波长）大胆地设想：实物微粒也同时具有波动特征，这样的波可被称为"物质波"，其波长可按公式 $\lambda=h/P$ 定量计算。在博士学位论文答辩会上，德布罗意进一步建议用电子在晶体上做衍射实验来证明所推想的"电子波"。德布罗意关于物质波的理论在物理学界掀起轩然大波，大部分物理学家对此表示怀疑，包括导师朗之万也对此不敢相信，德布罗意仅仅是勉强通过了博士学位论文答辩。直到四年以后，1927 年，美国贝尔实验室的克林顿·约瑟夫·戴维逊（Clinton Joseph Davisson，1881～1958 年）和雷斯特·哈尔伯特·革末（Lester Halbert Germer，1896～1971 年）合作，以及英国物理学家乔治·佩吉特·汤姆逊（George Paget Thomson，1892～1975 年，他是电子的发现者 J.J. 汤姆逊的儿子）独立地完成了电子衍射实验，都证实了电子确实具有波动性，德布罗意的新理论才得以被学术界普遍接受，德布罗意也于 1929 年荣获了诺贝尔物理学奖。而普朗克是较早提出光具有粒子性观点（量子假说）的物理学家，但由于争论较多，他没能继续坚持，最终抛弃了自己当初的量子假说，重新回到了经典物理的旧框架中，失去了发现"物质波"这一科技创新的难得良机。

第四节　科研素质培养

一、科研素质培养背景

1. 知识经济时代与学习化社会的到来

知识经济是以知识为基础的经济，是科学技术密集型经济。知识经济主要由知识创新体系、知识传播体系和知识应用体系组成，知识取代了农业社会的土地和工业社会的传统资本，并在经济活动中发挥着主要作用。在知识经济时代，对人才的根本要求是具有创新精神和创新能力，以及自主学习、合作学习、终生学习的意识和能力。

面对挑战，受教育者必须领会科学的本质；关注科学、技术与社会的问题，形成科学的态度和价值取向，树立起社会的责任感；学会基本的科研方法和一定的科学思维方式，为终身学习打好基础，为社会的可持续发展提供知识、方法和技能等方面的支撑。为此，我们需要具备怎样的科学素养、对科学技术具有怎样的理解程度，才能适应社会、求得自身可持续的发展？

2. 反思目前科学教育存在的问题

衡量科学教育成功与否，目前尚无统一的评判标准。国际社会早在 20 世纪 80 年代就对科学教育进行了反思，以下两种情况为我们衡量科学教育成效提供了可借鉴的参考依据。

（1）把有问题的学生教得没有问题。也就是把有探索或探究问题的学生，教得对问题无兴趣或者对新鲜事物无好奇心等，均属于这种情况。例如，我国某些落后的教育方式（如填鸭式、应试教育等）就把学生的学习积极性和主动创造力磨灭了，把"问题"学生教成了"听话"学生，以致其成为循规蹈矩的牺牲品。

（2）把没有问题的学生教得有问题。把对问题无兴趣或者对新鲜事物无好奇心的学生，教得对问题有探索或探究兴趣，均属于这种情况。例如，美国等一些发达国家提出的科学教育观点及采用的现代教学方式，已取得了诸多成果，我们应及时吸纳一些先进经验，迅速提高我国的科学教育质量和水平。

从人才培养的角度出发，教师要善于发现那些具有好奇心且对问题感兴趣的学生，不要把他们视为"寻找麻烦的人"，要热情鼓励并引导这些"问题学生"自主学习或探究问题，提高他们的自信心并助力其成才。同时，教师必须重视研究性教学方法的改革与实践，提高"问题意识"，保持对新事物的敏感，努力为学生授业解惑，成为学生喜欢的"问题教师"。

二、中国科学素养调查

在20世纪90年代，我国政府有关机构陆续对公民的科学素养进行了调查。1990年，中国科协开始策划全国性的科学素养调查；1991年，上海市首先进行了科学素养调查试点；1992年，在中国科协和国家科学技术委员会有关部门的共同组织下，全国首次公众科学素养调查正式展开。1993年，上海市独立开展了全市范围的第一次公众科学素养调查，这是继1992年第一次全国公众科学素养调查之后的第一次省（市）级别的调查，上海市也因此成为我国首个开展公众科学素养调查的地区。调查结果显示，上海市公众当时的科学素养达标比例为2.6%。

1992年之后，中国科协又分别于1994年、1996年、2001年、2003年、2005年、2007年、2009年、2015年、2018年、2020年进行了10次全国范围的公众科学素养调查。自1996年以来，我国公民具备基本科学素养水平的比例结果如下：1996年仅为0.20%；2001年为1.40%，虽然是1996年调查结果的7倍，但与欧共体1992年的5.00%、美国20世纪90年代初的6.90%的水平相比差距很大；2003年为1.98%，表明我国公民科学素养水平在逐步提高；2005年为1.60%，该次调查采用"中国公众科学素养观测网"回收调查数据；2007年为2.25%，其中科学家、教师和医生成为声望最高的职业；2010年为3.27%，相当于日本、加拿大和欧盟等主要发达国家和地区20世纪80年代末、90年代初的水平；2015年为6.20%，超过世界主要发达国家20世纪90年代中期的水平，其中上海、北京和天津位居全国前3位，达到欧美世纪之交水平；2018年达到8.47%，比2015年的6.20%提高2.27个百分点，我国各地区公民科学素养水平大幅增长，其中上海、北京公民科学素养水平超过20%，天津、江苏、浙江和广东超过10%，上述省（市）和山东、福建、湖北、辽宁共10个省（市）超过全国平均水平。在2020年的调查中，具备基本科学素养水平的公民比例达到10.56%，完成了国家"十三五"10%的发展目标任务，其中上海、北京公民科学素养水平均超过24%，天津（16.58%）、江苏（13.84%）、浙江（13.53%）、广东（12.79%）、福建（11.51%）、山东（11.47%）、湖北（10.95%）和安徽（10.80%）这8个省市的公民科学素养水平超过10.56%的全国总体水平。同时，这一结果也标志着我国公民科学素养整体提升进入了新阶段，并为建设创新型国家奠定了坚实的基础。

三、科研素质养成特点

一个人的科研素质不是先天就有的，它需要以后天的科研学习与实践为基础，并且在科研活动中逐步养成和提高。科研素质作为科研工作者及专业技术人员应具备素质的重要组成部分，其核心特质是对创新能力的培养。科研素质的养成教育在大学生的素质培养与形成中具有不可替代的作用，这种养成的关键在于参加科研实践锻炼，从科研实践中学习、提高，即在干中学、边干边学。

所谓"养成"，指的是人们在一定的环境下有计划地接受某种教育及培养实践，从而形成预期的品质和行为的过程。"养成"的过程，就是将预期的目标通过一定的方式内化为受教育者主体的自觉意识、自觉的习惯及自动的要求，形成一种有形的道德自律，并使其行为遵循既定的规范和约束。对于科研素质而言，"养成"则是指通过科研知识传授及提供科研训练环境，使人形成科研品质和科研行为的过程；亦即通过课堂教学、社会实践及课题研究等过程，让受教育者形成一种有形的科研道德自律，并使其行为遵循既定的科研规范和约束。科研素质养成具有如下特点。

（1）实践性。科研素质的养成过程具有实践性特点，它是一个在实践中对科研的"知"与"行"进行统一的过程。只有了解、认识科研工作的具体过程及特点，才能理解科研工作的魅力，才能激发探索未知的热情，培养对科研工作的兴趣，进而喜欢从事科研工作。

（2）修养性。科研素质的养成过程具有修养性特点，即通过"知"与"行"的有机结合，达到自我锻炼和自我修养的目的。这对实现科研素质的养成目标，培养全面发展的各级各类优秀人才具有非常重大而深远的意义和作用。求知与修养相结合、实践与提高相结合，才能取得良好的科研素质养成效果。

四、科研素质培养方式

素质的养成过程，是一个知、情、意、行相统一、相结合的辩证过程。该过程需要重视自我修养、自我教育及自我完善的设计与实现，结合科研实际，身体力行，坚持不懈地实践，方能取得成效。科研素质的养成和提高没有固定不变的模式，应当勇于探索、大胆创新，这需要科研工作者个人的努力及养成环境的建设。以下是科研素质培养的几种实践方式。

1. 创建良好的培养环境

科研素质的培养需要良好的外部环境和条件，高等院校和科研机构是比较理想的场所；具有高尚师德和丰富科研经验的教师，则是大学生科研素质培养的关键因素。实施素质教育和品格塑造，只有具备高素质修养的教师，才能担负起高素质科研人才的培养重任。具体包括：①高尚的道德品质。师者，传道、授业、解惑也，教师的优良素质和品质是教育学生的楷模，它深深地渗透到每一个教育环节及过程之中。②高度的敬业精神。以培养人才为目标，以对学生负责为职责，对事业全身心地投入精神，将对学生产生一种无形的、潜移默化的影响和教育作用。③自身的人格品质修养。高尚的人格品质修养能够使教师抛开世俗，愉快地传授知识，传播文明，塑造人格；能够使学生愉快地汲取知识，传承文化，设计人生。④引导学生做科研。导师学识渊博，科研经验丰富，应当把学生带入科研领域大门，再放手指引他们奋进。正所谓"严师出高徒""强将手下无弱兵"。⑤团队协作育新人。科研素质的培养，需要依靠教师群体的力量，特别是教学团队的协作力量。在教学团队中，每位教师都要团结协作，互通有无，取长补短，紧密配合，调动各种积极因素，营造出一种良好的科研素质培养环境。

例如，南开大学研究性教学团队就是这样一个集体，该教学团队源于首批天津市教学团队，在研究性教学的模式创新、理论建构、教法设计、探索实践、应用推广等方面，坚持多年不松懈，在培养大学生科研素质方面取得了突出成绩。2010年5月，"科研方法论"课程被评为国家级精品课；2016年6月，该课程被评为首批国家级精品资源共享课；2018年12月，该课程被认定为国家精品在线开放课程。2018年10月，该教学团队申报的成果"大学生科学素养培育提升的探索与实践"获得国家级教学成果奖二等奖；2023年7月，该教学团队申报的成果"教科融合、协同育人的研究性教学模式构建与实践"获得国家级教学成果奖二等奖。

2. 实施研究性教学培养

南开大学研究性教学团队根据多年的本科教学经验，探索并践行研究性教学的理念，创设并实施了多种研究性教学方法，如问题引导法、课程大作业、角色轮换法、逆向设计法、科研案例法、文献辨析法、质疑辩论法、科学推测法、学术会议法、组会观摩法、自主探究法、课题研究法、助教辅学法、工程实践法、思维导图法、模型分析法、模拟谈判法、实地调研法等，通过课堂教学探究、小组专题研究、校企协作实践一条龙实践途径，对大学生进行知识、方法、技能、素养四位一体的综合性培养。这些研究性教学新方法已在天津市、京津冀、全国一些高校应用推广，既增强了教与学的互动性，有效提高了课程教学的质量和水平，又促进了教师研究性教学技能的不断提升。

（1）问题引导法。该方法以专业问题为先导，启发好奇心，引导学生发现问题、提出问题并清晰地表述专业问题。通过师生互动，培养问题意识和探究兴趣，了解科学问题、技术问题、工程问题和社会问题的含义、结构和特点，了解求解专业问题的一般规程，掌握寻求解决问题的途径，通过应用科研方法尝试解决专业问题，提高自主探究能力。

（2）课程大作业。该方法要求学生组建课程探究小组，根据专业、爱好、特长等组队，人数根据任务需求而定。探究题目可由探究小组自拟或由专业教师提供。在组长的带领下，小组成员按照科研规程学习实践，包括课题调研、编写计划书、分配任务、调研分析、探索实践、中期检查和期末答辩。学期末按照一定比例评定优秀课程大作业，其中涌现出很多具有创意的研究成果。

（3）角色轮换法。该方法可使团队或者小组成员轮流扮演不同角色，组长负责课题的策划组织、计划书编写、任务分配、进程督促、工作检查和结题汇报等，组员在组长的带领下完成自己所承担的探究任务，每个成员任务不同，所采用的科研方法和应用技术也不尽相同。学生通过轮换体验不同岗位的角色，从中锻炼、提高科研素养和技能。

（4）逆向设计法。该方法是一种产品设计技术的再现过程，即对某项目标产品进行逆向分析和研究，进而演绎并得到该产品的组织结构、功能特性、技术规格及运作流程等设计要素，以制作出功能相近但非同一的产品（注意知识产权）。该方法的使用，有助于促进学生逆向思维的训练。

（5）科研案例法。该方法将典型的科研过程进行归纳总结，凝练成科研案例。通过科研案例的讲解和分析，激发问题意识，引导学生提出并有效解决专业问题，感悟科研方法和思维方式，提高创新意识。科研案例的遴选，需要考虑授课对象的知识基础、技能水平、接受程度等，使案例教学具有针对性、可行性、实操性和指导性。

（6）文献辨析法。该方法通过指导学生进行文献资料收集和分析，训练他们独立思考、辨别是非的能力。阅读是辨析的基础，辨析是阅读的深入。文献阅读有四个层次，一是读得懂（模型、理论、公式等），二是读出精彩（研究方法、解决途径等），三是发现问题或不足，四是寻求方法有效解决。

（7）质疑辩论法。该方法的实施，需要建立起一种平等、民主、亲切、和谐的师生关系，教师要满足学生的质疑要求，尊重与保护学生的好奇心，创设激发质疑辩论的学习环境，把学生的好奇心引导到探究发现的轨道上。对于学生的提问，教师要正确地引导；质疑要有根据，不能盲目怀疑。教师善问，学生智答，师生互动，共同提高。

（8）科学推测法。该方法是指基于已有的科学实验记录及数据，根据理想实验进行科学预测，或者数学建模进行模拟推论，进而获取探究结论。从统计学的视角分析，该方法是根据已有的统计资料，或者以有关部门的行政记录为基础，按照事物之间的内在联系和发展规律进行科学估计和测算的一种间接的收集统计资料方式。

（9）学术会议法。该方法由教师设计并在课堂上创建学术会议场景，让学生模拟参加学术会议并在会上发言，体验做学术报告的过程并积累初步经验。这种教学方法很适合诸如课程设计、大作业以及典型科研示例分析等内容的教学。教学实践经验表明，学生对该方法很感兴趣，会积极参与并且争相发言。

（10）组会观摩法。该方法由主讲教师邀请部分选课本科生参加课题组会，旁听研究生在课题组会上的报告或发言，使他们感受课题组会上的科研氛围，了解科研的规程和要求，进行科研意识的培养。采用该方法进行教学，既拓展了学生的视野并调动了他们的学习主动性，也促进了课程教学质量的有效提高以及师生之间的探究交流。

（11）自主探究法。该方法侧重学生自己提出问题，自主制订计划探究并获得结论。教师为学生提供诸如课程视频、优秀大作业、课件讲义、典型案例、学习经验等学习资源，以及答疑解惑、探究指导和帮助等。通过师生、生生之间的线上线下互动，拓宽教学与学习空间，缩短师生心理距离，培养学生的学习独立性和心理成熟度。

（12）课题研究法。该方法根据教学需要及学生探究愿望，教师安排学有余力的本科生或创新小组进入实验室或课题组，承担力所能及的研究工作，使学生经历较为系统的科研训练并积累一些经验，为今后承担课题任务打下扎实的基础。教师可以定期发布适合本科生参与的课题，指导并系统训练他们的探究技能，提升创新型人才培养的质量。

（13）助教辅学法。该方法教师采取选聘学生课程助教的方式，引导选课学生自主管理学习。助教名额根据选课学生总数按一定比例确定，由学生自愿报名，教师最终确认。助教的主要任务包括协助教师组建课程学习小组、督促检查作业完成情况、组织选课学生观摩课题组会、帮助教师记录考勤、反馈听课意见、主持期末大作业展示等。

（14）工程实践法。该方法将教学场景移到实习、实训现场，指导学生把书本知识应用于实践场合，以此来巩固提高专业知识和技能的教学方法。在现场教学过程中，学生在教师或工程师的指导下，将专业知识逐步转化为实操技能，从工件或产品的设计与制作中体验对科学原理、技术工艺的应用，以及科研方法、创新思维的真谛。

（15）思维导图法。通过建立思维导图进行教学，有利于系统描述和分析问题，把握课程教学的重点和难点，激发学生思维想象力，引导他们自主寻找解决问题的途径。思维导图法具有直观、便捷、高效等特点，有助于教师进行研究性教学设计，也能激发学生及小组的探究式学习热情，促进师生研讨交流，共同探索解决专业问题。

（16）模型分析法。该方法通过设计构建和分析研究"模型"而达到认识解析"原型"的目的。建模方式一般有数学建模、物理建模和智能建模等，可根据教学目标和学生需求的不同加以选择。模型分析法常包含模拟法与仿真法，前者可以预测自然界不存在的极端情况，而后者则是对真实发生过程的一种图像再现。

（17）模拟谈判法。该方法通过创设仿真度较高的环境与条件，设计谈判案例和谈判环节来模拟商务谈判整个过程。通过参与模拟谈判，让学生担任不同的角色，掌握谈判的相关专业知识，将理论知识运用到商务谈判实战之中，体验谈判策略的运用，在团队合作中各尽所能，完成谈判任务并达到谈判目的。

（18）实地调研法。该方法将教学场景从课堂延伸到社会，把理论知识应用于社会实践检验，促进学生发现、分析和解决实际问题能力的提高。这种教学方法灵活多样，可根据实际情况加以选择。例如，教师带领学生的"师生调研组"，或者由学生自行组队的"学生调研组"；调研地点包括实践基地、企事业单位、实训中心等。

3. 提倡自主性科研修养

在创建科研素质培养的外部环境和条件的同时，要特别重视学生能否积极、主动地进行科研素质训练的设计和实施。学生科研素质培养的质量如何，与学生是否能够积极、主动地参与关系密切。而在科研素质养成的过程中，学生的态度、主动性和积极性则是内在的、关键的因素，具体体现为：①妥善处理各种关系，即在对待现实的态度或处理各种社会关系上，表现为对他人和对集体的真诚、热情、友善、富于同情心，乐于助人和交往，关心和积极参加集体活动；严格要求自己，有进取精神，自信而不自负，自谦而不自卑；对待学习、工作和事业，表现为勤奋认真、持之以恒。②理智敏锐、创新进取，在理智上表现为感知敏锐，具有丰富的想象能力；在思维上表现为有较强的逻辑性，尤其是富有创新意识和创造能力。③心绪平和、乐观向上，在情绪上表现为善于控制和支配自己的情绪，保持乐观开朗、振奋豁达的心境，情绪稳定而平和；与人相处时能有给人带来愉悦、乐观向上的心态，令人精神舒畅。④意志坚定、善于自制，在意志上表现为目标明确、行为自觉、善于自制；在行动上表现出勇敢果断、坚忍不拔、积极主动等一系列优良品质。

大学生应主动创造机会，充分完善自己的人格，自觉主动地培养信仰坚定、矢志不渝的意志力，品行高洁、才学逸群的吸引力，沉着果断、潇洒自如的感召力，宽以待人、严于律己的亲和力，举止得体、言谈机智的感染力，勇于开拓、敢于进取的创造力。如此,才能够在未来的国际化竞争环境中立于不败之地,为祖国、为人民、为人类的进步事业做出应有的贡献。

五、专业技术人员科研素质的培养

专业技术人员一般是指具备专业技术知识和技能、具有专业技术资格并从事专业技术工作的人员。如何提高专业技术人员的科研素质?笔者根据自身的科研经历和经验提出如下建议。

(1)专业知识吸纳。专业知识是指一定范围内相对稳定的系统化知识。对专业技术人员而言,需要熟悉和掌握本专业的知识体系及相关的拓展知识。专业知识吸纳是指结合岗位需要进行学习,及时更新知识体系,以更好地适应科研工作的需要。

(2)专业技能培训。专业技能又称为职业专业技能,指有别于天赋,必须耗费时间经由学习和训练积累工作经验才能获得的能力。专业技能培训是指根据岗位需求进行培训,其目的在于不断提高业务技能,稳步提升生产质量。各国政府的劳工部门,通过实施专业证照制度,对职业人员的专业技能进行鉴定和管理,并限定某些职业必须持有证照才能上岗就业。

(3)科研方法学习。科研方法学习可采取以下一些方式进行,如搭建研究性学习平台,构建项目交流网络,分享科研方法学习及课题研究经验等。学习的要点:一是科研方法的知识学习,包括一般科研方法和专业科研方法;二是科研方法的实践应用,即参加课题研究进行科研技能训练。

(4)思维方式训练。思维方式训练要注意从以下几个方面入手:一是发现科学问题的敏锐眼力;二是解决科学问题的方法策略;三是求证问题到底的勇气和毅力。其主要包括两个过程:一是思维方式知识的学习;二是科研思维方式的实践训练。

(5)工作环境认知。其是指以研究性学习和科研性工作为视角,重新认识和感知工作环境。一是工作环境为才智展示提供平台;二是工作环境为科研素质提升创造条件;三是工作环境为塑造个性提供熔炉;四是工作环境为人才发展创造机会。

(6)发扬团队精神。所谓团队精神,是大局意识、协作精神和服务精神的集中体现,其核心是协同合作,最高境界是全体成员具有向心力、凝聚力,反映的是个体利益和整体利益的统一,并进而保证组织的高效率运转。团队精神已经成为现代科研工作的一个重要因素,也是课题组能承担大型课题并进行联合攻关的必备条件之一。因此,善于团结并精诚合作,才能取长补短达到共赢目的。

(7)注意为人处世。目标设计要适度,理想追求要执着,注意把握做事分寸。从问题入手,把知识学习和技术工作过程创建当作一种对问题进行分析、求解的"研究"过程。研究性学习与技术工作相互促进,提供类似"科研"的工作环境或途径,在"研究"过程中自主获得专业知识,提高解决科研问题的能力。

六、大学生科研素质的培养

大学阶段是人生发展的黄金阶段,也是科研素质培养的关键时期。从本科、硕士到博士,各个阶段对科研素质的要求逐步提高。对于硕士生和博士生,他们大多会加入某个课题组，参加导师指导的科研项目，按照科研院所的研究生培养计划进行课题调研、论文开题、结构设计、系统构建、试验测试、阶段汇报、改进优化、论文答辩、获得学位。在攻读学位期间，研究生科研素质将会得到系统、全面的培养。是否"具有独立科研工作能力"，是评价研究生科研素质高低的重要标志。

对于本科生，其主要任务是对基础科学知识的学习，对基本分析问题和解决问题方法的掌握。如何培养大学生的科学素质？笔者根据自身的教学与科研经验提出如下建议：一是学好专业课，打好专业基础，万丈高楼平地起，基础牢固最重要。二是进入课题组参加一项课题研究，经历基本的科研过程训练，这要求除学好专业课之外，还应有足够的时间参加课题研究。三是超前的意识，做好应对未来的挑战，包括做好投入现在不存在但以后会出现的工作、使用尚未发明但以后会发明的工具、解决还未发现但以后会发现的问题的准备。此外，还需要勤思善动，准确把握"科研关节点"，如意识要超前一点、行动要稍快一点、节奏要稳妥一点、总结要及时一点、诚信要牢靠一点等。

科研素质的培养是一个渐进过程，大学生需要坚持不懈的努力。根据笔者的科研经验，在一个专业领域，潜心钻研十年以上，同时注重科研方法与团队协作，在学术上必然会有所成就。科研要坚持，信誉需积累，科研信誉要靠平时的点滴积累，并且要用心维护。每项研究都要做扎实，要一步一个脚印地贯穿始终；十件事中若有一件事不过关，就有可能毁坏多年建立起的科研信誉。

对于未来准备从事科研工作的莘莘学子，笔者希望其拥有"科研工作'四心'"：一是事业心——追求真理；二是平常心——循序渐进；三是好奇心——永不满足；四是进取心——坚持不懈。同时，也需具备"科研工作'六有'"：一是一丝不苟的敬业精神；二是求真务实的踏实作风；三是克服万难的决心毅力；四是无私无畏的奉献精神；五是团结协作的合作精神；六是接受事实的宽广胸怀。

第十五章

科研道德与规范

在世界的进步中,起作用的不是我们的才能,而是我们如何运用才能。

——〔美〕罗伯逊

第一节 科研工作者

科研工作者是科学探索和技术开发的中坚力量,是社会进步和发展的宝贵资源。作为科研工作者,一方面因从事科学探索、技术开发和社会研究等工作,而受到社会各方面的重视与关注;另一方面,也应当加强修养,塑造良好品格,坚守科研道德与规范,以保证自身素质能够与社会评价相符。

一、科研工作者类型

科研工作者具有不同的类型,所属类型通常由其科学信念、研究习惯与思维模式决定。有关科研工作者类型的分类方式较多,以下是两种比较典型的分类方式。

(一)贝弗里奇分类法

按照动物病理学家贝弗里奇的观点,专职科研工作者大多数属于以下两种极端之间的类型。

(1)推测型。推测意指先于某些事实提出敏锐的判断或假说。推测型科研工作者主要运用的研究方法是演绎法,或称亚里士多德法,其特点是依据部分事实,运用直觉首先提出假说,或者设法在研究工作前期就提出假说,然后用实验加以证明。而他们诉诸逻辑和推理的目的,仅仅是为了证明自己的发现。

(2)条理型。条理型科研工作者主要运用的研究方法是归纳法,或称培根法则,其特点是在研究过程中十分注重资料积累,循序渐进地发展知识,并进行条理分析,恰如泥瓦匠垒砖砌墙,直至"结论或假说"的大厦最后竣工。

两种类型相比而言,条理型科研工作者也许更适合发展性研究,而推测型科研工作者更适合探索性研究。前者大多愿意参加课题组,善于协作攻关;后者一般喜欢独自钻研，擅长解决具体难题。然而，一般的专职科研工作者兼有上述两种极端类型的某些特点，既能够与人协作，又可以独自攻关。

（二）爱因斯坦分类法

按照物理学家爱因斯坦的观点，科研工作者可分为如下三种类型。

（1）献身型。职业科学家及某些科研工作者不仅拥有为科学献身的精神，而且能够脚踏实地，为之终生奋斗，这种类型的科研工作者属于献身型科研工作者。尽管献身型科研工作者为数不多，但他们对科学发展及知识创新所做的贡献相当大，是科学发展的中坚力量。

（2）表现型。表现型科研工作者喜好科研并从事科研工作，恰如运动员喜好表现自己的技艺一样，他们以在科研方面施展才能为乐事，并不断在科研工作中加以强化。为这种类型的科研工作者提供能够充分发挥其科研才智的机会，对于推动科学事业的发展具有十分重要的意义。

（3）谋生型。谋生型科研工作者视科研工作为一种谋生手段，若非机遇或某些特殊原因的推动，他们也可能从事其他职业并成为成功者（如成功的企业家或管理者等），这种类型的科研工作者在科研队伍中占有相当一部分比例。

（三）科研工作者新型分类法

笔者根据自身多年的科研经验，从个性品质、思维方式及科研行为等方面考查，对科研工作者重新进行分类，主要有如下三种类型。

（1）I型。I型科研工作者的思维表现为直线型，具有思维敏捷、逻辑性强、行动果断、目标专一等特点，在科研工作中属于热情高、动作快、敢想敢说、勇往直前的一类科研工作者，但有时也难免急躁、冲动且不顾及他人感受，对此需要同行给予及时提醒，本人亦需冷静自省。

（2）C型。C型科研工作者的思维表现为迂回型，具有思路清晰、识势判断、曲线拓进、目标明确等特点，在科研工作中属于讲方法、不蛮干、头脑灵活、遇事冷静的一类科研工作者，但有时也会因犹豫、回避而错失科研机遇，需要强有力的带头人加以引导和鼓励，本人亦需提高自信心。

（3）S型。S型科研工作者秉承了I型科研工作者和C型科研工作者的优点，具有交叉型的特点，属于科研群体中心智和体质俱佳的科研工作者，该类科研工作者比较适合作为课题组及科研团队的带头人。

在科研工作者队伍中，也存在着同时属于上述几种类型的复合者，笔者称之为复合型科研工作者。在一个课题组（或科研群体）中，研究队伍一般由上述几种类型的科研工作者组合而成。一个优秀的课题负责人，应该有能力把各种类型的科研工作者组织好、调配好，并且让每个成员的才干都得到充分发挥，要以身作则、率先垂范、勇挑重担、克己待人，使课题组充满活力，协同攻关重大课题并取得预期的研究成果。

二、科研工作者品格

科研工作者具有诸多优秀的品格，而最基本的品格则表现在以下几方面。

1. 对科学的热爱

尽管科学家走上科学之路的原因各不相同，但是有一点是共同的，即所有的科学家从踏进科学宫殿门槛的那一天起，就对科学有着执着的追求。一个热爱科学的人，往往也具有对科学的鉴赏力。并且，在面对挫折或失败的时候，对科学的热爱，也使得科研工作者能够百折不挠。对科学之美的追求，是科研工作者特别是科学家从事科研工作的一种高尚的品格。科学家对科学的热爱，突出地表现为他们对科学的执着追求和献身精神，以及为真理而坚忍奋斗的顽强意志。对科学的迷恋和追求，使科学家能够做到"衣带渐宽终不悔，为伊消得人憔悴"。任何艰难险阻、困难挫折都不能阻挡他们勇往直前。

例如，发现行星运动三定律的著名科学家开普勒，一生贫病穷困，在极度困苦的条件下坚持科研，专心致志探索行星运动规律。在长达17年之久的漫长岁月中，他历经70多次的猜测、试算和推演，失败了，重试，再失败，再重试，直到最后获得成功。开普勒发现了著名的行星运动三定律，为整个天文学的发展做出了重大贡献。

又如，居里夫人在《我的信念》一文中写道："我一直沉醉于世界的优美之中，我所热爱的科学，也不断增加它崭新的远景。我认定科学本身就具有伟大的美。一位从事研究工作的科学家不仅是一个技术人员，他也是一个小孩，在大自然的景色中，好像迷醉于神话故事一般。这种魅力，就是使我终生能够在实验室里埋头工作的主要因素了。"就是在这种信念的支持下，居里夫人在上千吨矿石中提纯出了一克镭，这是多么惊人的毅力。

再如，英国物理学家查德威克于1932年用α粒子轰击铍等轻元素时，发现了"中性粒子"，即中子。十几年来，他在物理学这条"羊肠小道"上锲而不舍，默默地、执着地奋斗着，走过了一条光荣而又布满荆棘的道路，其间经过了无数次的试验。在观察了三十多万张原子碰撞照片之后，终于找到了五六张记录下异常轨迹的照片，从而证明了中子的存在。

德国理论物理学家、量子力学的奠基人之一马克斯·玻恩（Max Born，1882～1970年）在谈到自己对科学的感受时说："我一开始就觉得研究工作是很大的乐事，直到今天，仍然是一种享受。也许，除艺术之外，它甚至比在其他职业方面所做的创造性的工作更有乐趣。这种乐趣就在于体会到洞察自然界的奥秘，发现创造的秘密，并为这个混乱的世界的某一部分带来某种情理和秩序。"

上述科研实例给予我们莫大的启示就是：科学家这种总想知道为什么，总想体会、洞察、发现自然界奥秘的愿望，使他们走上了科学之路。这种对未知充满探索的愿望，会产生巨大的求真动力。这种求真动力对科学发展的推动作用不可估量。其中，恒心与毅力是科研工作中极为重要的品格。只有这种具有献身科学精神的人，才能取得真正意义上的伟大发现，才能真正理解科学的内涵，切实体会科学的真谛。

2. 强烈的好奇心

科研工作者的好奇心，通常表现在对所关注领域中当前尚无令人满意解释的问题的探索或对其相互关系的认识。这是一种强烈的愿望，它促使科研工作者投入全部精力去探索、钻研，力图寻求大量并无明显关联的资料（或数据）背后隐藏着的新原理、新机制。热爱科研的人，往往具有超乎寻常的好奇心。有时候，这种好奇心会使科研工作者忘掉研究工作之外的一切事情,进而达到痴迷的程度。从某种程度上讲,历史上一些科学技术发明的重大成果,正是产生于这种科学家的忘我投入与献身精神的过程之中。

例如,美国著名物理学家费曼将物理学研究视为一种娱乐,他期待用公式表达物理科学的真实世界。他有一段读起来有点拗口但又十分有趣的话:"我想知道这是为什么。我想知道为什么我想知道这是为什么。我想知道究竟为什么我非要知道我为什么想知道这是为什么!"费曼凭借其独特的科研直觉与归纳能力,以简单而浅显的语言将复杂的观点完整地表述出来,这使得他不仅在科学上有所建树(1965年因在量子电动力学方面的成就获得诺贝尔物理学奖),在教育上也硕果累累(如1972年获得的奥尔斯特教育奖章),1962年出版的《费曼物理学讲义》是20世纪最经典的物理导引。费曼在该书前言中写道:"我讲授的主要目的,不是帮助你们应付考试,也不是帮助你们为工业或国防服务。我最希望做到的是,让你们欣赏这奇妙的世界及物理学观察它的方法。"作为一位富有建设性的公众人物,费曼在1986年"挑战者号"航天飞机失事后做了著名的O形环演示实验。他只用一杯冰水和一只橡皮环,就在国会向公众揭示了"挑战者号"航天飞机失事的根本原因——橡胶在低温下失去弹性。

又如,伟大的物理学家牛顿,其研究工作涉及力学、数学、光学、热学、天文学及哲学等多个领域,科学成就辉煌,成果累累,建树颇丰。他的成就主要包括以下几个部分:①力学方面的成就,建立牛顿运动三定律,发现万有引力定律,统一了力学和天体力学,在流体力学、声学方面也有科学贡献;②数学方面的成就,发明二项式展开定理,发现一些无穷级数并将其应用于计算面积、积分及解方程等,提出"流数法",与莱布尼茨几乎同时创立微积分学;③光学方面的成就,发现白光的复色性,揭示光的本性,发现"牛顿环"现象,创立光的"微粒说";④热学方面的贡献,确定了冷却定律,即当物体表面与周围存在温差时,单位时间内从单位面积上散失的热量与温差成正比;⑤天文学方面的贡献,创制反射望远镜,用万有引力原理解释潮汐现象,预言地球非正球体,解释了岁差是太阳对赤道突出部分的摄动造成的;⑥哲学方面的贡献,提出绝对时间和绝对空间概念,建立了经典的时空观,认为时间、空间是与运动着的物质相脱离的东西。

再如,爱迪生沉醉于发明创造,一生的发明创造大约有两千多项,这些发明创造中获得专利的有1 300多项,为人类文明和社会进步做出了巨大贡献。1847年2月11日,爱迪生诞生于美国俄亥俄州米兰镇的一个农民家庭。童年时代,爱迪生是一个爱思考的孩子,对任何事都要追问到底。爱迪生7岁时入学,因喜欢提问题而不得教师欢心。于是,他的母亲只好把他领回家,自己承担起教育义务。12岁时,他因家庭生活困难开始在列车上卖报。16岁时,他发明了自动定时发报机,之后不断有发明问世。爱迪生在科学技术中最重大的贡献是发明了留声机和白炽电灯。此外,他在电影、有轨电车、矿业、建筑及兵器等方面,也有许多著名的发明创造。1928年,爱迪生被授予美国国会金质特别奖章。

3. 执着追求目标

真正的科学家都有一种对自然规律执着的追求精神。为了探索自然的奥秘、科学的本质,面对任何艰难险阻,他们始终都会坚持崇尚理性、相信真理,并且甘愿为追求真理、坚持真理而献身。在古今中外科学史上,为追求科学真理而献身的科学家不胜枚举。

为演算数学命题，阿基米德不惜生命；为了宣传"日心说"，乔尔丹诺·布鲁诺（Giordano Bruno，1548～1600年）笑对火刑；为了支持"地动说"，伽利略甘受囚禁；因沉浸于科学分析与计算，牛顿常常忘记吃饭和休息，以至于把怀表当成鸡蛋煮在锅里；为了证明"哥德巴赫猜想"，陈景润在不到 6 平方米的斗室里，借着昏暗的灯光，废寝忘食，竟用完了几麻袋演算稿纸；为了从事科考工作，彭加木（1925～1980年）告别繁华的上海 15 次进疆，最后献身罗布泊；为了保护实验资料，郭永怀（1909～1968年）在飞机失事的一刹那将生死置之度外；为了中国的光学事业，蒋筑英（1938～1982年）因忘我奉献而英年早逝。这些数不尽的科学家，就是靠着这种追求真理、献身科学的精神，做出了令人仰慕的杰出成就。

无数科学史上的伟大先驱，都曾经热烈而执着地捍卫自己的设想，并甘愿为之战斗。但是他们中的大多数人，在心灵深处是谦恭的。因为他们很清楚地认识到：比起广阔的未知世界，他们的成就只是沧海一粟。科研工作者对目标的执着精神，突出地体现在科研中常常出现的一种现象——科学磨难之中。科学磨难，是指在科学的发展进程中，种种因素使得某些研究成果在被发现或得到公认的时间上遭到延迟，在传播和应用的空间上受到限制，甚至被忽视、歪曲及剽窃等，导致发现者遭受磨难的现象出现。科研工作并非一帆风顺，除了自然因素（当时的科技水平、经费支持力度等）、社会因素（习惯势力的阻挠、政治争斗的冲击等）、管理因素（法律与体制的限制、管理机制不健全等）等不可抗拒的因素之外，个人因素（哲学、思想、心理、认识、身体等）对于科研工作的成效也具有相当大的影响，对目标的执着则使某些科学家虽然身受科学磨难，但依然做出了惊人的科学发现或重大的技术创新业绩。动物病理学家贝弗里奇曾指出："几乎所有拥有成就的科学家都具有一种百折不回的精神，因为但凡有价值的成就，在面临反复挫折的时候，都需要毅力和勇气。"

4. 高度的社会责任感

一个热爱科学的人，往往也具有科学鉴赏力，而且，在面对挫折或失败的时候，只有热爱科学的人方能不屈不挠，百折不回。聪明的资质、内在的干劲、充分的想象力、勤奋的工作态度、坚忍不拔的精神及与人和谐相处的能力，这些都是科研工作者从事科研工作并取得成功必备的条件。从国家科技发展的角度而言，如何选择有前途的人加以培养，使其热爱科学并长期从事科研工作，是教育部门和研究机构的一项长期、艰巨的任务。

例如，美国物理学家尤利乌斯·罗伯特·奥本海默（Julius Robert Oppenheimer，1904～1967年）是原子弹"曼哈顿工程"的指挥者。在原子弹爆炸成功之际，他意识到原子弹的危害。因此，对原子弹这样一个爆炸威力如此巨大的武器，他深怀负疚感，"我成了死神，世界的毁灭者"，由此对美国的核武器战略产生疑虑并进而表示反对。面对美国和苏联核武器竞赛加剧的局面，他希望苏联、美国等国家的核科学家能够达成相关协议，共同致力于原子能的和平利用。此外，他也强烈反对美国率先制造氢弹。然而，美国军方对削减国防经费的抱怨，政府对核武器的政治性依赖，科学家对发展氢弹的热情及苏联原子弹的试验成功，这些都使得他的政治主张无法得到实现。而这种对人类社会高度负责的精神在遭到政治家反对和排斥的同时，也导致奥本海默被卷入自己无法适应的政治漩涡之中而不能自拔，并且最终成为科学与政治联姻的牺牲品。但即便如此，他仍能够坚持自己的主张，不愧为正直且有良心的科学家的楷模。

又如，苏联原子物理学家安德烈·德米特里耶维奇·萨哈罗夫（Андрéй Дми́триевич Са́харов，1921～1989年）是一位充满社会责任感的科学家。他以关于核聚变、宇宙射线和基本粒子等领域的研究而闻名，还曾主导苏联第一枚氢弹的研发，并于1953年爆炸成功第一颗氢弹，被誉为苏联氢弹研究的先驱。此后，他却为中止核试验而斗争，并公开发表意见要求禁止在空中、水中和地面进行核试验，参与促成部分禁止核试验条约在1963年的签署。可以说，该协议在当时缓和了非常紧张的国际形势，它向着避免世界热核战争出现的方向迈出了第一步。1979年，他因为强烈谴责苏联入侵阿富汗而遭到逮捕和流放。萨哈罗夫有着独立的人格和崇高的思想境界，他不畏权贵，心系人民，不为物质享受而生活，并作为一位充满社会责任感的科学家而为人们所称道和铭记。

第二节 科研道德规范

一、科研道德概述

（一）科研与道德

科研与道德是两种不同性质的事物，但由于科学探索和技术开发是知识建构和技术研发的创新过程，因此二者存在彼此作用又相互渗透的关系。科研过程是人类社会实践活动的重要组成部分，它是科研工作者探索自然规律以创建知识体系、开发应用技术以实现生产力的创造性活动。道德是在一定经济基础上形成的社会意识形态，它以行为规范调节人与人之间的关系，促进社会稳定并和谐发展。科研工作者从事科研工作，需要遵循基本的科研道德。

（二）科研道德

1. 基本含义

科研道德是科研工作者在长期科研实践中逐步建立和发展起来的道德准则，所有科研工作者在科研工作中必须加以遵循。作为一名科研工作者，能否遵循科研道德准则，能否坚守学术道德底线，不仅关系到自身的发展前程，也会影响其所在课题组（或研究机构）的学术尊严。科研道德是各种道德在科研工作中的特殊表现，它规定了科研工作者在科研过程中能够做什么、不能够做什么的界线。在现代科学技术日新月异的今天，科学和技术工作越来越成为社会性的活动。因此，遵守科研道德是从事科研工作获得创新性研究成果的必备条件。

2. 主要内容

科研道德内容一般包括：①客观诚实。在科研工作中，提倡重事实、讲诚信、严谨求实，反对假大空、沽虚名、投机取巧。②科学民主。在科研工作中，扬科学民主、抑学霸作风，求公平、互尊重、善待质疑。③团结协作。在科研工作中，重视团队作用、发扬协作精神、求同存异、合力共赢。④追求卓越。科研的生命力在于创新，在科研工作中，坚持解放思想、开拓创新，反对因循守旧、故步自封。⑤公正公开。公正性强调对待科学发现或技术发明需持平等观点和负责态度,并一直为科学共同体所强调与践行;公开性强调科研成果的知识产权保护,旨在推动和促进全人类共享公共知识产品。

3. 相关规定

根据科研道德的一般内容并结合我国的科研实际状况,中国科学院、教育部等科研及管理机构分别制定了相应的科研道德准则或规范。例如,中国科学院于2001年制定了《中国科学院院士科学道德自律准则》,教育部社会科学委员会于2004年6月22日通过了《高等学校哲学社会科学研究学术规范》,教育部于2006年5月成立了学风建设委员会,等等。此外,国内一些高校也相应制定了《学术道德规范》或《学术道德行为规范》。这些科研道德准则或规范的建立与实施,有力地促进了学术诚信体系的构建和科研规范监控机制的建立,近年来已取得明显的成效。

(三) 科研诚信

1. 基本概念

科研事业以诚信为基础,科学家相信其他科学家的研究结果是可靠的,社会相信这些研究结果精确而无偏见地描述世界。科研道德的实质是科研诚信,其要求科研工作者遵循科研规程,尊重科研事实,敬畏科学真理,坦然面对科研失败,正确对待科研成果。从这个意义上说,遵守科研道德准则,就是对科研行为及其过程负责。

2. 基本原则

科研工作者在科研工作中的一切行为,都需要遵循基本的科研诚信原则。无论是科研工作者个人还是科研集体(如课题组),都要全面、认真地对其科研行为负责,避免出现科研违规现象。科研诚信的基本原则:一是课题内容要诚实;二是科研过程要规范;三是成果整理要真实;四是学术交流要守则;五是同行评价要公正;六是利益相关要透明;七是善待科研所有对象;八是恪守科研责任义务。

关于负责的科研行为,一般的共识包括:①真实,即忠实地提供科研信息,实事求是,言而有信,论而有据;②精确,即对科学实验进行精心设计和操作,准确无误地记录并报告测量结果,实验过程有序、规范;③客观,即用科研事实讲理,用实验数据论证,尽量避免主观和偏见;④高效,即科研过程讲究方法和策略,珍惜资源,力戒浪费,对社会和公众负责。

二、科研工作者道德观念

1. 基本要求

科研就其历史范畴而言是属于世界的,它是为整个人类进步事业服务的。因此,每个科研工作者从事科研工作所遵循的公认道德观念,即科研道德是促进科研工作健康发展的前提和保证。

2. 主要内容

归纳起来,科研工作者道德观念大体有如下几个方面。

(1) 实事求是,尊重客观规律和科学事实。科研的对象是未知的世界,而科研工作本身是一个物质的、客观的过程,这就要求科研工作者必须实事求是,尊重客观规律;必须谨慎地对待研究过程中遇到的每个问题,忠实地记录每次实验得到的数据,认真分析并详细报告研究结果。对于一项研究，在未具备充分的理论研究和实验数据分析时，不可轻易给出定论，特别是对于重大问题的研究（如判定或判决性实验等）更需谨慎对待。

例如，中国工程院院士、广州医科大学第一附属医院广州呼吸疾病研究所所长钟南山是一位求实严谨的科学家和医学专家。早在留学英国的时候，他决定开展关于吸烟与健康问题的研究。为了取得可靠的资料，他让皇家医院的同事向他体内输入一氧化碳，同时不断抽血检验。当一氧化碳浓度在血液中达到 15%时，同事都不约而同地叫嚷："太危险了，赶快停止！"但他认为这样还达不到实验设计要求，咬牙坚持到血红蛋白中的一氧化碳浓度达到 22%才停止。实验最终取得了满意效果，但钟南山几乎晕倒。要知道，这相当于正常人连续吸 60 多支香烟，还要加上抽取 800 毫升的鲜血。在 2003 年抗击 SARS（severe acute respiratory syndrome，严重急性呼吸综合征）的战斗中，他坚持实事求是，不畏权威，质疑"衣原体之说"，促成广东省决策层坚持和加强了原来的防治措施，这也是广东省取得 SARS 患者病死率最低、治愈率最高的很重要的原因。这些都充分表现出一个科学家应有的良知和勇气。

（2）尊重他人工作，客观、公正地对待自己的成果。现代科研的最大特点，就是科研协作、集体攻关。就科研群体而言，取得的研究成果往往是科研团队中各个成员集体的贡献，而这种贡献会不同程度地体现在每个人的身上。因此，每个人都要尊重他人（合作或协作者）的工作，客观、公正地对待自己的成果，恰当地为自己定位。同时，作为课题负责人，也有责任和义务尽量公平、合理地处理好课题组内各个成员之间的利益关系。

例如，英国的两位数学家戈弗雷·哈罗德·哈代（Godfrey Harold Hardy，1877～1947 年）和约翰·恩瑟·李特尔伍德（John Edensor Littlewood，1885～1977 年）结识于 1904 年，在后来长达 35 年的合作中，他们联名发表了约 100 篇论文，但前者的论文数要少于后者。不了解内情的人以为李特尔伍德根本不存在，只是哈代虚构的一个笔名。事实上，李特尔伍德是一位具有解决高深复杂问题能力的杰出数学家，哈代非常尊重他，曾经说过"李特尔伍德是我所遇到的最优秀的数学家"，二人配合默契。文章撰写的模式是：对某个问题首先相互独立解决，其次讨论以取得一致意见，最后由哈代定稿。通过这种密切的学术合作，二人共同建立了 20 世纪上半叶具有世界水平的英国剑桥分析学派。

（3）积极参与学术争鸣，善待他人批评，有错必纠。学术争鸣是促进科研和发展的有效形式，一直为广大科研工作者所接受和采用。学术争鸣包括课题组内部的学术讨论、学术期刊论文的评论与批评、学术讨论会或专题论坛、科研工作者之间的学术通信等。积极参与学术争鸣，耐心听取同行意见，善待他人批评，从中吸取有益思想，必能获益匪浅。闻过则喜、有错必纠，是科研工作者最基本的道德观念之一。

例如，德国著名的化学家弗里德里希·威廉·奥斯特瓦尔德（Friedrich Wilhelm Ostwald，1853～1932 年）就是正视不足、勇于纠错的典范。奥斯特瓦尔德在化学上的贡献是多方面的，他提出了溶度积的概念；创立了催化剂理论，提出了化学平衡和反应速度的原理；发明了由氨氧化法制取一氧化氮的方法，发明了人工合成氨的方法；创办了

《物理化学杂志》；等等。他在物理、化学方面做出了重要贡献，于1909年获得诺贝尔化学奖。1894年，他曾提出"维能论"及否认原子真实性的观点，知错后就勇敢地加以改正，并于1908年接受了科学原子论。

（4）正确对待研究中的保守秘密。科研工作中，要保持研究成果的独创性、领先性，就必须在一定时间、地域内，保守研究成果的秘密。尤其是关系到国计民生的重大课题，保密工作是必要的，这是一个科研工作者的科研道德观念所要求的，也是应该做到的。但是，科研工作者也要正确地对待研究中的保密工作，不应过分强调保守秘密而封闭交流的大门。要避免将课题组研究的关键技术据为己有，要从课题研究的长远角度看问题，把科研方法和关键技术传承下去，以保持该课题研究的可持续发展。

例如，匈牙利数学家保罗·厄多斯（Paul Erdös，1913～1996年）是1984年沃尔夫奖数学奖获得者，也是一位博大精深、传奇式的数学家，被称为当代最多产的数学家。他的主要专长与成就有数论、集合、概论、组合数学等，特别是与美籍挪威数学家塞尔贝格分别独立地用初等方法成功地证明了数论中的素数定理。厄多斯善于通过邮件与数学同行进行联系、交流，与他合作写论文的作者达250人以上。由于能够正确地对待研究中的秘密并妥善地进行处理，他的研究工作渠道广泛而多助。据统计，由厄多斯本人撰写或与他人合写的论文约1 500篇，而每篇论文至少包括了一个值得注意的结果，其中不少结果都具有里程碑式的意义。厄多斯说："数学是无限广大的，数本身是无穷的，这就是数学何以真的成了我唯一的兴趣所在的原因。"

（5）努力工作，为国争光。科学是无国界的，科研工作者却是有祖国的。我们提倡科研进行无国界的交流，但发展自己祖国的科学事业、努力提高我们的科研水平也是不能忘记的。只有祖国强大起来，我们在世界上的地位才能提高，中华民族才能自立于世界民族之林。科学史上，科研工作者为祖国争光的事例不胜枚举。以下是几个典型的实例：①居里夫人在发现放射性元素"钋"之后，为了纪念她的祖国波兰，以波兰的第一个字母来命名新发现的元素"钋"（Po）。②中国著名科学家钱学森历经磨难从美国回到中国，承担起研究"两弹一星"的重任，为中国的科学及国防事业做出了巨大贡献。③"两弹元勋"邓稼先（1924～1986年）在美国获得博士学位9天后，便谢绝了恩师和同校好友的挽留，毅然决定回国。为了祖国的"两弹一星"研制计划，他隐名埋姓，抛家舍业，甘担风险，置身大漠戈壁，做出了巨大贡献。1999年国庆50周年前夕，即在邓稼先去世13年后，党中央、国务院和中央军委向他追授了金质的"两弹一星功勋奖章"。

三、科研规范概述

科研工作者在从事科研工作时，除了按照科研程序从事课题研究之外，尚需遵守普遍的科研规范。笔者认为，科研规范是指科研工作者在科研工作及与科研相关的活动中必须遵循的原则、规制及道德戒律。关于科研规范的内涵，美国著名的社会学家、科学社会学的奠基人和结构功能主义流派的代表性人物之一罗伯特·金·默顿（Robert King Merton，1910～2003年）于1942年提出了如下科研四项规范。

（1）普遍性。它是指科学的评判标准是事先确定的，不受非科学的人为因素的干扰。

（2）共有性。共有性认为，科学发现是科学家合作的产物，归科学共同体所有，不应个人独占。

（3）无私利性。它是指科研的出发点是推动科学发展，而非获取个人私利。

（4）有理性的怀疑。它是指科学家要敢于质疑科学发现，阐述自己的观点。

上述科研规范尽管不能涵盖科研的全部规范，但包含了科研规范的核心内容。对科研工作者而言，这四项规范可以作为科研工作的规范参考及科研行为的约束指南。

四、科研行为准则

1. 基本概念

科研行为准则是科技创新团体必须遵守的规则，主要包括科研行为的道德准则、行为人的自律责任、科学不端行为处理等。

2. 典型示例

以中国科学院为例，该学术机构本着"唯实求真、自觉自律、违规必究、公开公正"的原则，建立了如下明确的科研行为基本准则。

（1）遵守中华人民共和国公民道德准则，坚持以科教兴国为己任、以创新为民为宗旨的科技价值观，弘扬科学精神，恪守科技伦理，拒绝参加不道德的科研活动。

（2）遵守诚实原则。在项目设计、数据资料采集分析、公布科研成果，以及确认同事、合作者和其他人员对科研工作的直接或间接贡献等方面，必须实事求是。

（3）遵守公开原则。在保守国家秘密和保护知识产权的前提下，公开科研过程和结果相关信息，追求科研活动社会效益最大化。

（4）遵守公正原则。对竞争者和合作者做出的贡献，应给予恰当认同和评价。进行讨论和学术争论时，应坦诚直率，科学公正。

（5）尊重知识产权。研究成果发表时，做出创造性贡献且能对有关部分负责的人员享有署名权，未经上述人员书面同意，不得将其排除在作者名单之外。

（6）遵守声明与回避原则。在活动中发生利益冲突时，所有有关人员有义务声明与其有直接、间接和潜在利益关系的组织和个人，包括在这些利益冲突中可能对其他人利益造成的影响，必要时应当回避。

第三节 科研有效监控

目前，因学术腐败引起的种种弊端及在社会上产生的恶劣影响早已让广大科研工作者深恶痛绝，也引起了公众的强烈不满。国家有关职能部门对此也给予了高度关注，且采取各种措施对学术腐败现象加以遏制，并努力消除其不良影响。对于学术腐败导致的司法纠纷及侵权处理案件，相关媒体也时有报道。因此，对科研规范的贯彻实施与有效监控具有非常重要的现实意义。

一、科研违规分析

科研工作者在科研工作中如能按照科研规范行事，则有望达到默顿所描述的理想科研状态，这在实际工作中是不可能完全达到的。虽然科研工作者的科研行为应该受到科研规范的约束，但由于主观和客观因素的影响，也不能完全排除违背这些规范行为的发生。为此，默顿在《科学发现的优先权》《科学家的行为类型》《科学家的矛盾心理》等论文中，指出一些违反上述规范的行为，包括伪造数据、抄袭剽窃、自我吹嘘、否定对手等。

科研违规行为的程度有轻有重，一般可表现为学术腐败、学术不端、学术失范等形式。其中，学术失范的程度最轻，学术腐败则最为严重。下面就学术腐败的概念、形式加以阐述。

（一）学术腐败概念

学术腐败是指从事科研工作的有关单位或人员实施背离科研准则和规程的行为及事实。学术腐败有广义概念和狭义概念之分。

（1）广义学术腐败。它是指学术界中的一些集体或个人为了谋取小团体利益或个人利益，采取不正当的手段，实施违反学术道德、违背学术良知的行为及事实。

（2）狭义学术腐败。它是指在学术活动领域中，拥有学术权力的人（如某些公职人员）为谋取个人私利或集团利益，滥用权力实施违反学术道德、违背学术良知的行为及事实。这通常是指公职人员滥用权力谋取与学术相关的私利行为，即以公权换取学术方面的私利。

（二）学术腐败形式

学术腐败形式多样，以抄袭剽窃、弄虚作假和低水平重复最为明显。

1. 抄袭剽窃

抄袭剽窃是一种极为常见的学术腐败现象，是对科研规范破坏力极大的一种学术腐败现象。其具体表现方式有以下几种。

（1）拿来式。有的人采取拿来主义，对于他人的文章，内容原封不动，文章标题稍作修改，文章作者则换上自己的名字；也有采用"洋为中用"、"中为洋用"或"古为今用"的，即将国外、国内或古代的研究成果翻译或转移过来，以自己的名义发表或出版。

（2）拼凑式，即所谓的组装法。在社会上经常听到这样一句话："天下文章一大抄，就看会抄不会抄。"有的人将他人的观点或部分内容进行强行拼凑，或找来相关主题的论文后，采取"剪刀加糨糊"的方式东拼西凑，组合成所谓的新成果。

（3）强占式。有的人依仗自己的地位、权势或掌握科研经费等"优势"，对实际的科研工作和成果做出的贡献很少或几乎没有，却借势占有他人的研究成果，如科研论文、专利申报及成果申报奖项中的不规范（或强行）署名等，即"大毛领衔儿，小毛加塞儿，做事在中间，外带是搭车"等不良现象。

2. 弄虚作假

弄虚作假也是一种较为普遍的学术腐败现象，对倡导科学精神及建立学术秩序产生的负面影响极大。其具体表现方式有以下几种。

（1）无中生有。有的人心浮气躁，没有全身心地投入学术研究中，但是为了达到预期成果，伪造或篡改实验或调查数据等，凭空捏造根本不存在的科学事实。故意隐瞒、歪曲事实进行所谓的注释（即作伪注）也属于该类行为。

（2）急功近利。某些人为追求名利，或者为所谓的崇高荣誉所累，以至于不惜违背学术规范铤而走险，捏造一些所谓的"科学发现"，最终成为不能承受之重。那些凭借剪裁现成文献的手段拼凑而成的论文，亦属该类。

（3）利益交易。为了能够在短时间内将自己的论文数量提升至满足学术评定中的要求，某些利益相关者之间相互勾结，通过实施不规范的学术操作达到"利益交易"的目的，如项目评审中的"相互帮助"，项目鉴定中的"互相吹捧"，论文或论著中的"相互署名"等，均属该类。

（4）代写论文。有些人为沽名钓誉而雇用他人代写论文，或者为某种利益而代替他人撰写论文，这些均属于代写论文的行为。代写论文情况多发生于具有某种特权的人物身上。对此，有关学术机构应严格把关，并采取有效措施加以防范。

3. 低水平重复

一些学者出于某种利益考虑，对自己的学术产品不是以创新、知识、学术领先为出发点，而是以数量为出发点，化旧为新，搞泡沫学术。其具体表现方式有以下几种。

（1）粗制滥造。未进行认真、精心的科研工作，匆忙而不负责任地推出所谓的"科研成果"（如研究报告、论文、器件及样机等）；或者是低级重复，其研究工作仅在低水平上重复等。

（2）好高骛远。有些作者自身的研究积累不足，却要出版所谓的"大部头"著作或"高水平"文章。于是，有的文章越写越多且越来越长，有的书越出越多且越来越厚，新思想、新观点、新发现等却很少，其"作品"缺乏创新性、学术性和思想性，这基本属于好高骛远之列。

（3）一稿多投。为增加个人学术成果数量而一稿多投，或将内容无实质差别的成果改头换面作为多项成果发布。将原本属于一篇文章的内容拆分开来，当成两篇或多篇文章加以投稿，也属该类。

二、学术腐败示例

学术腐败是一个国际性的现象，表现形式亦具有多样性。其产生的原因既有科研中的失误，也有人为原因所致，而后者是主要的，它干扰了严格的科学实验的进行。科学界的学术腐败都曾经严重地损害了科研的严肃性，也严重地影响了科研的正常开展，甚至阻碍了科学的进步。以下摘编的十个典型的震惊世界的科学骗局案例是学术腐败的代表性事件，这些事件令人震惊，促人深思，应引以为戒。

1. 无中生有的案例

无中生有是学术腐败的最典型现象，也是对学术规则侵害最严重的形式之一。以下四例属该类经典事例。

【例15-1】 "发现"月球新景物。

1835年8月25日，创办不久的纽约《太阳报》以大字标题刊出了一名记者捏造的消息："约翰·赫歇尔爵士最近在好望角取得了重大天文发现。"该记者声称英国著名天文学家赫歇尔利用一架新型望远镜，把月球景物看得异常清楚。在他的笔下，赫歇尔的望远镜可以清楚地看到月球表面的各种物体，这些物体包括鲜花、树木、湖泊、怪兽。并且，该记者还宣称赫歇尔发现了月球上存在长着翅膀的人形动物，从它们的姿势判断出，这些人形动物是有理性的生物。一时间，公众的胃口被吊了起来，报纸的销量也以火箭般的速度上升。当这些新闻在欧洲传播时，巴黎科学院甚至还为此召开了一次研讨会。然而，谎言很快就被戳穿了。同年9月16日，《太阳报》公开承认了虚构这些消息的错误，但这场荒唐可笑的风波则延续了数月之久才最终平息。

【例15-2】 "曙人"头盖骨事件。

1911年，英国律师道森声称在辟尔唐发现了猿人头盖骨的一部分。1913年，道森和人类历史学家伍德沃德宣布他们发现了一种半猿半人的生物头盖骨，并说这种生物生活在大约50万年以前。这一所谓"发现"被当作达尔文生物进化论的一个有力证据，在人类学上被命名为"曙人"，被认为是类人猿到人的进化过程中的过渡性生物，甚至作为重大科学成就出现在邮票上。1928年，科学家用含氟量测定古化石年代的方法，查出"曙人"的头盖骨不早于新石器时代，下颌骨属于一个未成年的黑猩猩。科学家还发现该头盖骨和下颌骨均经过了染色处理，是一场十足的科学骗局。这一事件最终被定位为历史上著名的科学丑闻之一。

【例15-3】 黑鼠皮移植事件。

20世纪70年代初，美国纽约斯大隆-克特林研究所的科学家威廉·萨默林声称，他成功地将黑老鼠的皮移植到了白老鼠身上。这表明：萨默林似乎找到了不用免疫抑制药物就能避开排异反应的方法。对于器官移植而言，这一发现具有重要意义。1974年，萨默林的造假行为被揭露，实验室中一位善于观察的助手注意到，小白鼠背上的黑色斑点能被洗掉，其原因在于该黑色斑点是萨默林借助于一支黑色的毡制粗头笔的"杰作"。黑色斑点洗掉了，而戴在萨默林头上的光环及其他一切也同时被洗掉了。后来，萨默林承认了这一切，却以工作繁重为借口替自己辩护。最后，他被判定犯有行为不端罪。萨默林事件引起学术界强烈震动，许多报纸将这一丑闻称为"美国科学界的水门事件"。

【例15-4】 "反常"聚合水事件。

1962年，苏联科学家德佳奎因连续发表论文，宣称水在石英玻璃毛细管中加热后性质反常，即在约500℃沸腾，在-40℃才结冰，其密度较普通水大了40%左右。其后，不少国家的科学家纷纷参与这一研究。美国著名的光谱学家利平科特声称，他用拉曼光谱研究后证明这种水确实不同寻常，这是水在石英表面上聚合成的，可以把这种水命名为"聚合水"。这进一步鼓舞了世界各国的科学家，使他们狂热地投入"聚合水"的研究热潮中。一时间，各种观点纷纷出笼，如"聚合水"可能诱发水的连锁反应，以致毁灭各种生命；利用"聚合水"制造"聚合水武器"，以干净地消灭敌人；等等。1962～1973年，世界上共发表有关"聚合水"学术论文450余篇。直到1973年，分析化学家罗西友以一种巧妙而又令人信服的方法证明："聚合水"不过是溶有钠、钾、氯离子和硫酸根的水。始作俑者德佳奎因也不得不发表声明，承认"聚合水"的确是溶解了石英管上杂质的水。于是，"聚合水"这一伟大"发现"就此告吹。

2. 数据作假的案例

数据作假是学术腐败的典型现象，也是对学术规则侵害最经常的形式之一。以下两例均属该类经典事例。

【例 15-5】 118 号元素事件。

1999 年,美国劳伦斯伯克利国家实验室的 15 名研究人员,在著名的学术刊物《物理评论快报》上发表论文称,通过铅原子核和氪原子核的撞击,发现了元素周期表上空缺的 118 号元素和由 118 号元素衰变产生的 116 号元素。这一成果曾被视为 1999 年非常重要的科技突破之一。对此,科学家随后进行了重复研究,却无法获得类似结果。伯克利国家实验室研究小组重新分析原始数据后,也发现实验中的一项重要指标根本就是人为捏造的。2002 年,伯克利国家实验室公开承认,有关研究人员从事了"不正当科学行为",嫌疑最大者已被开除。这一事件的后果是严重的,给从事发现新元素的研究工作蒙上了一层阴影。

【例 15-6】 舍恩造假事件。

2002 年 11 月 1 日,美国《科学》杂志刊登了美国物理学家舍恩及其 8 名合作者的简短声明,宣布撤销 2000~2001 年在《科学》杂志上发表的 8 篇论文。这 8 篇论文的第一作者都是舍恩,内容涉及有机晶体管、超导装置和分子半导体等成果。舍恩时年 32 岁,曾在学术刊物上发表了近 90 篇论文,一度被认为是诺贝尔奖的候选获奖者。但舍恩的研究结果遭到一些同行的质疑,贝尔实验室为此邀请 5 名专家进行调查。专家得出的调查结论认为,舍恩至少在 16 篇论文中捏造或篡改了实验数据,而他的合作者都是无辜的,对此毫不知情。舍恩大规模造假的原因在于他有强烈的名利心,希望通过抢先发表一些猜想获取荣誉,最终却身败名裂。"舍恩事件"被认为是当代科学史上规模最大的学术造假丑闻。

3. 抄袭剽窃的案例

抄袭剽窃是学术腐败的典型现象,也是对学术规则侵害严重的形式之一。以下两例均属该类经典事例。

【例 15-7】 师徒联合剽窃事件。

1979 年 3 月的一个早晨,耶鲁大学医学院院长收到美国国家卫生院研究人员海伦娜的信,指控耶鲁大学教授费立格和其学生索曼剽窃她的论文。原来,费立格是海伦娜向《新英格兰医学》杂志投稿文章的审稿人,费立格建议该杂志拒绝了海伦娜的文章,索曼借机剽窃了她的文章,并和费立格联名写成文章,向《美国医学》杂志投稿。鬼使神差,这篇论文竟被送给海伦娜的导师评审,他又把它交给了海伦娜,于是东窗事发。索曼承认了自己的抄袭行为,却受到其导师和耶鲁大学的包庇。随后的调查又发现,抄袭文章中还有严重的伪造数据问题。该事件持续了一年多,堪称生物医学史上震动最大的事件。

【例 15-8】 艾滋病发现权事件。

1983 年,法国巴斯德研究所的蒙特尼尔教授,从一名患淋巴结核病变的同性恋者身上提取了一种病毒(即艾滋病病毒),并将研究结果发表在美国的《科学》杂志上。1984 年 5 月,《科学》杂志又发表了美国国家癌症研究所研究员盖洛的文章,称盖洛等首次从 48 名艾滋病患者体内分离出了大量的病毒,并强调他们是独立发现的。蒙特尼尔马上发表声明,认为盖洛研究的艾滋病病毒的血样是他寄给盖洛的,并指责盖洛剽窃他的科研成果。此事虽经美国总统和法国总理希拉克于 1987 年双边调停,达成所谓的两国共享优先发现权,但争论依然未休。于是,《芝加哥论坛报》进行了 3 年的调查,证实盖洛发表的论文依据是法国送的血样。最终,《科学》杂志和法国几个研究所的联合调查均给出了令人信服的证据,使盖洛不得不向世人认错,法国的蒙特尼尔教授最终取得了艾滋病病毒发现权,维护了科研的正义。

4. 急功近利的案例

急功近利是学术腐败在当今社会逐渐发展起来的一种现象,也是对学术规则产生侵害的形式之一。以下两例均属该类经典事例。

【例 15-9】 克隆干细胞造假事件。

2006年1月,韩国首尔大学教授、全球知名的生命科学家黄禹锡,在"世界上首先培育成功人类胚胎干细胞和用患者体细胞成功克隆人类胚胎干细胞",并发表论文宣布"成功利用'体细胞核转移'技术克隆出世界上第一条克隆狗"的学术欺诈行为被曝光,这位所谓的"民族英雄"一夜之间成为"科学骗子"。从一定意义上说,"急功近利"的社会文化是产生"黄禹锡事件"的深层土壤。某些人被荣誉推着、赶着往前跑,被光环照得心慌意乱,为所谓的崇高荣誉所累,成为不能承受之重。

黄禹锡故意捏造科学数据制造学术假案,显然并非为了评职称、升职或者是出人头地、名满天下。因为鉴于他之前在克隆研究方面取得的成果,他已经拥有了韩国"克隆之父"等闪亮的光环。遗憾的是,恰恰就是这些耀眼的"光环"在很大程度上成了促使黄禹锡造假的主因。黄禹锡从辉煌走向深渊,这种大起大落不仅对于黄禹锡本人是一次沉重的打击,而且让整个韩国科学界为之蒙羞,更让人类的克隆科研工作遭受了重创。这起科学造假事件既让人震惊,又难免让人为之扼腕!

【例 15-10】 "汉芯一号"造假事件[①]。

2006年5月,上海交通大学微电子学院院长、汉芯科技有限公司总经理陈进,在负责研制"汉芯"系列芯片过程中被查出存在严重的造假和欺骗行为。为了大肆骗取科研资金和学术声誉,他不惜将从美国买回的芯片上的标志打磨掉,再刻上自己的商标,对外宣称是自己研制的芯片,以虚假科研成果欺骗了鉴定专家、上海交通大学、研究团队、地方政府和中央有关部委,欺骗了媒体和公众。事发后,陈进被撤销院长职务和教授任职资格,并解除其教授聘用合同;科技部根据专家调查组的调查结论和国家科技计划管理有关规定,决定终止陈进负责的科研项目的执行,追缴相关经费,取消陈进以后承担国家科技计划课题的资格;教育部决定撤销陈进"长江学者"称号,取消其享受政府特殊津贴的资格,追缴相应拨款;国家发展和改革委员会决定终止陈进负责的高技术产业化项目的执行,追缴相关经费。

"汉芯一号"造假事件性质严重,对中国倡导建立创新型国家影响很坏,引起有关主管部门的高度关注。今后应健全学术评价机制和监督制约机制,并设立专门机构来促进学术的规范化和监督的制度化。事实证明,在运用道德规范和行政手段解决学术腐败问题的同时,法律也不能缺位。要用法律的强制性划出学术不容侵犯的"楚河汉界",在全社会形成尊重他人劳动的良好学术氛围,保持学术界的纯洁和神圣。

[①] 上海交大通报"汉芯"系列芯片涉嫌造假的调查结论与处理意见. https://www.cas.cn/xw/kjsm/gndt/200605/t20060515_1002511.shtml,2006-05-15.

三、科研监控措施

（一）科研监控必要性

对于学术腐败、学术不端和学术失范等科研违规行为，近年来除了来自学术界的批评之外，新闻界也给予了诸多报道，有关学术侵权的案例已屡见不鲜。治理学术腐败是一个系统工程，需要全社会各界的人士参与，并需要职能部门的干预。

根据笔者多年的观察和科研体会，科研监控必要性主要体现在以下几个方面：一是净化科研环境，端正学术风气；二是规范科研行为，保证研究质量；三是及时预告提醒，避免低级失误；四是了解相关法规，防止触及红线；五是截断腐败途径，防止侥幸心理；六是建立长效机制，公开公正监督。

（二）科研监控概述

科研监控是指通过制定科研规范、实施约束举措，对科研违规行为进行有效监督、处理及防范的过程。广义上讲，科研监控对象包括科研工作者个人及学术团体，即任何从事科研活动的主体（个人或团体），均应接受来自主管部门及社会方面的监控。

防止学术腐败现象的滋生，一方面要加强科研管理的制度建设，建立健全科研过程的管理规范，有效监控科研的各个环节，防范科研违规事件的发生；另一方面，应采取有效措施加强科研道德与规范的教育和宣传，力争使科研规范及相应的措施深入广大的科研工作者心中，变成他们的实际工作准则和行为规范，尽量减弱科研违规的欲望及冲动。

（三）主要科研监控措施

就学术的规范和学术研究环境而言，学术腐败、学术不端、学术失范三者的破坏程度不尽相同。前两者存在主观的故意，后者则存在一定程度的主观失误。要防范和纠正学术失范，在严格学术规范训练的同时，还应当强化学术规范教育，对课题研究过程及科研工作者的科研行为进行约束和监督。要防范和纠正学术不端，除加强学术规范教育之外，亦应加大行政处罚力度，使之遵守学术规则。要防范和治理学术腐败，除采取上述措施进行科研约束之外，必须加强法治力度，有效治理科研违规行为，使之敬畏学术规则。

要实现上述目标，就需要推出一系列治理学术腐败的具体措施。笔者根据自身的科研经历和管理经验，现归纳、总结出如下主要监控措施供有关部门参考。

（1）应建立健全学术成果的评审和推出机制，堵住不规范操作漏洞。采取回避制度避免"既是教练员又是运动员"的情况出现；采取同行专家匿名评审方式，解除同事、上下级、熟人及同行之间不应有的干预。

（2）应建立健全学术反腐监控机制，构建完善的学术反腐监控与反馈系统。聘请资深专家进行"学术督察"，通过培训专业稽查骨干进行"学术检查"，采取定期和不定期抽查等方式进行"学术会诊"，及时发现并纠正学术失范现象，及时阻止学术不端行为，有效遏制学术腐败事件的发生。

（3）应建立健全学术惩戒机制，使违规者不敢触犯学术规范的底线。通过制定完善的学术道德行为规范，同时依靠法律武器（刑法或民法）对侵权单位或个人实施有力的制裁；通过对典型案例的宣讲，震慑那些试图越过学术规范雷池的"侵权者"。

（4）应建立学术举报制度，这是实施学术惩戒的前提。科研论文中提出的新观点、新思想、新方法、新技术、新产品等是论文作者的科研劳动成果，论文作者是科技成果知识产权的拥有者，对于那些论文剽窃者及无视论文科学价值、经济价值及社会意义的故意贬低者，应及时举报，使其得到及时处理。

（5）应利用各种宣传工具，加强有关学术规范和学术伦理的正面引导和教育，提倡学术批评与反批评，大力宣传学术规范，剖析各种学术腐败现象。有关职能部门的领导，要把学术反腐当作系统工程来抓，发现一例就应坚决处理一例。通过综合治理，营造良好的学术氛围。

（6）应让学术导师以身作则，在学术反腐中起表率作用。要把住自己的门，管好自己的人，即学术导师要严格执行学术规范，规范学术管理制度；对所领导的助手、指导的学生（硕士生、博士生等）要进行学术把关，严防学术腐败事件发生。

第四节 科研激励机制

为保证科研工作的高质量和高效益，除了对科研工作者加强科研道德教育与必要的约束之外，还应建立科研激励机制加以鼓励。探讨科研的激励机制，就是要根据不同科研工作者的特性和特长，制定相应的激励政策，提供相应研究条件，促进科研水平和效率的提高。科研激励机制方式较多，典型的有以下几种。

一、激励政策

对科学的好奇和热爱是科研工作者从事科研工作最重要的条件，而最大的鼓励则来自同事的尊重、鼓励及社会的肯定。因此，要调动起科研工作者的积极性，发挥他们的创造力，就必须加大科技奖励的力度，进一步完善现有的科研工作者奖励机制，最大限度地发挥科研工作者的效能。科技奖励政策的制定与实施，需要兼顾以下几个方面：一是科研工作者资源的储备与开发要适应国家和地区经济、社会发展的需求；二是科技激励机制要把物质奖励与精神鼓励相结合，协调好二者之间的关系；三是要慎重遴选奖励名目，切忌设置过多，造成奖出多门、表彰重复等现象；四是要树立"出一流成果、育一流人才"观念，对做出重大贡献者予以重奖。

目前，世界各国都非常重视对科研工作者的培养和使用，并制定了诸多激励政策和奖励措施。在我国，优秀科技拔尖人才（跨世纪学科、学术带头人，专业技术拔尖人才等）的选拔一般有三个层次，即国家级选拔、省（部）级选拔及地方单位选拔。例如，为鼓励高等学校教师从事科研工作，教育部制定了多项激励政策，主要有《"长江学者成就奖"实施办法》《高等学校优秀青年教师教学科研奖励计划实施办法》《"长江学者奖励计划"讲座教授岗位制度实施办法》《优秀青年教师资助计划实施办法》等。

二、设立奖项

设立奖项的目的在于肯定科研工作者的科研工作成果，鼓励并激发他们投入更多的精力去探索科学奥秘、开展技术创新，为经济发展和社会进步多做贡献。科研工作者可根据科研成果的性质、质量及对经济发展和社会进步的影响（或潜在影响）进行归口申报。国家科技奖励制度自 1999 年实行重大改革以来，形成了国家最高科学技术奖、国家自然科学奖、国家技术发明奖、国家科学技术进步奖和中华人民共和国国际科学技术合作奖（简称国际科技合作奖）五大奖项。2003 年第 396 号国务院令公布了《国务院关于修改〈国家科学技术奖励条例〉的决定》，将《国家科学技术奖励条例》第十三条第二款修改为："国家自然科学奖、国家技术发明奖、国家科学技术进步奖分为一等奖、二等奖 2 个等级；对做出特别重大科学发现或者技术发明的公民，对完成具有特别重大意义的科学技术工程、计划、项目等做出突出贡献的公民、组织，可以授予特等奖。"根据《国家科学技术奖励条例》精神，各个省（区、市）也制定了相应的奖励条例并设置了相应的奖项与等级。

除国家设立的五大奖项之外，为了贯彻《国家科学技术奖励条例》，鼓励社会力量支持发展我国的科学技术事业，加强对社会力量设立面向社会的科学技术奖的规范管理，国家根据《社会力量设立科学技术奖管理办法》的相关规定，已陆续审定、准予一些社会力量设立科学技术奖，如中国汽车工业科学技术进步奖、何梁何利基金科学与技术奖、李四光地质科学奖、中华医学科技奖、中国仪器仪表学会科学技术奖、茅以升科学技术奖、王大珩光学奖、光华工程科技奖、华罗庚数学奖、陈省身数学奖、周培源物理奖、陈嘉庚科学奖、李时珍医药创新奖、中国发明协会发明创业奖、中国化学会青年化学奖、中国计算机学会创新奖等。

由此可见，成果申报的范围广、途径多。对于有重大理论创见、技术创新及实际应用价值的科研成果，进行成果申报并获得成功的可能性很大。

三、合理报酬

从一般意义上说，科研工作者的最大满足是获得新发现及伴随的激动心情，而及时、合理的报酬则是对其研究成果的价值肯定，这一点必不可少。作为课题组负责人，尤其要把握好奖励的"度"，使大家能够心情愉快地从事科研工作。

下面简要介绍我国有关的科技奖励报酬。

（1）国家最高科学技术奖是我国科技界的最高荣誉，获奖人数每年不超过 2 名，奖金 500 万元，其中 50 万元为获奖者个人所得，450 万元由获奖者自主选题，用作科学研究经费。

（2）国家自然科学奖分为一等奖、二等奖两个等级。国家自然科学奖单项授奖人数实行限额，每个项目的授奖人数一般不超过 5 人。国家自然科学奖每年评审一次，由国务院颁发证书和奖金。

（3）国家技术发明奖不授予组织，该奖分为一等奖、二等奖两个等级，单项授奖人数实行限额，每个项目的授奖人数一般不超过 6 人。国家技术发明奖每年评审一次，由国务院颁发证书和奖金。

（4）国家科技进步奖单项的授奖人数和授奖单位数实行限额：一等奖的人数不超过 15 人，单位不超过 10 个；二等奖的人数不超过 10 人，单位不超过 7 个。其顺序按贡献大小排列。

（5）国际科技合作奖每年授奖的数额不超过 10 个。国际科技合作奖是唯一授予外国人、外国组织，且只授予外国人、外国组织的奖项。其中的三大奖（即国家自然科学奖、国家技术发明奖、国家科学技术进步奖）每年奖励项目总数不超过 400 项。

（6）教育部"长江学者成就奖"每年奖励一次，原则上每次奖励一等奖 1 名，奖励 100 万元，二等奖 3 名，每人奖励 50 万元。"长江学者成就奖"所需经费由李嘉诚基金会支付。

（7）对于高等学校特聘教授岗位，该岗位上的特聘教授在聘期内享受特聘教授奖金。第一期特聘教授奖金标准为每人每年 10 万元，同时享受学校按照国家有关规定提供的工资、保险、福利待遇。

（8）教育部"青年教师奖"获得者，每位获奖者每年奖励经费 5 万～10 万元，连续支持 5 年。其中，年度奖励经费中 1.5 万元用于支付个人奖金，其余部分用于支持教学和科研工作。

（9）对于"长江学者奖励计划"讲座教授，在聘期内享受讲座教授奖金。讲座教授奖金标准为每人每月 1.5 万元，按实际工作月支付。

（10）教育部"优秀青年教师资助计划"每年资助一次，申报项目批准后，教育部将资助经费一次性核拨到有关学校，由资助对象安排使用。要求资助对象不得替换，资助经费不得转让，获得的资助经费必须用于该项目的研究工作。

....

四、真诚信赖

科研工作中的相互支持和真诚信赖，是科研工作有效进行的催化剂。在科学史上，这方面的事例不胜枚举。

例如，德国数学家格奥尔格·弗里德里希·伯恩哈德·黎曼（Georg Friedrich Bernhard Riemann，1826～1866 年）是数学史上极具创造性的数学家之一，他开创了现代代数几何及现代意义的解析数论，首创了复解析函数研究数论问题，获得了一个科学家通常可能得到的最高荣誉。在学术发展的道路上，他曾得到两位数学大师——高斯和约翰·彼得·古斯塔夫·勒热纳·狄利克雷（Johann Peter Gustav Lejeune Dirichlet，1805～1859年）的真诚信赖与指点。

黎曼在哥廷根大学就职演说的论文题目是《关于作为几何基础的假设》，该论文被视为数学文献中的一大杰作。据说黎曼曾交给校方三个论题，其中第三个论题就是几何基础，也是三个论题中最深刻、最困难的论题。数学大师高斯就指定第三个论题作为黎曼就职论文的选题，并真诚地希望黎曼能够解决这个最困难的问题。黎曼果然没有辜负高斯的期望，于 1854 年完成了这项工作，当高斯抱病听取了黎曼宣读的论文后，当众宣称这是一个奇迹，盛赞了黎曼的研究工作。

有一次，大数学家狄利克雷到哥廷根大学度假，黎曼趁此机会向他求教数学问题，并请他对自己未定稿的论文提意见。狄利克雷很欣赏黎曼的谦虚、认真和睿智，与黎曼长谈了 2 小时，给予了诸多指点。对此，黎曼深感受益匪浅。他指出，没有狄利克雷的指点，他将不得不在图书馆里进行好几天的吃力研究。

对于资深科研工作者而言，对青年学者要真诚信赖和耐心指导，不应求全责备；要放手让青年学者去工作，适当委以重任，这样会极大地激发他们的研究热情；应以平常心对待青年学者的"冲劲"，充分保护他们的科研进取积极性，容纳他们的一些"求异"观点及改革意见，率先垂范营造宽松、自由的科研氛围，使课题组始终保持活力、充满生机。

对于青年学者而言，应尊重前辈和学长，虚心学习他们的科研经验，在科研工作中扎扎实实地进取。同时，对科研工作要从长远考虑，在课题研究中要善于处理各种关系，对学术问题要敢于坚持自己的观点；要注意磨炼个性，加强修养，努力做到得成绩不骄傲，遇挫折不气馁；不唯权威，不唯权贵，求真务实，开拓进取，在工作中不断提高科研素质和技能。

笔者根据自身的科研经历，提出"青年学者'四为'要求"，即为学、为思、为事和为人。具体而言，"一为"指为学要勤奋，即勤奋好学，深钻细究；"二为"指为思要缜密，即遇问细思，讲究方略；"三为"指为事要踏实，即唯真求实，务实创新；"四为"指为人要诚信，即诚信仁达，宽忍敬业。

参 考 文 献

贝弗里奇 WIB. 1979. 科学研究的艺术[M]. 陈捷, 译. 北京: 科学出版社.
程九标, 张宪魁, 陈为友. 2003. 物理发现的艺术: 物理探索中的机智运筹[M]. 青岛: 中国海洋大学出版社.
邓铸, 余嘉元. 2001. 问题解决中对问题的外部表征和内部表征[J]. 心理学动态, 9 (3): 193-200.
高裴裴, 张伟刚, 赵宏. 2022. 学科融合语境下的研究性学习模式探索[J]. 计算机教育, (11): 108-113.
顾志跃. 1999. 科学教育概论[M]. 北京: 科学出版社: 12.
韩杰, 张伟刚. 2023. 基于 P-MASE 的拔尖人才培养模式改革与实践[J]. 高等理科教育, (1): 63-69.
梁世瑞, 李魁武, 梁恒. 2002. 科技大师创新成功的奥秘[M]. 北京: 新时代出版社.
栾玉广. 2003. 自然科学技术研究方法[M]. 合肥: 中国科学技术大学出版社.
毛泽东. 1986. 毛泽东著作选读（上册）[M]. 北京: 人民出版社: 130.
毛泽东. 1991. 毛泽东选集（第三卷）[M]. 北京: 人民出版社: 839.
潘英. 1999. 论软科学研究项目课题组成员个性结构[J]. 科学管理研究, (4): 41-45.
潘苏东, 褚慧玲. 2004. 科学素养的基本内涵——三维模式[J]. 科学, 56 (6): 39-41.
任本, 庞燕雯, 尹传红. 2007. 震惊世界的科学骗局[J]. 读者, (12): 44-46.
解恩泽, 刘永振, 赵树智. 1998. 科学问题集[M]. 长沙: 湖南科学技术出版社.
袁方. 1997. 社会研究方法教程[M]. 北京: 北京大学出版社.
张伟刚. 1999. 校企联合 创建校外专业教学实验室[J]. 中国高等教育, (20): 26-28.
张伟刚. 2002. 纤栅式传感系列器件的设计及技术研究[D]. 天津: 南开大学博士学位论文.
张伟刚. 2007. 科研方法论[M]. 2 版. 天津: 天津大学出版社.
张伟刚. 2007. 微结构光纤传感器设计的新进展[J]. 物理学进展, 27 (4): 449-466.
张伟刚. 2009. 大学研究性教学与科研方法[J]. 高等理科教育, (2): 65-68, 103.
张伟刚. 2009. 网络环境下多元关联学习绩效模型的构建[J]. 高等理科教育, (6): 44-49.
张伟刚. 2013. 专业技术人员科学素养与科研方法[M]. 北京: 国家行政学院出版社.
张伟刚. 2016. 新型光纤光栅: 设计、技术及应用[M]. 上海: 上海交通大学出版社.
张伟刚. 2017. 光纤光学原理及应用[M]. 2 版. 北京: 清华大学出版社.
张伟刚. 2017. 职工科学素养提升[M]. 北京: 中国工人出版社.
张伟刚. 2018. 光纤光栅传感技术及其工程化应用[J]. 科学, 70 (1): 2, 4, 20-23.
张伟刚. 2019. 光波学原理与技术应用[M]. 2 版. 北京: 清华大学出版社.
张伟刚. 2020. 科研方法导论[M]. 3 版. 北京: 科学出版社.
张伟刚, 白志勇, 高social成, 等. 2016. 微错位结构型长周期光纤光栅制作方法: 中国, ZL201310291983.4[P].
张伟刚, 开桂云, 涂勤昌, 等. 2005. 温度补偿型光纤光栅带宽传感器: 中国, ZL200420029733.X[P].
张伟刚, 涂勤昌, 陈建军, 等. 2007. 光纤光栅流速传感装置: 中国, ZL200510015897.6[P].
张伟刚, 涂勤昌, 李红民, 等. 2006. 温度自动补偿式光纤光栅力传感器: 中国, ZL200410019249.3 [P].
张伟刚, 涂勤昌, 孙磊, 等. 2004. 光纤光栅传感器的理论、设计及应用的最新进展[J]. 物理学进展, 24 (4): 398-423.
张伟刚, 魏石磊, 范弘建, 等. 2012. 倾斜长周期及超长周期光纤光栅的激光脉冲写制方法: 中国, ZL201110037832.7[P].
张伟刚, 严铁毅. 1995. 市场场的基本规律初探[J]. 广西高教研究, (3): 86-91.
张伟刚, 严铁毅, 张严昕. 2021. 基于 P-MASE 模型的研究性教学与素质教育[C]//庞海芍, 隋艺. 素质教育: 让未来更美好: 2020 年大学素质教育高层论坛论文集. 北京: 高等教育出版社: 158-165.
张伟刚, 张珊珊, 耿鹏程, 等. 2015. 基于纤栅干涉结构的二维弯曲矢量传感器: 中国,

ZL201310050941.1[P].

张伟刚, 张严昕, 耿鹏程, 等. 2017. 新型长周期光纤光栅的设计与研制进展[J]. 物理学报, 66(7): 39-58.

张伟刚, 张严昕, 严铁毅, 等. 2018. 螺旋型光纤扭转传感器: 中国, ZL201820443212.0[P].

张伟刚, 钟诚, 李晓兰, 等. 2011. 测量范围可调且温度不敏感的光纤光栅流速传感器: 中国, ZL201120037914.7[P].

张严昕, 张伟刚, 严铁毅, 等. 2018. 双驼峰锥型光纤弯曲传感器: 中国, ZL201820443351.3[P].

中共中央马克思恩格斯列宁斯大林著作编译局. 1995. 马克思恩格斯选集 第三卷[M]. 2版. 北京: 人民出版社.

宗占国. 2004. 现代科学技术导论[M]. 3版. 北京: 高等教育出版社.

Chen L, Liu Q, Zhang W G, et al. 2016. Ringing phenomenon in chaotic microcavity for high-speed ultra-sensitive sensing[J]. Scientific Reports, 6: 38922.

Chen L, Zhang W G, Li X Y, et al. 2016. Microfiber interferometer with surface plasmon-polariton involvement[J]. Optics Letters, 41(7): 1309-1312.

Chen L, Zhang W G, Wang L, et al. 2014. In-fiber torsion sensor based on dual polarized Mach-Zehnder interference[J]. Optics Express, 22(26): 31654-31664.

Chen L, Zhang W G, Yan T Y, et al. 2015. Photonic crystal fiber polarization rotator based on the topological Zeeman effect[J]. Optics Letters, 40(15): 3448-3451.

Gao H, Chen Z, Zhang Y X, et al. 2021. Rapid mode decomposition of few-mode fiber by artificial neural network[J]. Journal of Lightwave Technology, 39(19): 6294-6300.

Gao H, Hu H F, Zhan Q W, et al. 2022. Efficient switchable common path interferometer for transmission matrix characterization of scattering medium[J]. IEEE Photonics Journal, 14(3): 1-5.

Gao S C, Zhang W G, Zhang H, et al. 2015. Reconfigurable and ultra-sensitive in-line Mach-Zehnder interferometer based on the fusion of microfiber and microfluid[J]. Applied Physics Letters, 106(8): 084103.

Geng P C, Zhang W G, Gao S C, et al. 2012. Two-dimensional bending vector sensing based on spatial cascaded orthogonal long period fiber[J]. Optics Express, 20(27): 28557-28562.

Kong L X, Zhang Y X, Zhang W G, et al. 2018. High-sensitivity and fast-response fiber-optic micro-thermometer based on a plano-concave Fabry-Pérot cavity filled with PDMS[J]. Sensors and Actuators A: Physical, 281: 236-242.

Kong L X, Zhang Y X, Zhang W G, et al. 2019. Lab-on-tip: protruding-shaped all-fiber plasmonic microtip probe toward in-situ chem-bio detection[J]. Sensors and Actuators B: Chemical, (301): 127128(9pp).

Kong L X, Zhang Y X, Zhang W G, et al. 2019. Protruding-shaped SiO_2-microtip: from fabrication innovation to microphotonic device construction[J]. Optics Letters, 44(14): 3514-3517.

Lai M W, Zhang Y X, Li Z, et al. 2021. High-sensitivity bending vector sensor based on γ-shaped long-period fiber grating[J]. Optics & Laser Technology, 142: 107255.

Lai M W, Zhang Y X, Zhang W G, et al. 2022. Two-axis bending sensor based on asymmetric grid long-period fiber grating[J]. IEEE Sensors Journal, 22(11): 10567-10575.

Li Y P, Chen L, Zhang Y X, et al. 2017. Realizing torsion detection using berry phase in an angle-chirped long-period fiber grating[J]. Optics Express, 25(12): 13448-13454.

Li Z, Zhang Y X, Zhang W G, et al. 2019. High-sensitivity gas pressure Fabry-Perot fiber probe with micro-channel based on vernier effect[J]. Journal of Lightwave Technology, 37(14): 3444-3451.

Li Z, Zhang Y X, Zhang W G, et al. 2019. Micro-cap on 2-core-fiber facet hybrid interferometer for dual-parameter sensing[J]. Journal of Lightwave Technology, 37(24): 6114-6120.

Li Z, Zhang Y X, Zhang W G, et al. 2020. Parallelized fiber Michelson interferometers with advanced curvature sensitivity plus abated temperature crosstalk[J]. Optics Letters, 45 (18): 4996-4999.

Li Z, Zhang Y X, Zhang W G, et al. 2020. Ultra-compact optical thermo-hygrometer based on bilayer micro-cap on fiber facet[J]. IEEE Photonics Technology Letters, 32 (17): 1089-1092.

Liang H, Zhang W G, Geng P C, et al. 2013. Simultaneous measurement of temperature and force with high sensitivities based on filling different index liquids into photonic crystal fiber[J]. Optics Letters, 38 (7): 1071-1073.

Liang H, Zhang W G, Wang H Y, et al. 2013. Fiber in-line Mach-Zehnder interferometer based on near-elliptical core photonic crystal fiber for temperature and strain sensing[J]. Optics Letters, 38 (20): 4019-4022.

Ma H Z, Zhang Y X, Zhang W G, et al. 2022. Polymer-coated polishing seven-core Mach-Zehnder interferometer for temperature sensitivity enhancement[J]. Optics & Laser Technology, 149: 107774.

Wang S, Zhang W G, Chen L, et al. 2017. Two-dimensional microbend sensor based on long-period fiber gratings in an isosceles triangle arrangement three-core fiber[J]. Optics Letters, 42 (23): 4938-4941.

Yu L, Chen L, Zhang W G, et al. 2019. Tunable autler-townes splitting in optical fiber[J]. Journal of Lightwave Technology, 37 (14): 3620-3625.

Zhang S S, Zhang W G, Gao S C, et al. 2012. Fiber-optic bending vector sensor based on Mach-Zehnder interferometer exploiting lateral-offset and up-taper[J]. Optics Letters, 37 (21): 4480-4482.

Zhang Y S, Zhang W G, Chen L, et al. 2017. Concave-lens-like long-period fiber grating bidirectional high-sensitivity bending sensor[J]. Optics Letters, 42 (19): 3892-3895.

Zhang Y X, Zhang W G, Wu P F, et al. 2019. Arc radius-chirped long-period fiber grating by high frequency CO_2-laser writing[J]. Optics Express, 27 (26): 37695-37705.

Zhang Y X, Zhang W G, Wu P F, et al. 2021. Arc radius-chirped long-period fiber grating with temperature self-compensation[J]. IEEE Photonics Technology Letters, 33 (10): 499-502.

Zhang Y X, Zhang W G, Yan T Y, et al. 2018. V-shaped long-period fiber grating high-sensitive bending vector sensor[J]. IEEE Photonics Technology Letters, 30 (17): 1531-1534.

Zhang Y X, Zhang W G, Zhang Y S, et al. 2018. Bending vector sensing based on arch-shaped long-period fiber grating[J]. IEEE Sensors Journal, 18 (8): 3125-3130.

Zhao X L, Zhang Y X, Zhang W G, et al. 2020. Ultra-high sensitivity and temperature-compensated Fabry-Perot strain sensor based on tapered FBG[J]. Optics & Laser Technology, 124: 105997.

Zhou Q A, Zhang W G, Chen L, et al. 2015. Fiber torsion sensor based on a twist taper in polarization-maintaining fiber[J]. Optics Express, 23 (18): 23877-23886.

附录　笔者获得的部分科研、教学奖励和荣誉

1. 天津市技术发明奖一等奖证书

2. 天津市技术发明奖二等奖证书

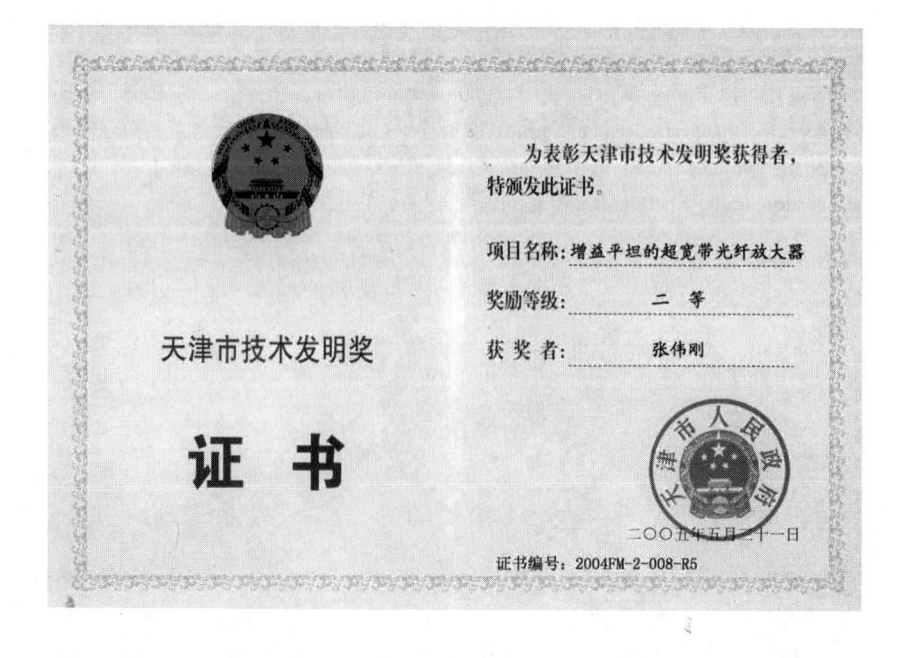

3. 天津市优秀博士学位论文证书（获 2004 年度全国百篇优秀博士学位论文提名奖）

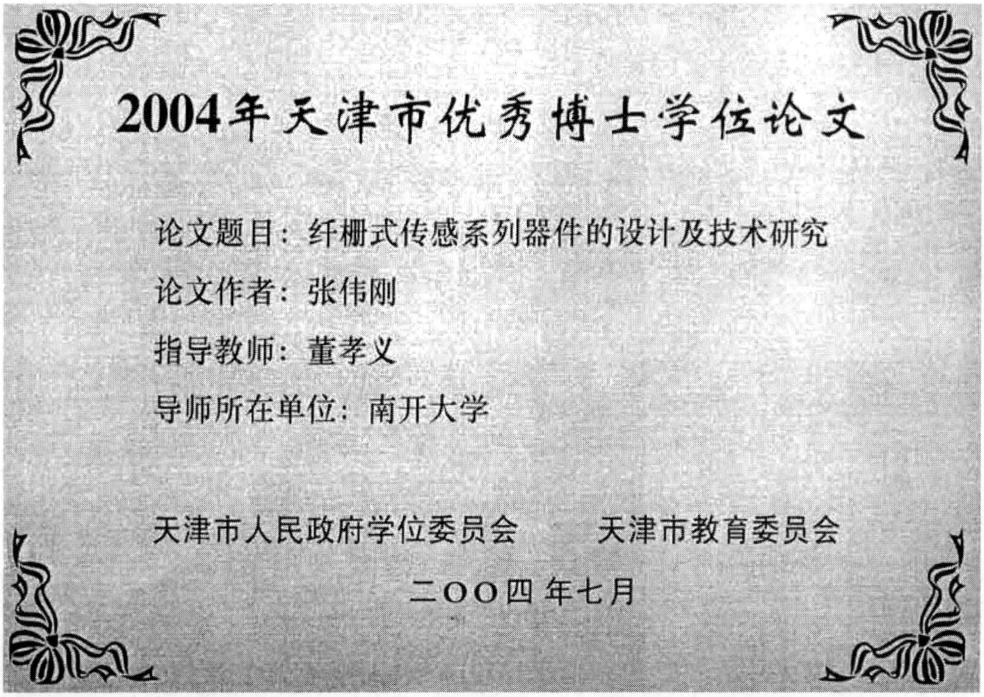

2004年天津市优秀博士学位论文

论文题目：纤栅式传感系列器件的设计及技术研究
论文作者：张伟刚
指导教师：董孝义
导师所在单位：南开大学

天津市人民政府学位委员会　　天津市教育委员会
二〇〇四年七月

4. OECC' 2003 国际学术会议优秀论文证书

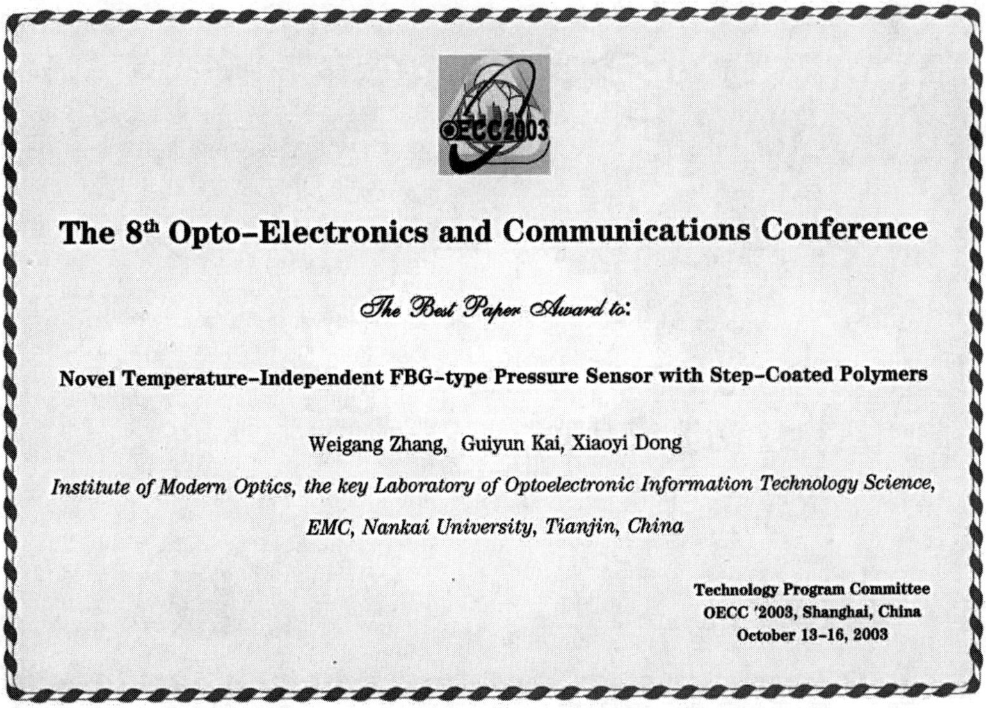

The 8th Opto-Electronics and Communications Conference

The Best Paper Award to:

Novel Temperature-Independent FBG-type Pressure Sensor with Step-Coated Polymers

Weigang Zhang, Guiyun Kai, Xiaoyi Dong

Institute of Modern Optics, the key Laboratory of Optoelectronic Information Technology Science, EMC, Nankai University, Tianjin, China

Technology Program Committee
OECC '2003, Shanghai, China
October 13-16, 2003

5. 2018年、2023年国家级教学成果奖二等奖证书

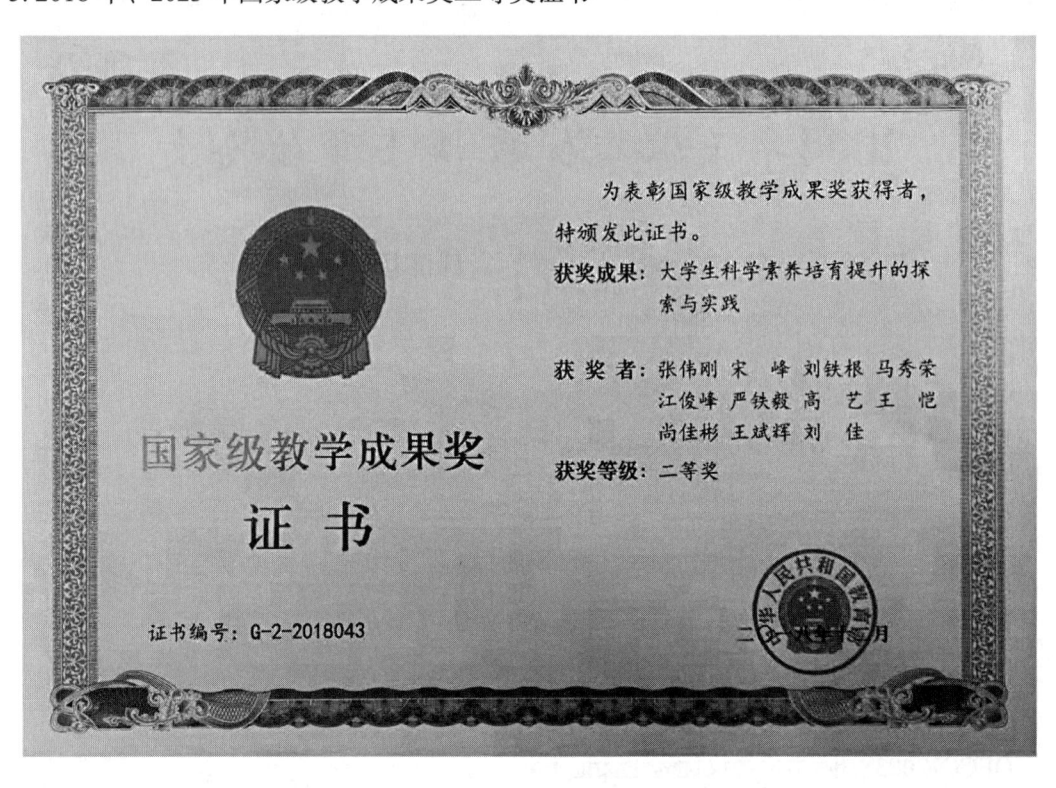

国家级教学成果奖证书

为表彰国家级教学成果奖获得者，特颁发此证书。

获奖成果：大学生科学素养培育提升的探索与实践

获奖者：张伟刚 宋 峰 刘铁根 马秀荣 江俊峰 严铁毅 高 艺 王 恺 尚佳彬 王斌辉 刘 佳

获奖等级：二等奖

证书编号：G-2-2018043

国家级教学成果奖证书

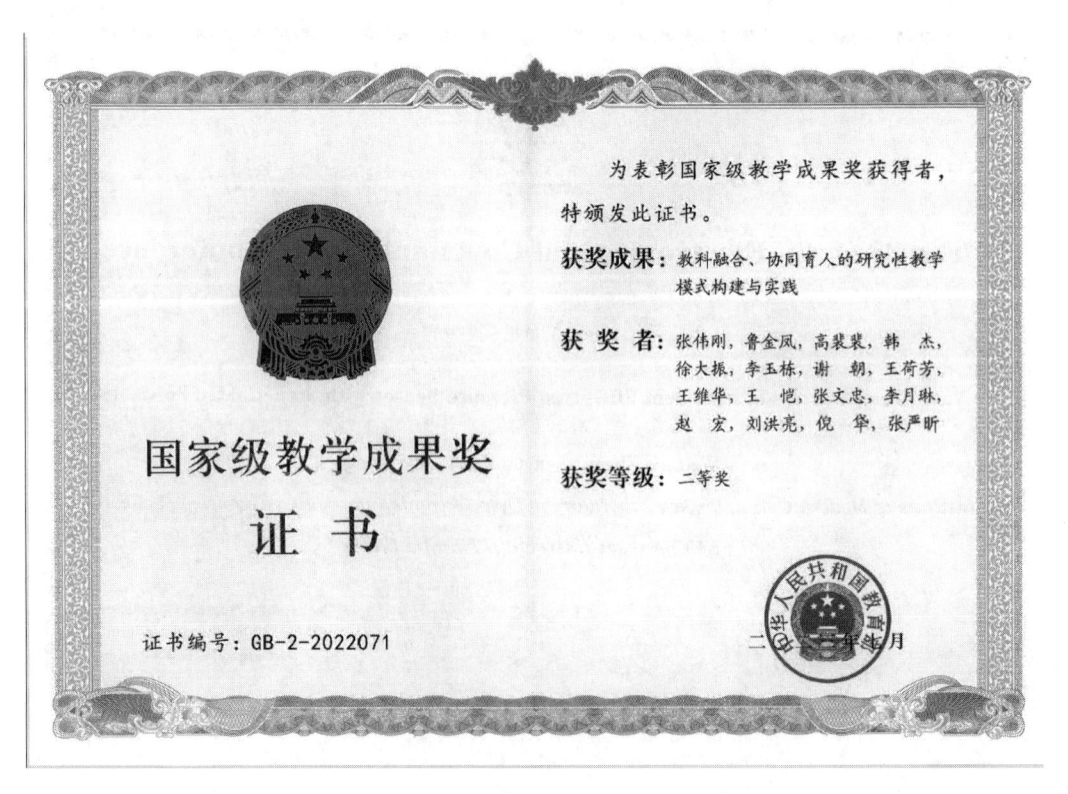

为表彰国家级教学成果奖获得者，特颁发此证书。

获奖成果：教科融合、协同育人的研究性教学模式构建与实践

获奖者：张伟刚 鲁金凤 高裴裴 韩 杰 徐大振 李玉栋 谢 朝 王荷芳 王维华 王 恺 张文忠 李月琳 赵 宏 刘洪亮 倪 伟 张严昕

获奖等级：二等奖

证书编号：GB-2-2022071

附录　笔者获得的部分科研、教学奖励和荣誉　277

6. 2020 年、2023 年国家级一流本科课程证书

国家级一流本科课程证书

课程类别：线上一流课程
课程名称：科研方法论
课程负责人：张伟刚
课程团队其他主要成员：宋峰、马秀荣、江俊锋、严铁毅
主要建设单位：南开大学
主要开课平台：智慧树

教育部
2020 年 11 月

证书编号：2020118119

国家级一流本科课程证书

课程类别：线上一流课程
课程名称：科学素养培育及提升
课程负责人：张伟刚
课程团队其他主要成员：刘伟伟、赵颖、严铁毅、张严昕
主要建设单位：南开大学
主要开课平台：智慧树网

教育部
2023 年 5 月

证书编号：2023210208

7. 全国科普工作先进工作者证书

8. 第八届天津市高等学校教学名师奖荣誉证书

9. 教育部高等学校电子信息类专业教学指导委员会"重大、热点、难点问题"研究课题结题优秀证书

10. 南开大学首届教育教学杰出贡献奖奖牌

11. 天津市大学生课外学术科技作品竞赛优秀指导教师荣誉证书

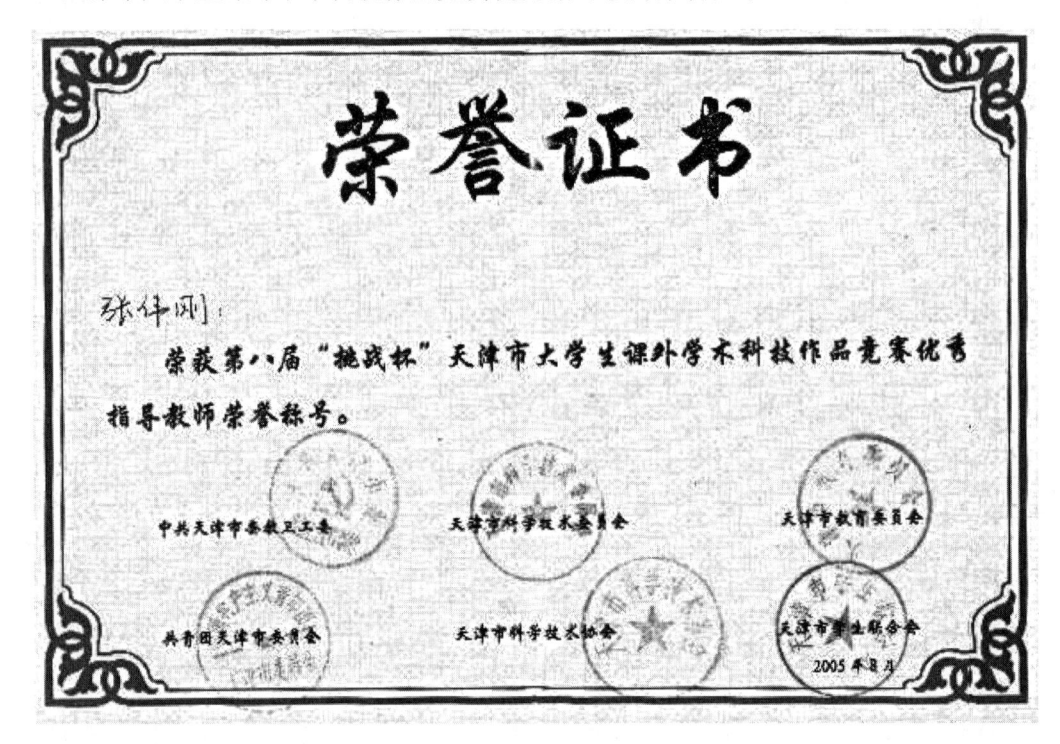

12. 第二届天津市普通高等学校本科生优秀毕业论文（指导教师）

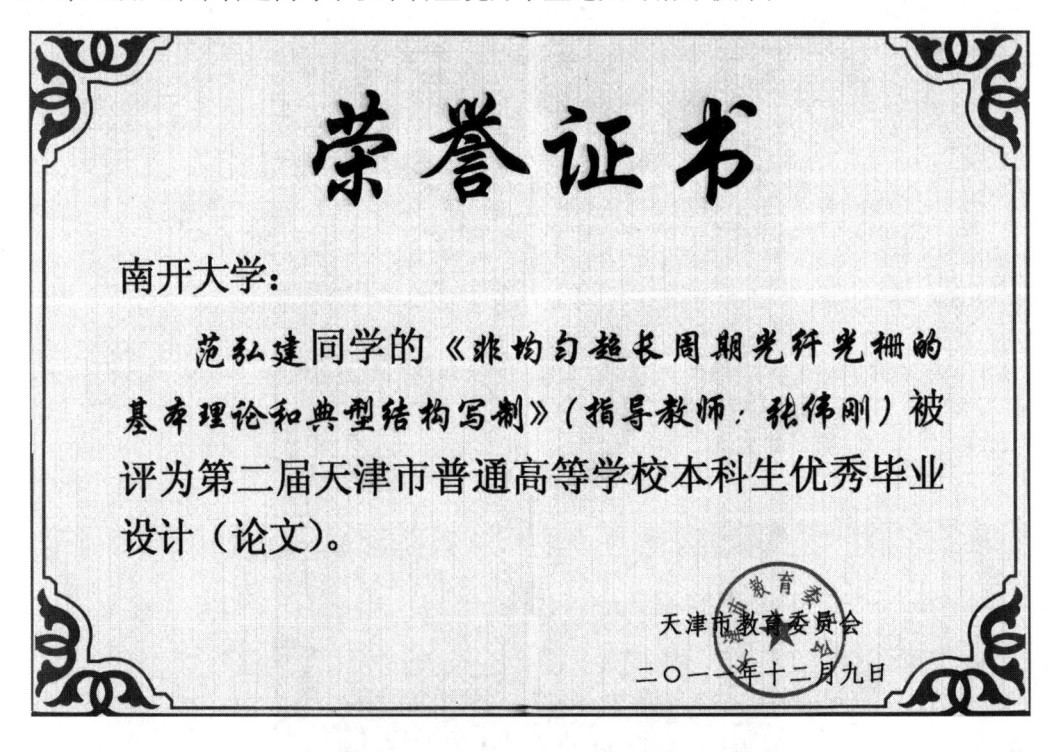

13. 第四届天津市普通高等学校本科生优秀毕业论文（指导教师）

14. 第六届天津市普通高等学校本科生优秀毕业论文（指导教师）